"十四五"职业教育国家规划教材

微课版

Office 2016
· 对标国家课程标准
· "互联网+"创新型教材
· 微视频讲解，配套资源丰富

信息技术基础（第五版）

基础模块+拓展模块

新世纪高职高专教材编审委员会 组编

主　编　杨　桂　柏世兵

副主编　孙伟俊　彭世春　贾西科

大连理工大学出版社

图书在版编目(CIP)数据

信息技术基础 / 杨桂,柏世兵主编. -- 5版. -- 大连：大连理工大学出版社,2022.1(2023.8重印)
新世纪高职高专公共基础课系列规划教材
ISBN 978-7-5685-3673-8

Ⅰ.①信… Ⅱ.①杨… ②柏… Ⅲ.①电子计算机－高等职业教育－教材 Ⅳ.①TP3

中国版本图书馆 CIP 数据核字(2022)第 021571 号

大连理工大学出版社出版

地址：大连市软件园路 80 号 邮政编码：116023
发行：0411-84708842 邮购：0411-84708943 传真：0411-84701466
E-mail：dutp@dutp.cn URL：https://www.dutp.cn
辽宁星海彩色印刷有限公司印刷 大连理工大学出版社发行

幅面尺寸：185mm×260mm 印张：20 字数：461 千字
2014 年 7 月第 1 版 2022 年 1 月第 5 版
2023 年 8 月第 4 次印刷

责任编辑：李 红 责任校对：马 双
封面设计：张 莹

ISBN 978-7-5685-3673-8 定 价：58.80 元

本书如有印装质量问题,请与我社发行部联系更换。

前言 Preface

《信息技术基础》（第五版）是"十四五"职业教育国家规划教材、"十三五"职业教育国家规划教材，也是新世纪高职高专教材编审委员会组编的公共基础课系列规划教材之一。

2021年4月，教育部出台了《高等职业教育专科信息技术课程标准（2021版）》，规范了高等职业教育专科信息技术的课程内容，有利于高职院校实施信息技术课程。为对标该标准，编写团队对教材进行了修订，出版了《信息技术基础》（第五版）。

本教材全面贯彻党的教育方针，落实立德树人根本任务，习近平总书记在党的二十大报告中指出"科技是第一生产力、人才是第一资源、创新是第一动力"。大国工匠和高技能人才作为人才强国战略的重要组成部分，在现代化国家建设中起着重要的作用。高等职业教育肩负着培养大国工匠和高技能人才的重任，对增强国家核心竞争力和科技创新能力具有重要意义。围绕高等职业教育专科各专业对信息技术学科核心素养的培养需求，通过理实一体化教学，提升学生应用信息技术解决问题的综合能力，使学生成为德智体美劳全面发展的高素质技术技能人才。

本教材与《高等职业教育专科信息技术课程标准（2021版）》中的内容对应，分为基础模块和拓展模块。基础模块包括5个项目，分别为了解信息技术、设计与制作求职自荐书、设计与制作企业员工查询系统、设计与制作公司简介演示文稿、利用网络检索毕业论文资料，将标准中的"文档处理、电子表格处理、演示文稿制作、信息检索、新一代信息技术概述、信息素养与社会责任"贯穿在教材中。拓展模块包括12个单元：信息安全、项目管理、机器人流程自动化、程序设计、大数据技术、人工智能、云计算、现代通信技术、物联网技术、数字媒体、虚拟现实、区块链。

本教材的编写团队由行业一线的技术人员和各高校教学一线的教师组成，形成了一支不仅具有丰富的理论知识，而且具有丰富的行业从业经验的编写队伍。因此本教材中整合了大量实际成品和实际工作中所积累的项目案例，为高技能应用型人才培养奠定了基础。

本教材由重庆工程学院杨桂、柏世兵任主编，山西机电职业技术学院孙伟俊、黄山职业技术学院彭世春、河南工业和信息化职业学院贾西科任副主编，黄山职业技术学院马晓松、张春黎、重庆智联新胜科技有限公司黄焱森、赵太易参与了教材编写。全书由杨桂统稿，柏世兵负责编写思路的拟定、框架设计。

本教材开通了微信公众号，栏目包括教材信息、配套资源、网络学习平台等，读者可以扫描下方二维码关注公众号获取相关信息。

网络学习平台地址：http://basis.o4edu.com/，账号和密码：bls。

在编写本教材的过程中，编者参考、引用和改编了国内外出版物中的相关资料以及网络资源，在此表示深深的谢意。相关著作权人看到本教材后，请与出版社联系，出版社将按照相关法律的规定支付稿酬。

在编写过程，我们始终本着科学、严谨的态度，力求精益求精，但错误、疏漏之处在所难免，敬请各位读者批评指正。同时，还要感谢那些为实现共同目标做出努力、做出贡献的同仁们！

编　者

所有意见和建议请发往：dutpgz@163.com
欢迎访问职教数字化服务平台：https://www.dutp.cn/sve/
联系电话：0411-84707492　84706104

目录 Contents

基础模块

项目 1　了解信息技术　　3
　任务 1-1　了解信息技术与计算思维　　4
　任务 1-2　了解计算机的发展及其应用　　6
　任务 1-3　了解信息在计算机中的表示　　8
　任务 1-4　了解计算机系统的基本组成与性能指标　　14
　任务 1-5　了解多媒体计算机　　18
　任务 1-6　了解信息素养与社会责任　　20
　任务 1-7　了解信息安全　　21
　任务 1-8　了解计算机新技术　　26

项目 2　设计与制作求职自荐书　　37
　任务 2-1　制作求职自荐书封面　　40
　任务 2-2　制作求职自荐信　　60
　任务 2-3　制作个人简历表　　72
　任务 2-4　制作毕业生就业推荐表　　80
　任务 2-5　制作展示荣誉证书　　85
　任务 2-6　制作目录　　90

项目 3　设计与制作企业员工查询系统　　97
　任务 3-1　制作企业员工基本信息表　　98
　任务 3-2　制作企业员工工资表　　125
　任务 3-3　制作企业员工销售表　　136

项目 4　设计与制作公司简介演示文稿　　162
　任务 4-1　制作公司简介模板　　163
　任务 4-2　制作公司简介幻灯片　　174
　任务 4-3　制作产品展示幻灯片　　184

项目 5　利用网络检索毕业论文资料　　196
　任务 5-1　将计算机接入网络　　197
　任务 5-2　了解毕业论文信息检索　　209
　任务 5-3　利用中文学术期刊数据库检索毕业论文资料　　211
　任务 5-4　利用电子邮件发送毕业论文资料　　221

拓展模块

单元 1　信息安全 ……………………………………………………………… 235
　1.1　走进网络安全 ……………………………………………………………… 235
　1.2　网络安全评估准则 ………………………………………………………… 238

单元 2　项目管理 ……………………………………………………………… 241
　2.1　项目管理概述 ……………………………………………………………… 241
　2.2　项目管理工具 ……………………………………………………………… 243
　2.3　项目管理的三约束 ………………………………………………………… 245
　2.4　监控项目 …………………………………………………………………… 245

单元 3　机器人流程自动化 …………………………………………………… 248
　3.1　认识 RPA 与 RPA 平台 …………………………………………………… 248
　3.2　认识 RPA 技术 …………………………………………………………… 250
　3.3　认识 RPA 的发展与应用 ………………………………………………… 251

单元 4　程序设计 ……………………………………………………………… 254
　4.1　程序设计概述 ……………………………………………………………… 254
　4.2　程序设计语言 ……………………………………………………………… 255
　4.3　程序设计方法和实践 ……………………………………………………… 256

单元 5　大数据技术 …………………………………………………………… 261
　5.1　大数据概述 ………………………………………………………………… 261
　5.2　大数据的应用场景和发展趋势 …………………………………………… 263
　5.3　大数据的获取、存储、管理、处理和系统架构 ………………………… 265
　5.4　大数据工具与传统数据库工具在应用场景上的区别 …………………… 266
　5.5　大数据分析与建模 ………………………………………………………… 267
　5.6　数据可视化工具 …………………………………………………………… 267

单元 6　人工智能 ……………………………………………………………… 268
　6.1　人工智能概况 ……………………………………………………………… 268
　6.2　人工智能的应用领域 ……………………………………………………… 270
　6.3　人工智能技术应用的常用开发平台 ……………………………………… 270
　6.4　人工智能技术应用的常用开发框架 ……………………………………… 271
　6.5　人工智能技术应用的常用开发工具 ……………………………………… 272
　6.6　机器学习和深度学习 ……………………………………………………… 272

单元 7　云计算 ………………………………………………………………… 274
　7.1　什么是云计算 ……………………………………………………………… 274
　7.2　云计算的关键技术 ………………………………………………………… 275

单元 8　现代通信技术 ………………………………………………………… 279
　8.1　通信技术的历史演进 ……………………………………………………… 279
　8.2　5G 技术 …………………………………………………………………… 280
　8.3　其他通信技术 ……………………………………………………………… 282

单元 9　物联网技术 · 284
9.1　物联网概述 · 284
9.2　物联网的体系结构与关键技术 · 285
单元 10　数字媒体 · 290
10.1　数字媒体技术 · 290
10.2　数字媒体素材处理技术 · 291
10.3　HTML5 · 292
单元 11　虚拟现实 · 297
11.1　虚拟现实概述 · 297
11.2　虚拟现实开发工具 · 298
11.3　Unity 界面 · 300
11.4　创建第一个 VR 项目 · 300
单元 12　区块链 · 303
12.1　区块链的基本概念 · 303
12.2　区块链的核心技术 · 306
12.3　区块链的应用价值与趋势 · 307
参考文献 · 310

微课堂索引

序号	名 称	页码
1	二进制、八进制、十六进制转换	11
2	页眉和页脚	51
3	查找、替换和定位	63
4	调整 Word 表格行高、列宽	84
5	用 Word 公式计算相关数据	84
6	Word 制作目录	91
7	Excel 单元格填充功能	106
8	提取出生日期	110
9	调整 Excel 行高和列宽	114
10	利用公式和函数查询"扣税"	128
11	名次 Rank 函数	133
12	制作企业员工工资查询系统	134
13	Excel 排序	139
14	Excel 筛选	143
15	Excel 分类汇总	146
16	Excel 插入图表	149
17	数据透视表	153
18	在演示文稿中插入 SmartArt 图	180
19	在演示文稿中插入背景音乐	192
20	双绞线的测试与制作	198
21	路由器的工作原理	198
22	IP 地址	199
23	子网技术	199
24	DNS 概述	200
25	DNS 域名解析过程	200
26	FTP 服务系统的作用、系统组成、工作过程	200
27	Web 服务系统的组成及运行机制	200
28	电子邮件系统结构和传递过程	221
29	人工智能定义	268
30	智能家居	270
31	人工智能的应用领域	270
32	Python 语言让智能更智能	272
33	阿里云机器学习 PAI	272
34	虚拟化的定义	276
35	HTML5 完整代码	296
36	下载与安装 Unity	300
37	区块链的基本概念	303

在 线 自 测

项目1习题练习

项目2习题练习

项目3习题练习

项目4习题练习

项目5习题练习

基础模块

项目 1　了解信息技术

项目分析

如今信息技术是世界经济和社会发展的趋势,以计算机技术为代表的信息技术已经成为拓展人类能力不可缺少的信息工具。作为大学一年级新生的柏天,为了更好地学习专业知识和丰富自己的生活,打算为自己配置一台计算机。为了配置选购一台适合自己的计算机,柏天开始着手学习有关计算机的理论常识。按以上要求,柏天必须掌握如下技能:

1. 了解信息技术与计算思维;
2. 了解计算机的概念、发展历程和发展趋势及其应用领域;
3. 掌握几种常用数制之间的转换方法、数据的存储单位以及十进制数、西文字符、汉字在计算机中的表示方法;
4. 掌握计算机系统的概念;
5. 掌握计算机硬件系统的组成及 CPU、存储器、常用的输入/输出设备的功能;
6. 掌握计算机软件系统的组成和功能,理解系统软件、应用软件和程序设计语言;
7. 了解多媒体计算机系统;
8. 了解信息安全与信息素养;
9. 了解新一代信息技术。

项目职业素养

本项目以了解信息技术发展突飞猛进、日新月异给人们的工作、生活带来了方便,改变了我们传统的生活方式为前导,以计算机为载体,通过介绍计算机的发展及关键人物,帮助学生树立远大理想,激发学生为祖国建设而勤奋学习的热情。同时,以信息安全、新一代信息技术知识目标为核心培养学生的信息素养与社会责任。

预备知识

现在市面上的计算机主流类型有台式计算机、笔记本计算机、一体式台式计算机、平板计算机等,如图 1-1-1 所示。

(a)台式计算机　　(b)笔记本计算机　　(c)一体式台式计算机　　(d)平板计算机

图 1-1-1　市面上计算机主流类型

台式计算机是一种独立相分离的计算机,主机、显示器、键盘、鼠标等设备一般都是相对独立的,与笔记本计算机和平板计算机相比体积较大。

笔记本计算机又称"便携式计算机",其最大的特点就是机身小、质量轻,相比台式计算机携带更方便。

一体式台式计算机是将主机部分、显示器部分甚至键盘、鼠标整合到一起的新形态计算机。

平板计算机也称为"便携式计算机",是一种小型、方便携带的个人计算机,以触摸屏作为基本的输入设备。用户可以通过内建的手写识别、屏幕上的软键盘、语音识别等方式实现输入。

任务 1-1　了解信息技术与计算思维

1. 信息技术

信息技术(Information Technology,IT)就是利用计算机和现代通信手段,扩展人类信息器官功能,以此来获取、传递、存储、处理、显示信息和分配信息的技术,也是人类处理信息的技术。

2. 新一代信息技术

新一代信息技术是国务院确定的七个战略性新兴产业之一,主要分为六个方面:下一代通信网络、物联网、三网融合、新型平板显示、高性能集成电路和以云计算为代表的高端软件。

3. 信息技术发展趋势

信息技术的发展经历了一个漫长的时期,未来的发展趋势如下:

高速与大容量化:速度越来越快,容量越来越大,无论是通信还是计算机发展都是如此。

综合化:包括业务综合以及网络综合。

数字化:一是便于大规模生产;二是有利于综合应用。

个人化:可移动性和全球性,即一个人在世界任何一个地方都可以拥有同样的通信手段,可以利用同样的信息资源和信息加工处理的手段。

4. 计算思维

计算思维是运用计算机科学的基础概念进行问题求解、系统设计以及人类行为理解等涵盖计算机科学广度的一系列思维活动。

如同所有人都具备"读、写、算"(简称 3R)能力一样,计算思维将成为适合于每个人的一种普遍的认识和一类普适的技能。

(1)计算思维的本质

计算思维的本质是抽象和自动化。

- 抽象:有选择地忽略某些细节,控制系统的复杂性;完全超越物理的时空观,符号化;抽象是在不同的层次上完成的。
- 自动化:机械式地一步一步地自动执行,选择合适的计算机解释执行问题的抽象。

计算思维的核心是计算思维方法,一是来自数学和工程,二是来自计算机科学自身。

(2)计算思维的特征

计算思维是人的思想和方法,是人类求解问题的一条途径。计算思维要求像计算机科学家而不是计算机那样去思维。

计算思维建立在计算机的能力和限制之上,因而用计算机解决问题时既要充分考虑利用计算机的计算和存储能力,又不能超出计算机的能力范围,必须考虑机器的指令系统、资源约束和操作环境。

计算思维融合了数学和工程等其他领域的思维方式。

(3)计算思维的应用

计算思维已渗透到我们每个人的工作、生活之中,同时也渗透到了生物学、化学、数学及其他学科和领域,就像应用计算机技术,通过抽象建模,将研究从定性分析转化为定量研究,计算思维改变了各个学科领域的研究模式。如图 1-1-2 所示。

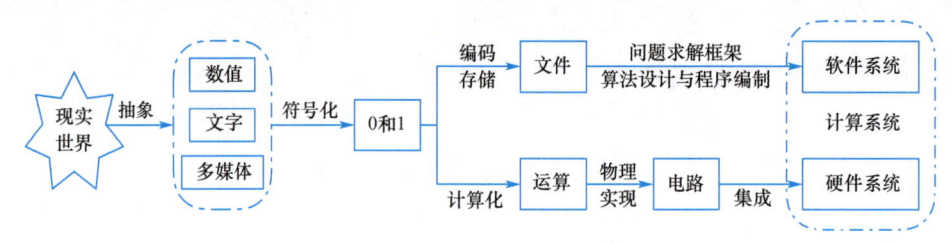

图 1-1-2　计算思维在计算系统中的实现

任务 1-2　了解计算机的发展及其应用

1. 计算机的产生和发展

计算机(Computer)是一种由电子元器件构成的,具有计算能力和逻辑判断能力,以及拥有自动控制和记忆功能的信息处理机器。现在世界上公认的第一台电子计算机是在1946年由美国宾夕法尼亚大学研制成功的ENIAC(Electronic Numerical Integrator and Computer),即电子数字积分计算机。它使用了18 800只电子管,耗电200 kW,占地面积为170多平方米,质量达30吨,每秒钟能完成5 000次加减法运算。ENIAC的问世是人类科学技术发展史的重要里程碑,它标志着电子计算机时代的到来。

从第一台计算机诞生之日起,该领域的技术便获得了突飞猛进的发展。通常根据计算机所采用的电子元器件的不同,将计算机的发展分为以下四个时代,见表1-1-1。

表 1-1-1　　　　　　　　　　计算机发展的四个时代

阶段	第一代	第二代	第三代	第四代
年份	1946—1957年	1958—1964年	1965—1970年	1971年至今
电子元器件	电子管	晶体管	中小规模集成电路	大规模、超大规模集成电路
存储器	内存:磁芯 外存:纸带、卡片、磁带、磁鼓	内存:晶体管双稳态电路 外存:开始使用磁盘	内存为性能更好的半导体存储器	内存广泛采用半导体集成电路,外存除了大容量的软硬盘外,还引入了光盘
运算速度	每秒几千次	每秒几十万次	每秒几十万到几百万次	每秒几千万次甚至上百亿次
软件	尚未使用系统软件,程序设计语言为机器语言和汇编语言	开始提出操作系统概念,程序设计语言出现了FORTRAN、COBOL、ALGOL60等高级语言	操作系统形成并普及,高级语言种类更多	操作系统不断完善发展,数据库进一步发展,软件行业已成为一种新兴的现代化工业,各种应用软件层出不穷
用途	科学计算	科学计算、数据处理	科学计算、数据处理、工业控制	应用遍及社会生活中的各个领域

> **知识小贴士**
>
> 目前计算机正朝着智能化方向发展,计算机每一个发展阶段在技术与性能上都是一次新的突破。

2. 计算机的发展趋势

随着微电子技术、光学技术、超导技术和电子仿生技术的发展,计算机的发展将呈多元化发展的态势。总体上来讲,计算机向巨型化、微型化、网络化、智能化方向发展。

巨型化是指发展运算速度快、存储容量大和功能强的巨型计算机。巨型计算机主要用于尖端科学技术和国防军事系统的研究开发中。巨型计算机的发展集中体现了一个国家的科学技术和工业发展的程度。

微型化是指发展体积小、质量轻、性价比高的微型计算机。微型计算机的发展扩大了计算机的应用领域,推动了计算机的普及。例如,微型计算机主要在仪表、家电、导弹弹头等领域中应用,这些应用是中、小型计算机无法进入的领域。

网络化是指利用通信技术和计算机技术,把分布在不同地点的计算机互连起来,按照网络协议相互通信,以达到所有用户都可共享资源的目的。未来的计算机网络必将给人们的工作和生活提供极大的方便。

智能化是第五代计算机要实现的目标,是指计算机具有"听觉""思维""语言"等功能,能模拟人的行为动作。

目前,第一台超高速全光数字计算机已研制成功,光子计算机的运算速度比电子计算机快1 000倍。在不久的将来,超导计算机、神经网络计算机等全新的计算机也会诞生。未来的计算机将是微电子技术、光学技术、超导技术和电子仿生技术相结合的产物。

3. 计算机的特点、分类与应用领域

(1)计算机的特点

计算机作为一种通用的信息处理工具,具有极高的处理速度、很强的存储能力、精确的计算和逻辑判断能力,其主要特点有:运算速度快,"记忆"能力强,计算精度高,能进行逻辑判断,可靠性高,通用性强等。

(2)计算机的分类

随着计算机技术的发展和应用的推动,尤其是微处理器的发展,计算机的类型越来越多样化,分类的标准也不是固定不变的。

根据计算机的运算速度等性能指标来划分,计算机主要可分为高性能计算机、微型机、工作站、服务器、嵌入式计算机等。

(3) 计算机的应用领域

现在计算机应用几乎渗透到人类生产和生活的各个领域,计算机的应用范围归纳为科学计算、数据处理、过程控制、计算机辅助工程、人工智能、网络通信、数字娱乐等。

任务 1-3　了解信息在计算机中的表示

数据是计算机处理的对象,计算机内部所能处理的数据是"0"和"1",即二进制编码,这是因为二进制数具有便于物理实现、运算简单、工作可靠、逻辑性强等特点。不论是哪一种数制,其计数和运算都有共同的规律和特点。

1. 进位计数制

数制(计数制)是指用一组固定的数字和统一的规则来表示数值的方法。进位计数制是按进位的方法进行计数的,它包含三个要素:数位、位权、基数。

(1) 十进制

①每个数位上能使用的数码符号是 0、1、2、3、4、5、6、7、8、9,共 10 个。基数是 10。
②每一个数码符号根据它在这个数中所处的位置(数位),按"逢十进一"来决定其实际数值,即各数位的位权是以 10 为底的幂次方。

(2) 二进制

①每个数位上能使用的数码符号是 0、1,共 2 个。基数是 2。
②每一个数码符号根据它在这个数中所处的位置(数位),按"逢二进一"来决定其实际数值,即各数位的位权是以 2 为底的幂次方。

(3) 八进制

①每个数位上能使用的数码符号是 0、1、2、3、4、5、6、7,共 8 个。基数是 8。
②每一个数码符号根据它在这个数中所处的位置(数位),按"逢八进一"来决定其实际数值,即各数位的位权是以 8 为底的幂次方。

(4) 十六进制

十六进制数的特点是"逢十六进一",因此其基数为 16,位权则变为 16 的幂次方。十六进制数用 0～9 这十个数码加上 A、B、C、D、E、F 六个字母码来表示，A～F 分别对应 10～15 这几个十进制数，这是国际上通用的表示法。

2. 进位计数制的特点

综上所述，计数制的特点可归纳如下：
(1) 计数制都有一个固定的基数 $P(P \geqslant 1)$，每一个数位可取 P 个不同的数值。
(2) 计数制都有自己的位权，按"逢 P 进一"决定其实际数值。

3. 不同进位计数制间的转换

(1) 十进制数转换成非十进制数

① 十进制数转换成二进制数

十进制数转换成二进制数，可以将其整数部分和小数部分分别转换后再组合到一起。

整数部分转换："除 2 取余法，倒着写"。即将十进制数整数部分一直除以 2，取余数，直到商为零，第一次得到的余数是二进制数的最低位，最后一次得到的余数是二进制数的最高位。

小数部分转换："乘 2 取整法，顺着写"。即将十进制数小数部分不断乘以 2，取整数，直到小数为零或到达有效精度为止，最先得到的整数为最高位（小数点后第一位），最后一次得到的整数为最低位。

例 把十进制数 197.687 5 转换成二进制数。

解：

整数部分转换过程如下：

```
              余数
  2 | 197 …… 1    (最低位)
  2 |  98 …… 0       ↑
  2 |  49 …… 1       |
  2 |  24 …… 0       |
  2 |  12 …… 0       |
  2 |   6 …… 0       |
  2 |   3 …… 1       |
  2 |   1 …… 1    (最高位)
      0 这是商
```

即 $(197)_{10} = (11000101)_2$

小数部分转换过程如下：

0.687 5×2＝1.375	取整数部分 1	(最高位，小数点后第一位)
0.375×2＝0.75	取整数部分 0	
0.75×2＝1.5	取整数部分 1	
0.5×2＝1	取整数部分 1	(最低位)

即 $(0.6875)_{10} = (0.1011)_2$

∴ 组合结果：$(197.6875)_{10} = (11000101.1011)_2$

> **知识小贴士**
>
> 一个十进制小数不能完全准确地转换成二进制小数时，可以根据精度要求，只转换到小数点后某一位即可。

②十进制数转换成八进制数

整数部分的转换：除 8 取余；小数部分的转换：乘 8 取整。

例 把十进制数 474.187 5 转换成八进制数。

解：

整数部分转换过程如下：

```
         余数
8 | 474 …… 2   （最低位）
8 |  59 …… 3
8 |   7 …… 7   （最高位）
      0  这是商
```

小数部分转换过程如下：

$0.1875 \times 8 = 1.5$　　取整数部分 1　　（最高位）

$0.5 \times 8 = 4.0$　　取整数部分 4　　（最低位）

∴ 组合结果：$(474.1875)_{10} = (732.14)_8$

> **知识小贴士**
>
> 小数的转换如出现无限进行的情况，处理方法同十进制小数到二进制小数的转换。

③十进制数转换成十六进制数

整数部分的转换：除 16 取余；小数部分的转换：乘 16 取整。

例 把十进制数 1 192.903 2 转换成十六进制数，要求精确到小数点后 4 位。

解：

整数部分转换过程如下：

```
           余数
16 | 1192 …… 8   （最低位）
16 |   74 …… A
16 |    4 …… 4   （最高位）
        0  这是商
```

小数部分转换过程如下：

$0.9032 \times 16 = 14.4512$　　取整数部分 E　　（最高位）

$0.4512 \times 16 = 7.2192$　　取整数部分 7

$0.2192 \times 16 = 3.5072$　　取整数部分 3

$0.5072 \times 16 = 8.1152$　　取整数部分 8　　（最低位）

∴ 组合结果：$(1192.9032)_{10} = (4A8.E738)_{16}$

(2) 非十进制数转换成十进制数

非十进制数转换成十进制数的方法是,先写出非十进制数的按权展开表达式,然后求按权展开式的值,此和值就是与非十进制数等值的十进制数。非十进制数转换成十进制数关系见表 1-1-2。

表 1-1-2　　　　　　　　　　非十进制数转换成十进制数关系

进制	原始数	按位权展开	对应的十进制数
二进制	1101.1	$1\times2^3+1\times2^2+0\times2^1+1\times2^0+1\times2^{-1}$	13.5
八进制	572.4	$5\times8^2+7\times8^1+2\times8^0+4\times8^{-1}$	378.5
十六进制	3B4.4	$3\times16^2+11\times16^1+4\times16^0+4\times16^{-1}$	948.25

(3) 二进制数、八进制数、十六进制数间的相互转换

① 二进制数与八进制数之间的相互转换

由于 $2^3=8, 8^1=8$,因此 1 位八进制数可用 3 位二进制数表示,或者 3 位二进制数可用 1 位八进制数表示。二进制数转换为八进制数,可概括为"三位并一位",即:以小数点为基准,整数部分从右到左,每三位一组,最高位不足三位时,添 0 补足三位;小数点部分从左到右,每三位一组,最低有效位不足三位时,添 0 补足三位。然后,将各组的三位二进制数按权展开后相加,得到一位八进制数。同理,八进制数转换为二进制数,可概括为"一位拆三位"。

例　把二进制数 100111100111001.1011 转换成八进制数。

解:

分组:　10 011 100 111 001 .101 1
补 0:　010 011 100 111 001 .101 100
转换:　 2　 3　 4　 7　 1 . 5　 4

所以,$(100111100111001.1011)_2=(23471.54)_8$

② 二进制数与十六进制数之间的相互转换

由于 $2^4=16, 16^1=16$,因此 1 位十六进制数可用 4 位二进制数表示,或者 4 位二进制数可用 1 位十六进制数表示。二进制数转换为十六进制数,可概括为"四位并一位",即:以小数点为基准,整数部分从右到左,每四位一组,最高位不足四位时,添 0 补足四位;小数点部分从左到右,每四位一组,最低有效位不足四位时,添 0 补足四位。然后,将各组的四位二进制数按权展开后相加,得到一位十六进制数。同理,十六进制数转换为二进制数,可概括为"一位拆四位"。

例　把二进制数 100111100111101.1011 转换成十六进制数。

解:

分组:　10 0111 0011 1101 .1011
补 0:　0010 0111 0011 1101 .1011
转换:　 2　 7　 3　 D　 .B

所以,$(100111100111101.1011)_2=(273D.B)_{16}$

二进制、八进制、十六进制转换

数据的表示：

一串数符，如果不加以说明，很难知道它表示的是哪种进制的数，例如"10"这两个数符在一起组成数，我们既可以把它看成是二进制数，也可以把它看成是十进制数，还可以把它看成是八进制数或者是十六进制数。当我们把它看成不同进制数时，它的值是不同的。为了避免混淆，在书写进制数时需采用一定的约定，在计算机应用中的约定如下：

二进制数(Binary)：在数符的末尾加上字母 B 或 b。例如，1010B、1101.11B。

十进制数(Decimal)：在数符的末尾加上字母 D 或 d，或者不带任何字符。例如，12D、3.14。

八进制数(Octal)：在数符的末尾加上字母 O 或 o。例如，34O、27.4O。

十六进制数(Hexadecimal)：在数符的末尾加上字母 H 或 h。例如，56H、78.EH。

另外，各种进制数还可以用以下书写方式表示：用圆括号括住数，在圆括号外用下标表示数的进制。例如，$(1101.11)_2$ 就表示 1101.11B，$(56.7)_{16}$ 就表示 56.7H。

知识小贴士

不同进制的数进行转换时，如果待转换的数为整数，可以使用 Windows 10 中的计算器进行转换。以十进制数 123 转换成十六进制数为例，利用计算器进行进制转换的操作步骤如下：

步骤 1 启动计算器。在 Windows 10 桌面上单击左下角"开始"菜单按钮"⊞"，打开如图 1-1-3 所示的"开始"菜单。然后在 J 字母分类开头的应用中单击"计算器"菜单命令。Windows 10 的桌面会出现如图 1-1-4 所示的"计算器"窗口。

图 1-1-3　"开始"菜单　　　图 1-1-4　标准型计算器窗口

步骤 2 切换计算器至程序员模式。初次使用计算器时，计算器是标准型的，需要切换至程序员模式并在程序员模式下进行操作才能进行数据的进制转换。切换计算器至程序员模式的操作方法是，在图 1-1-4 所示的标准型计算器窗口中单击菜单栏上"导航"|"程序员"菜单命令，如图 1-1-5 所示。这时计算器窗口会展开为程序员计算器窗口，如图 1-1-6 所示。如果启动计算器时，计算器已经处于程序员模式，则跳过步骤 2 直接进入步骤 3。

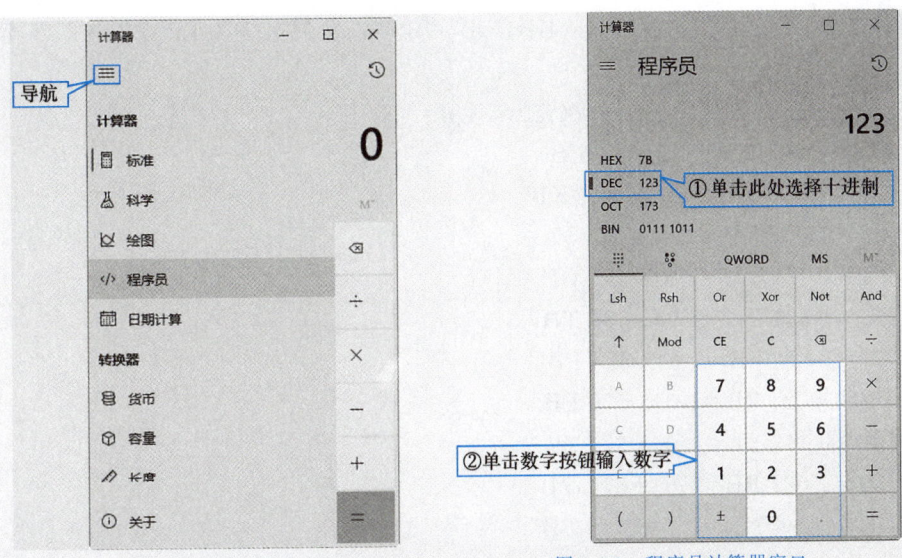

图 1-1-5　切换计算器至程序员模式　　　　图 1-1-6　程序员计算器窗口

步骤 3　选择待转换数据的进制并输入数据。在图 1-1-6 所示的计算器窗口中单击"十进制"单选按钮,选择输入数据的进制。然后按键盘上的数字键或者用鼠标单击计算器窗口中的数字按钮输入待转换数据 123。

步骤 4　选择目标数据的进制。单击"十六进制"单选按钮,这时数据显示文本框中会显示转换的结果,如图 1-1-7 所示。

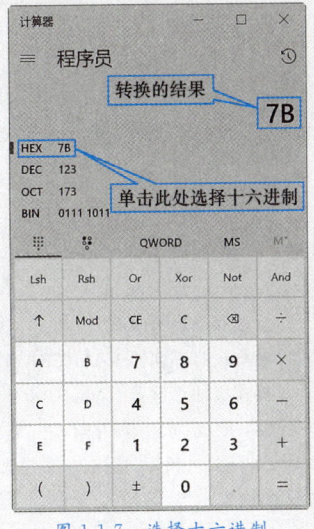

图 1-1-7　选择十六进制

4. 数据的存储单位

在计算机中,存储数据的最小单位为 bit,1 bit 为 1 个二进制位。
字节(Byte,B),1 个字节为 8 个二进制位。

目前数据计量单位已从 Byte、KB、MB、GB、TB 发展到 PB、EB、ZB、YB 甚至 BB、NB、DB。

它们按照进率 1 024(2 的 10 次方)来计算：

1 MB＝1 024 KB＝1 048 576 B

1 GB＝1 024 MB＝1 048 576 KB

1 TB＝1 024 GB＝1 048 576 MB

1 PB＝1 024 TB＝1 048 576 GB

1 EB＝1 024 PB＝1 048 576 TB

1 ZB＝1 024 EB＝1 048 576 PB

1 YB＝1 024 ZB＝1 048 576 EB

1 BB＝1 024 YB＝1 048 576 ZB

1 NB＝1 024 BB＝1 048 576 YB

1 DB＝1 024 NB＝1 048 576 BB

任务 1-4　了解计算机系统的基本组成与性能指标

1. 计算机系统

一台完整的计算机系统由硬件(Hardware)系统和软件(Software)系统两大部分组成，如图 1-1-8 所示。

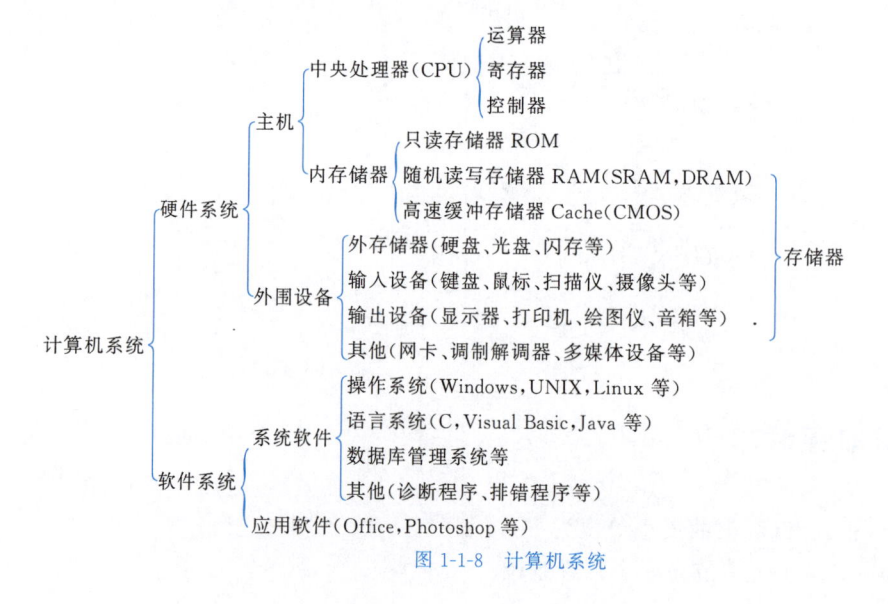

```
计算机系统
├── 硬件系统
│   ├── 主机
│   │   ├── 中央处理器(CPU)
│   │   │   ├── 运算器
│   │   │   ├── 寄存器
│   │   │   └── 控制器
│   │   └── 内存储器
│   │       ├── 只读存储器 ROM
│   │       ├── 随机读写存储器 RAM(SRAM,DRAM)
│   │       └── 高速缓冲存储器 Cache(CMOS)
│   └── 外围设备
│       ├── 外存储器(硬盘、光盘、闪存等)
│       ├── 输入设备(键盘、鼠标、扫描仪、摄像头等)
│       ├── 输出设备(显示器、打印机、绘图仪、音箱等)
│       └── 其他(网卡、调制解调器、多媒体设备等)
└── 软件系统
    ├── 系统软件
    │   ├── 操作系统(Windows,UNIX,Linux 等)
    │   ├── 语言系统(C,Visual Basic,Java 等)
    │   ├── 数据库管理系统等
    │   └── 其他(诊断程序、排错程序等)
    └── 应用软件(Office,Photoshop 等)
```

图 1-1-8　计算机系统

2. 计算机硬件系统

计算机硬件是构成计算机系统的物理实体或物理装置。

按照冯·诺伊曼计算机体系结构,计算机硬件系统包括输入设备、运算器、控制器、存储器、输出设备五个部分,其工作原理如图 1-1-9 所示。

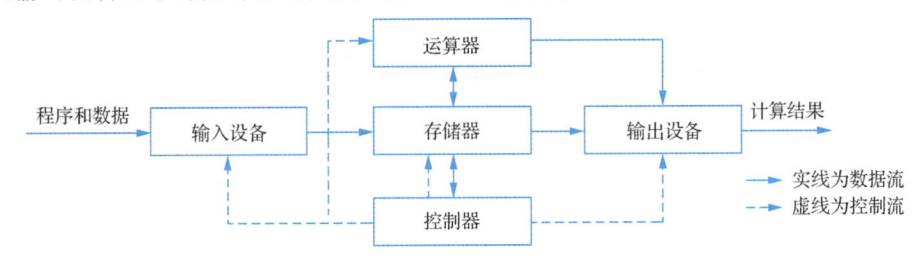

图 1-1-9 计算机硬件系统的工作原理

(1)CPU(Central Process Unit,中央处理器)是计算机的心脏,也称为微处理器,主要由控制器和运算器组成。

①控制器:从内存储器中读取指令,并控制计算机的各部分,完成指令所指定的工作。

计算机指令是指能被计算机识别并执行的二进制代码,用于完成某一特定的操作。计算机指令通常用二进制代码形式表示。

②运算器:在控制器的指挥下,按计算机指令的要求从内存储器中读取数据,完成运算,运算的结果再保存到内存储器中的指定地址。

(2)主板(Main Board)是安装在微型计算机主机箱中的印刷电路板,它是连接CPU、内存储器、外存储器、各种适配卡、外部设备的中心枢纽。

(3)总线(Bus)是连接计算机中 CPU、内存、外存、输入/输出设备的一组信号线以及相关的控制电路,它是计算机中用于在各个部件之间传输信息的公共通道。

根据传送的信号不同,总线又分为数据总线(Data Bus,用于数据信号的传送)、地址总线(Address Bus,用于地址信号的传送)和控制总线(Control Bus,用于控制信号的传送)。

在微型计算机中常用的总线标准有 ISA 总线、EISA 总线、PCI 总线、USB 通用串行总线等。

(4)存储器是用来存放数据的设备。存储器又分为内存储器、外存储器。

内存储器也叫内存、主存,是计算机的数据存储中心,主要用来存储程序及等待处理的数据,可与 CPU 直接交换数据。

在计算机中,内存由 RAM(Random Access Memory,随机存储器)、ROM(Read Only Memory,只读存储器)和 Cache(高速缓冲存储器)三部分组成。其中 RAM 的容量占总内存容量的绝大部分,而 ROM 和 Cache 的容量只占很小的一部分,因此人们常把 RAM 称为内存。

(5)输入设备是指把数据和程序输入计算机中的设备;输出设备是指将计算机处理结果或处理过程中的有关信息交付给用户的设备。

3. 计算机软件系统

所谓计算机软件，是指支持计算机运行或解决某些特定问题而需要的程序、数据以及相关的文档。

系统软件是指维持计算机系统正常运行和支持用户运行应用软件的基础软件，包括操作系统、程序设计语言、数据库管理系统等。

操作系统（Operating System，OS）是管理计算机硬件与软件资源的程序，同时也是计算机系统的内核与基石。其功能是控制其他程序运行，管理系统资源并为用户提供操作界面。

程序设计语言按照其发展过程可分为机器语言、汇编语言、高级语言（面向过程）和第四代语言（4GL 非过程化、面向对象语言）。

程序（Program）是指为实现特定目标或解决特定问题而用计算机语言编写的命令序列的集合。一般分为系统程序（软件）和应用程序（软件）两大类。

应用软件是指为解决某个或某类给定的问题而设计的软件。如文字处理软件、绘图软件、数值计算软件以及用户针对各种应用而自行开发的软件等。

一个完整的计算机系统，是硬件和软件的有机结合。硬件是计算机系统的躯体，软件则是其灵魂。没有配备软件的计算机称为"裸机"。

知识小贴士

操作系统是电子计算机系统中负责支撑应用程序运行环境以及用户操作环境的系统软件，同时也是计算机系统的核心与基石。它的职责常包括对硬件的直接监管、对各种计算资源（如内存、处理器时间等）的管理以及提供诸如作业管理之类的面向应用程序的服务等。

（1）操作系统的分类。根据操作系统在用户界面的使用环境和功能特征的不同，操作系统一般可分为三种基本类型，即批处理系统、分时系统和实时系统。随着计算机体系结构的发展，又出现了许多种操作系统，例如嵌入式操作系统、个人操作系统、网络操作系统和分布式操作系统。

（2）个人计算机从硬件架构上来说目前分为两类，PC 与苹果计算机，它们支持的操作系统有：

①Windows 系列操作系统，由微软公司生产。

②UNIX 类操作系，如 SOLARIS、BSD 系列。

③Linux 类操作系统，如 UBUNTU、SUSE、Linux、Fedora 等。

④Mac 操作系统，由苹果公司生产，一般安装于苹果计算机。

（3）手机操作系统一般只应用在高端智能手机上。目前应用在手机上的操作系统主要有：

①iOS；

②Android（安卓）系统。

③Windows Phone 7、Windows Phone 8 系统。

④Symbian(塞班)系统。
⑤Bada。
⑥黑莓系统。

4. 计算机的性能指标

衡量计算机的性能指标很多,主要指标有字长、主频、运算速度、内存容量、核心数等。

(1) 字长

字长是指计算机能直接处理二进制数的最大位数,它反映了CPU内部寄存器、数据总线的宽度。字长越长,可用来表示数据的有效位数越多,计算处理数据的精度越高,CPU的价格越高。按字长来分,微型计算机可分为8位机、16位机、32位机和64位机。目前微型计算机的字长为64位。

(2) 主频

主频是指CPU的时钟频率。主频的常用单位为MHz、GHz,它们之间的关系是,1 GHz=1 024 MHz。主频越高,CPU执行指令的速度越快,计算机运行的速度越快。所以,主频的高低在很大程度上决定了计算机的运行速度。

(3) 运算速度

运算速度是指计算机每秒钟所能执行指令的条数,常用的单位为百万条指令/秒(Million Instruction Per Second,MIPS),它是衡量计算机运算速度的指标。

(4) 内存容量

内存容量是指计算机内存储器中所能存储信息的最大字节数。常用的单位有MB、GB。保存在外存储器中的程序需要调入内存中才能执行,内存容量直接影响着程序的运行,内存容量越大,所能存储的数据和运行的程序越多,程序运行的速度越快。通常情况下,程序的运行都有内存容量要求,例如,Windows 7操作系统要求内存在512 MB以上才能运行。现在的微型计算机中一般配有4~16 GB的内存。

(5) 核心数

单核处理器只有一个逻辑核心,而多核处理器(Multicore Chips)在一枚处理器中集成了多个微处理器核心(内核),于是多个微处理器核心就可以并行地执行程序代码。多核技术可以在多个执行内核之间划分任务,使得线程能够充分利用多个执行内核,因此使用多核处理器将具有较高的线程级并行性,在特定的时间内执行更多任务。

信息技术基础

任务 1-5　了解多媒体计算机

1. 多媒体

所谓多媒体,就是多重媒体的意思。媒体是人与人进行信息交流的中介,即信息的表示与传播的载体,也称为媒介或媒质。例如,声音、文字、图形、图像等就是表示信息的载体,报纸、广播、电视就是传播信息的载体,它们都称为媒体。

(1) 多媒体技术的概念

多媒体技术是指利用计算机技术对文字、声音、图形、图像等多种媒体信息进行数字化采集、获取、存储、加工处理,使其成为一个有机的整体,进行传输和表现的技术,即利用计算机将多种媒体信息组合在一起的技术。多媒体技术涉及的技术包括信息化处理技术、数据压缩和编码技术、多媒体同步技术、大容量存储技术、多媒体网络通信技术等。其中最基本的技术是信息化处理技术,核心技术是数据压缩和编码技术。

(2) 多媒体技术的特点

多媒体技术具有多样性、集成性、交互性和实时性等特点。

① 多样性

多样性是指多媒体技术所能处理的媒体是多样的。多媒体技术不仅可以处理文字信息,还能处理图形、图像、声音等信息。

② 集成性

集成性是指多媒体技术可以将多种媒体信息进行同步组合,使其成为一个有机的整体,做到图、文、声、像一体化。

③ 交互性

交互性是指用户和多媒体设备之间可以互动,用户既可以从多媒体设备中获取多种媒体信息,又可以主动向多媒体设备提出要求和控制信息。

④ 实时性

实时性是指多媒体技术能使多种媒体信息同步表现,例如,能使声音和图像同步表现,即音像同步。

(3) 多媒体技术的应用

目前,多媒体技术的应用十分广泛,除了覆盖了计算机的绝大多数传统应用领域外,还开拓了许多新的应用领域。例如,教育培训、电子出版、宣传广告、咨询服务、信息管理、游戏与娱乐、广播与电视等。

2. 多媒体计算机的组成

具有多媒体功能的计算机叫多媒体计算机,多媒体计算机也是由硬件系统和软系统组成的。

(1)多媒体计算机的硬件系统

在计算机的硬件基础上附加多媒体附属硬件就构成了多媒体计算机的硬件系统。多媒体附属硬件主要有声卡、视频卡等多功能卡,数码相机、数码摄像机、扫描仪、光盘驱动器、麦克风、触摸屏、音箱等音像输入/输出设备。如图 1-1-10 所示为常见多媒体设备。

(a)数码相机　　　　(b)数码摄像机　　　　(c)音箱

图 1-1-10　常见多媒体设备

(2)多媒体计算机的软件系统

多媒体计算机的软件系统由支持多媒体功能的操作系统和多媒体开发软件组成。

支持多媒体功能的操作系统有 Amiga 操作系统、AVK 操作系统、Quick Time 操作系统、Windows 操作系统等。在个人计算机中主要使用 Windows 操作系统,目前主流的是 Windows 7 和 Windows 10。

多媒体开发软件包括多媒体数据准备工具和多媒体创作工具两类。多媒体数据准备工具有声音录制编辑软件、图形图像处理软件、扫描编辑软件、视频采集编辑软件、动画制作软件等,它们用于多媒体素材的收集、整理和制作。多媒体创作工具主要有 PowerPoint、Authorware、Director、IconAuthor、Tool Book 等。这些工具的功能各不相同,都可以在 Windows 平台上运行。

知识小贴士

选购计算机的基本常识

随着个人计算机性能的大幅度提高、实用性增强以及功能的多样化,个人计算机(PC)正以迅猛的速度进入千家万户。

值得注意的是,无论将计算机作为娱乐工具、学习工具还是生产工具,它数千元的价格都是一大笔投资。所以购买计算机与购买其他家电一样,应当关注经济性、适用性、先进性。简而言之,"需要什么,用合适的价格买什么"。但是同学们在购买个人计算机时有许多模糊的认识,而且缺乏选择、鉴定的专业知识,容易造成许多不必要的损失。那么,如何买到一台满意的个人计算机呢？一般来说,在校大学生通常应该把"适用""够用""好用""耐用""受用"五个要素作为选择计算机的标准。

任务 1-6　了解信息素养与社会责任

1. 信息素养

信息素养是指能够利用现代信息技术有效地获取信息、理性地评价信息、准确地利用信息，并形成与信息化时代要求相适应的信息加工、创造和知识生成的能力。信息素养最早由美国信息产业协会主席波尔于 1974 年提出，并被概括为"利用大量的信息工具及主要信息源使问题得到解答的技术和技能"。

2. 信息素养基本要素

信息素养具有四个基本要素：信息意识、信息知识、信息能力、信息道德。信息素养的四个要素共同构成一个不可分割的统一整体。信息意识是先导，信息知识是基础，信息能力是核心，信息道德是保证。

信息素养教育与创新人才培养具有以下联系：

（1）信息素养是创新人才应具备的基本素质。
（2）信息素养是国际化人才的必备素质。
（3）信息素养是培养大学生科研素质的基石。
（4）信息素养是大学生学习和择业的"导航员"。

3. 信息道德与社会责任

当代大学生是信息社会中的主体，是信息的主要传播者和利用者，同时又是信息知识较丰富、信息技术掌握较全面和深入的知识群体，在信息社会的建设中肩负着重要使命。面对网络的诱惑和挑战，面对种种不良信息的干扰，广大大学生应加强自身信息道德的培养，应该具备信息辨识能力，不受虚假信息的误导，不受不良信息的诱惑。同时，还要遵守以下网络伦理规范：

（1）尊重他人的知识产权。
（2）不利用网络从事有损于社会和他人的活动。
（3）尊重他人的隐私权。
（4）不利用网络攻击、伤害他人，不发布虚假和违背社会发展规律的信息，不发布有损他人利益的信息。不利用网络谋取不正当的商业利益。

项目1　了解信息技术

> **知识小贴士**
>
> 根据国家法律规定，在网上发布不实信息且被转发超过 500 次的，即可认为导致了严重的负面后果。

任务 1-7　了解信息安全

1. 信息安全

随着互联网的快速发展和信息化程度的不断提高，分布式系统和通信网络已经得到广泛应用，越来越多的信息依赖于计算机及其网络系统来存储、处理和传输。这使得信息资源的保护面临着新的问题，它不仅涉及信息的存储过程，还包括信息的处理过程、传输过程和使用计算机信息系统的复杂人群可能产生的各种信息安全问题。计算机信息安全包括信息存储安全、信息处理安全、信息传输安全和信息使用安全等。

(1) 信息安全的特点

① 保密性

保密性指系统中的信息只能由授权的用户访问。

② 完整性

完整性指系统中的资源只能由授权的用户进行修改，以确保信息资源没有被篡改。

③ 可用性

可用性指系统中的资源对授权用户是有效可用的。

(2) 信息安全策略

信息安全策略是指为保证提供一定级别的安全保护所必须遵守的规则。实现信息安全，不但要靠先进的技术，而且要靠严格的安全管理、法律约束和安全教育。

① DG 图文档加密

DG 图文档加密能够智能识别计算机所运行的涉密数据，并自动强制对所有涉密数据进行加密操作，而不需要人的参与，体现了安全面前人人平等，从根源解决信息泄密问题。

② 先进的信息安全技术

用户对自身面临的威胁进行风险评估，决定其所需要的安全服务种类，选择相应的安全机制，然后集成先进的安全技术，形成一个全方位的安全系统。

③ 严格的安全管理

各计算机网络使用机构、企业和单位应建立相应的网络安全管理办法，加强内部管理,建立合适的网络安全管理系统,加强用户管理和授权管理,建立安全审计和跟踪体系,提高整体网络安全意识。

④制定严格的法律、法规

计算机网络是一种新生事物。面对日趋严重的网络犯罪,已经建立了与网络安全相关的法律、法规,使非法分子慑于法律,不敢轻举妄动。

(3)信息安全行业中的主流技术

①病毒检测与清除技术。

②安全防护技术。包含网络防护技术(防火墙、统一威胁管理、入侵检测防御等);应用防护技术(如应用程序接口安全技术等);系统防护技术(如防篡改、系统备份与恢复技术等);防止外部网络用户以非法手段进入内部网络,访问内部资源,保护内部网络操作环境的相关技术。

③安全审计技术。

④安全检测与监控技术。

⑤解密、加密技术。在信息系统的传输过程或存储过程中进行信息数据的加密和解密。

⑥身份认证技术。用来确定访问或介入信息系统用户或者设备身份的合法性的技术,典型的手段有用户名口令、身份识别、PKI证书和生物认证等。

2. 手机安全

随着互联网的普及以及第三方支付的便捷性,手机在人们的生活中越来越重要。我们有很多的个人隐私信息也都存放在手机里,随之而来的就是手机的安全隐患问题。

手机的信息在哪些情况下会泄露呢?其实有很多都来自手机中下载的各种App,简单举个例子,旅游订票软件会记录你的身份证信息,而打车软件记录了你的家庭住址和单位地址,购物软件会记录你的消费能力及财务状况,等等。

可见,手机带来的安全隐患是绝对不能轻视的。其实,在现实生活中,这种由于手机引起的犯罪事件也是屡见不鲜。因此,良好的手机使用习惯是必要的。

3. 个人信息安全

个人信息安全是指公民身份、财产等个人信息的安全状况。随着互联网应用的普及和人们对互联网的依赖,个人信息受到了极大的威胁。

个人信息泄露主要有五大路径:一是人为因素,即掌握了信息的公司、机构员工主动倒卖信息;二是计算机感染了木马病毒等恶意程序,造成个人信息被窃取;三是不法分子利用网站漏洞,入侵并盗取保存信息的数据库;四是用户随意连接免费 Wi-Fi 或者扫描二维码而被不法分子盗取信息;五是密码简单,"一套密码走天下",极大便利了不法分子进行"撞库"。

保护个人信息安全最重要的是做好以下四点：

一是妥善保管个人信息，尤其是银行卡、手机等信息载体，在网络注册、实名验证时谨慎填写个人信息，身份证号、支付账号、手机号码等个人私密信息切勿随意泄露。

二是养成定期修改密码的好习惯，对重要账号（如常用邮箱、网上支付、聊天账号等）必须单独设置密码，绝不一码多用，且密码最好设置成数字＋字母等较为复杂的组合。

三是定期给手机和计算机杀毒，尤其是经常浏览不明来源网站的人更需要如此。

四是不随意连接免费 Wi-Fi，不点击短信中的不明链接和扫描未知二维码，不轻信电话、短信、QQ、微信中的退款、贷款验资、司法协查、商品退款、积分兑换、中奖退税等信息。

4. 计算机安全

计算机的安全包括硬件系统安全、软件系统安全、数据信息安全等方面。为了保证计算机安全，除了要为计算机提供良好的运行环境外，还要注意使用计算机的正确方法和预防计算机病毒。

（1）计算机的运行环境与良好的使用习惯

计算机对工作环境有一定的要求，具体要求如下：

①环境温度以 10～30 ℃ 为宜，应避免阳光直接照射。

②环境的相对湿度以 20%～80% 为宜。相对湿度太高，容易造成漏电和短路；相对湿度太低，又容易造成静电聚集，静电放电极易损坏电器元件。

③环境要清洁。灰尘和污垢容易造成器件短路或者插件接触不良，从而导致计算机损坏。

④远距离变电室、电台发射塔、运行的大功率电动机等强电磁波干扰源。计算机对电磁波干扰比较敏感，计算机在强电磁波干扰环境下工作，易出现程序运行出错、磁盘数据丢失等现象。

⑤计算机应放置在坚固的水平面上。

⑥计算机的通风口要保持畅通、供电系统要可靠接地。

正确的使用要求如下：

①开机时先开显示器电源，然后打开主机电源，关机时先关主机电源，然后再关显示器电源，以防止开、关显示器电源时产生的冲击电流对主机造成损坏。

②不要频繁地开机和关机，每次开机和关机的时间至少要间隔 30 秒。

③除支持热插拔的设备外，计算机工作时不要拔插各种接口卡和电缆。

④计算机工作时，不要移动各种设备，不可振动计算机。

⑤光盘驱动器的指示灯亮时，不可拔插盘片，以防损坏盘片而导致数据丢失。

⑥不要在系统分区（一般是 C 盘）内存放工作文件，以防止重装操作系统时因格式化系统分区而破坏工作文件。

⑦定期备份数据，最好是用 U 盘、光盘或者移动硬盘异地备份数据，以防止硬盘损坏或者病毒的破坏造成数据丢失。

⑧注意病毒防护。

(2)病毒的防范

①计算机病毒的概念

按照《中华人民共和国计算机信息系统安全保护条例》,计算机病毒是编制或者在计算机程序中插入的破坏计算机功能或者数据的代码,影响计算机使用,并能自我复制的一组计算机指令或者程序代码。计算机病毒并不是自然界中发展起来的生命体,而是一种程序,是一种具有传染性、隐蔽性、触发性、潜伏性和破坏性的程序。

a.传染性

病毒程序一旦进入系统,就会与系统中的程序连接在一起,运行被传染的程序之后又会传染其他程序,于是很快波及整个系统乃至计算机网络。

b.隐蔽性

病毒程序通常只有几百KB甚至几十KB,而且一般是附在正常文件中或者磁盘较隐蔽的地方(如磁盘的引导扇区中)。在病毒发作前,计算机系统仍能正常工作,不借助专门的查毒工具软件,用户很难发现计算机中的病毒。

c.触发性

病毒程序一般都有一个触发条件,在一定条件下激活传染机制而对系统发起攻击。

d.潜伏性

潜伏性是指病毒不一定开机就运行,有的可以长时间潜伏在计算机里,一旦条件满足,则被激活并传播。

e.破坏性

破坏性是指病毒可导致正常的程序无法运行,把计算机内的文件删除或使其受到不同程度的损坏,通常表现为增、删、改、移。

②了解计算机病毒传播途径

a.移动媒介,如光盘、U盘、硬盘、相机和手机中的SD卡等。

b.网络传播,如电子邮件、蠕虫病毒、漏洞型病毒、间谍软件、网页传播、网络钓鱼陷阱等。

③计算机中病毒"症状"

a.机器不能正常启动

加电后机器根本不能启动,或者虽然可以启动,但所需要的时间比原来的启动时间长。有时会突然出现黑屏现象。

b.运行速度降低

如果发现在运行某个程序时,读取数据的时间比原来长,存储文件或调取文件的时间都增加了,那就可能是病毒造成的。

c.磁盘空间迅速变小

由于病毒程序要进驻内存,而且又能繁殖,因此使内存空间变小甚至变为0,用户信息无法进入。

d.文件内容和长度有所改变

一个文件存入磁盘后,本来它的长度和其内容都不会改变,可是由于病毒的干扰,文件长度可能改变,文件内容也可能出现乱码。有时文件内容无法显示或显示后又消失了。

　　e.经常出现"死机"现象

　　正常的操作是不会造成"死机"的,即使是初学者,命令输入不对也不会"死机"。如果机器经常"死机",那可能是由于系统被病毒感染了。

④计算机病毒的防御

　　计算机病毒的防御应该从防毒、查毒和杀毒三方面为主。系统对于计算机病毒的实际防治能力和效果也要从防毒能力、查毒能力和解毒能力三方面来评判。下面给出几种简单的预防方法：

　　a.要养成备份重要文件的习惯,为受病毒破坏后的数据恢复做准备。

　　b.不使用来历不明的软件、光盘、U盘,以及网上程序或文件等。

　　c.不打开陌生的电子邮件。

　　d.将所有的"＊.COM"和"＊.EXE"文件赋予"只读"属性。

　　e.及时升级或更新防毒软件。定期使用防毒软件检查磁盘和文件。

　　目前,应用较为广泛的杀毒工具软件有金山毒霸、360安全卫士等。格式化磁盘可以彻底清除病毒,但数据也一并被清除。

知识小贴士

　　手机丢失或手机与个人计算机回收(二手买卖),即使将数据删除后再进行交易,不法分子仍可通过技术手段获取以前使用的数据信息,来窃取用户隐私甚至是银行信息。下面给出几种简单的防御方法：

　　1.手机丢失

　　(1)应立即使用亲友的手机打电话给相关的运营商来挂失和冻结SIM卡,然后赶紧到居住地附近的运营商处去补办手机SIM卡,防止对方使用手机卡里面的一些信息做坏事。运营商客服热线为中国移动——10086,中国联通——10010,中国电信——10000。

　　(2)修改相关网络平台密码：重新登录QQ、微信、支付宝等我们经常使用的网络工具,让本来的手机作为另一方被迫下线,并重新修改密码。

　　(3)冻结支付宝：用计算机登录上计算机版本的支付宝,输入个人的支付宝账号和密码,然后就进入官网来冻结账号,防止别人使用。

　　(4)冻结银行卡：如果手机里面有银行信息,我们应该第一时间拨打运营商挂失手机号,立即联系银行来冻结我们的网银。

　　2.手机与个人计算机回收(二手买卖)

　　一般不建议将个人旧手机出售,出售个人计算机时建议保留硬盘。如果一定要进行回收(二手买卖),建议：

　　(1)手机先恢复出厂设置,计算机先格式化硬盘；然后分别再大容量地存储几次无用文件,再多进行几次恢复出厂设置和格式化硬盘。

　　(2)找专业人员利用技术销毁数据。

　　(3)找正规的商家进行交易。

任务 1-8　了解计算机新技术

人工智能（Artificial Intelligence）、大数据（Big Data）、云计算（Cloud Computing）组成的"ABC"已经是公认的技术趋势。而云计算和大数据除了给人工智能提供算力支持和数据支持以外，它们还将众多来自政府、企业以及个人用户的需求更紧密地结合起来，衍生出了更为广阔的应用空间和发展潜力。云计算与大数据将引领信息技术的新一轮潮流，它们正影响着人们生活、生产的方方面面，并将继续更深层次地推动社会高效发展。

1. 人工智能

人工智能（ArtificialIntelligence，AI）是计算机科学的一个分支，科学家试图了解智能的实质，并生产出一种新的能以人类智能相似的方式做出反应的智能机器。该领域的研究包括深度学习、计算机视觉、智能机器人、自然语言处理、情境感知计算、手势控制、推荐引擎等。

人工智能可以对人的意识、思维的信息过程进行模拟。人工智能不是人的智能，但能像人那样思考，也可能超过人的智能。人机大战中的 AlphaGo、百度机器人"小度"、医疗成像分析、人脸识别、安防监控等都是人工智能的应用案例，如图 1-1-11 所示。

图 1-1-11　AlphaGo

2. 大数据

大数据是指无法在一定时间范围内用常规工具进行捕捉、管理和处理的数据集合，是需要新处理模式才能具有更强的决策力、洞察发现力和流程优化能力的海量、高增长率和多样化的信息资产。

项目1　　了解信息技术

(1) 大数据主要特点

大数据主要特点有 Volume(规模性)、Velocity(高速性)、Variety(多样性)、Value(低价值密度)。如图 1-1-12 所示。

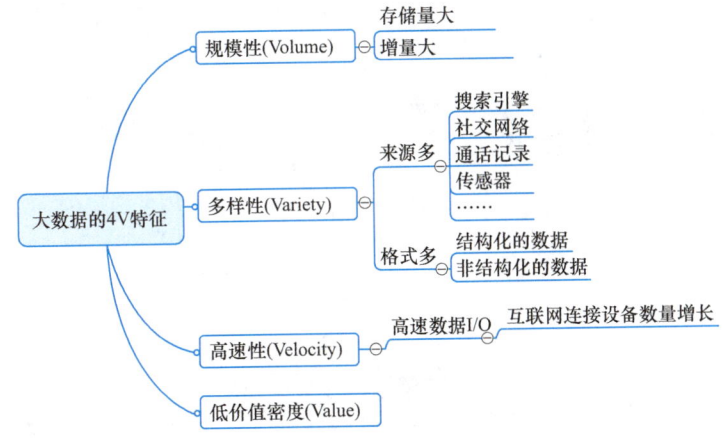

```
                        ┌─ 存储量大
            规模性(Volume)
                        └─ 增量大
                                    ┌─ 搜索引擎
                                    ├─ 社交网络
                            来源多  ├─ 通话记录
                                    ├─ 传感器
大数据的4V特征   多样性(Variety)    └─ ……
                                    ┌─ 结构化的数据
                            格式多
                                    └─ 非结构化的数据
            高速性(Velocity) ── 高速数据I/O ── 互联网连接设备数量增长
            低价值密度(Value)
```

图 1-1-12　大数据主要特点

Volume(规模性)：需要采集、处理、传输的数据量大，数据的大小决定所考虑的数据的价值和潜在的信息。

Velocity(高速性)：获得的数据快速增长，数据需要频繁地被采集、处理并输出，且数据存在时效性，需要快速处理，并得到结果。

Variety(多样性)：数据类型包括网络日志、音频、视频、图片、地理位置信息等，数据的种类多、复杂性高。

Value(低价值密度)：随着信息技术、物联网技术的广泛应用，信息感知无处不在，大量的不相关信息不经过处理则价值较低，挖掘大数据的价值类似于沙里淘金。

(2) 大数据的应用

大数据可应用于各行各业，它将人们收集到的庞大数据进行分析整理，实现资讯的有效利用。例如，我们在购物网上购买商品，如果没有大数据的支持，我们从海量的商品中挑选自己需要的商品无疑是非常费时的。在大数据的支持下，我们把需求(商品名称、商品特性、价位、生产地等)提供出来，系统会给我们推送商品，缩小选择范围，提高选择效率。

3. 云计算

云计算(Cloud Computing)是分布式计算的一种，是基于互联网将巨大的数据计算处理程序分解成无数个小程序，然后，通过多部服务器组成的系统处理和分析这些小程序，将得到的结果返回给用户，如图 1-1-13 所示。

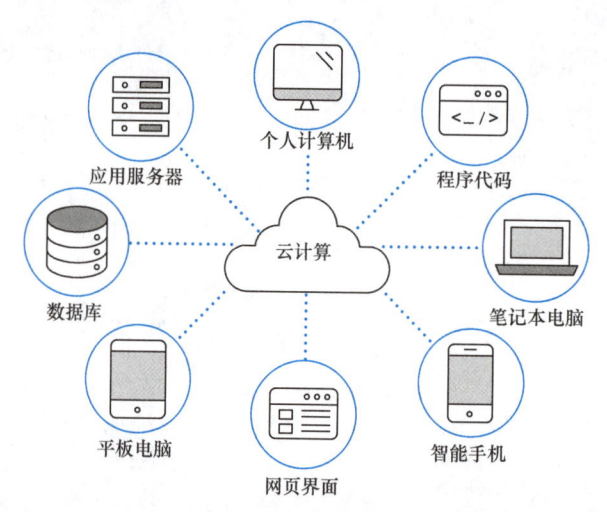

图 1-1-13　云计算

美国国家标准与技术研究院(NIST)将云计算定义为:

云计算是一种按使用量付费的模式,这种模式提供可用的、便捷的、按需的网络访问,进入可配置的计算资源共享池(资源包括网络、服务器、存储、应用软件、服务),这些资源能够被快速提供,只需投入很少的管理工作,或与服务供应商进行很少的交互。

云计算也可以这样形象地理解:云计算就是一种提供资源的网络,使用者可以随时获取"云"上的资源,按需求量使用,并且可以看成是无限扩展的,只要按使用量付费就可以。

(1) 云计算的特点

① 超大规模

"云"的规模和计算能力相当巨大,可以根据需求动态伸缩。

② 资源抽象

所有资源均被抽象和虚拟化了,用户可以采用按需支付的方式购买。

③ 高可靠性

安全的数据存储方式,能够保证数据的可靠性,用户无须担心软件的升级更新、病毒攻击和数据丢失问题。

(2) 云计算的服务类型

云服务让用户可以通过互联网存储和读取数据。通过繁殖大量创业公司提供丰富的个性化产品,以满足市场上日益膨胀的个性化需求。云计算服务类型分为三类:基础设施即服务(Infrastructure as a Service,IaaS)、平台即服务(Platform as a Service,PaaS)和软件即服务(Software as a Service,SaaS)。如图 1-1-14 所示。

基础设施即服务(IaaS):把厂商的由多台服务器组成的"云端"基础设施,作为计量服务提供给客户。它将内存、I/O 设备、存储和计算能力整合成一个虚拟的资源池为整个业界提供所需要的存储资源和虚拟化服务器等服务。

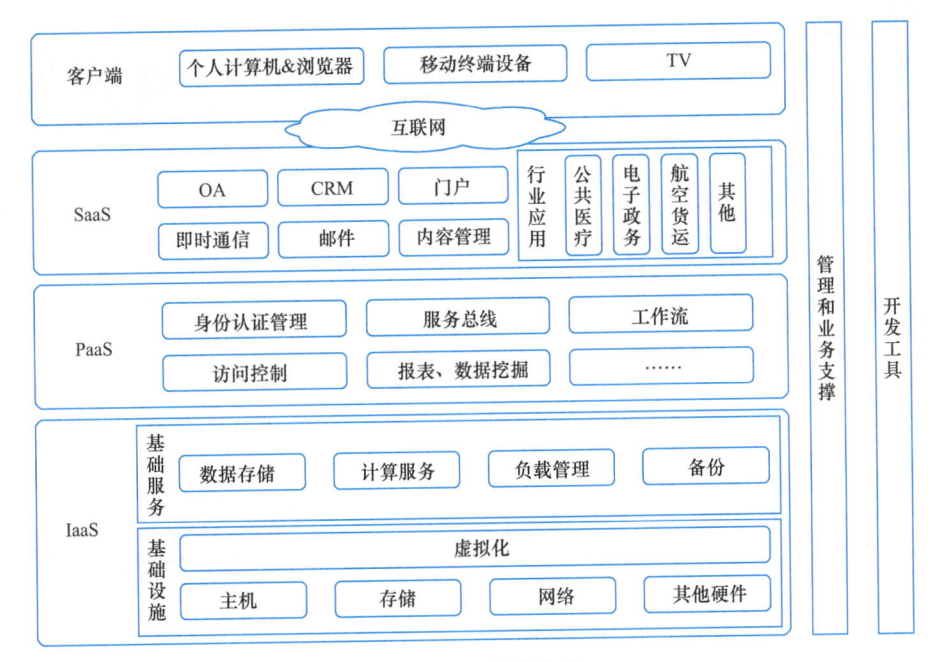

图 1-1-14 云服务类型

平台即服务(PaaS)：分布式平台服务，厂商提供开发环境、服务器平台、硬件资源等服务给客户，用户在其平台基础上定制开发自己的应用程序并通过其服务器和互联网传递给其他客户。例如阿里云平台、百度云平台。

软件即服务(SaaS)：将应用软件统一部署在自己的服务器上，用户根据需求通过互联网向厂商订购应用软件服务，服务提供商根据客户所订购的软件数量、时间长短等因素收费，并且通过浏览器向客户提供软件。

4. 物联网

物联网是新一代信息技术的重要组成部分。物联网有两层意思：第一，物联网的核心和基础仍然是互联网，是在互联网基础上的延伸和扩展；第二，其用户端延伸和扩展到了任何物品与物品之间，进行信息交换和通信。

物联网其实就是万物互联的意思，即通过射频识别(RFID)、红外感应器、全球定位系统、激光扫描器等信息传感设备，按约定的协议把任何物品与互联网相连接，进行信息交换和通信，以实现智能化识别、定位、跟踪、监控和管理的一种网络概念。

(1) 物联网的主要特征

① 全面感知

利用射频识别、二维码、传感器等感知、捕获、测量技术随时随地对物体进行信息采集，如智能卡、条码标签等。

②可靠传送

通过将物体接入信息网络,依托各种通信技术,随时随地进行可靠的信息交互和共享,如监测空气中 CO_2 浓度、通过 GPS 标签跟踪车辆位置等。

③智能处理

利用各种智能计算技术,对大量的感知数据和信息进行分析并处理,实现智能化的决策和控制,如根据光线强弱调整路灯的亮度。

(2)物联网的应用

我国《物联网"十二五"发展规划》指定了九大领域重点示范工程,分别是智能工业、智能农业、智能物流、智能交通、智能电网、智能环保、智能安防、智能医疗、智能家居。

物联网的应用如图 1-1-15 所示。

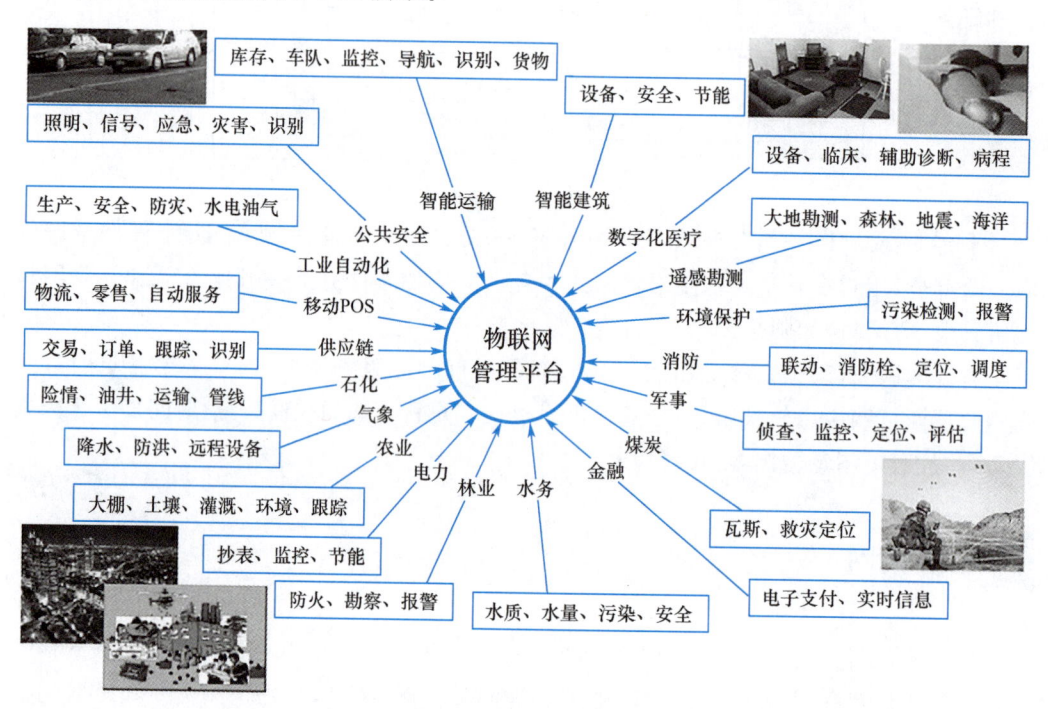

图 1-1-15　物联网的应用

知识小贴士

物联网在生活中应用小场景:

应用场景1:当你清晨从醒来,睁开眼睛,轻轻一动,房间的窗帘便自动拉开,清晨的阳光洒了进来,天气预报自动告诉你今天会是个好天气。

应用场景2:早上上班走得匆忙,到了公司发现没有把家里的门窗关好,于是你轻轻一点手机,家里的窗帘便自动拉上了,门窗也自动关上了。于是,你可以放心地继续上班。

5. 区块链技术

区块链是信息技术领域的一个术语,从本质上可以认为它是一个共享数据库,存储于其中的数据或信息,具有"不可伪造"、"全程留痕"、"可以追溯"、"公开透明"和"集体维护"等特征。也可以通俗地讲,区块链就是一种去中心化的分布式(分布在多地、能够协同运转)的账本数据库系统。

区块链主要应用于金融领域、公共服务领域、数字版权领域、保险领域、公益领域以及物联网和物流领域。

区块链的主要核心技术如下:

(1) 分布式账本

分布式账本是指交易记账由分布在不同地方的多个节点共同完成,而且每一个节点记录的是完整的账目,因此它们都可以参与监督交易合法性,同时也可以共同为交易的合法性作证。

(2) 非对称加密

存储在区块链上的交易信息是公开的,但是用户身份信息是高度加密的,只有在数据拥有者授权的情况下才能访问到,从而保证了数据的安全和个人的隐私。

(3) 共识机制

共识机制就是所有记账节点之间怎么达成共识,去认定一个记录的有效性,这既是认定的手段,也是防止篡改的手段。

(4) 智能合约

智能合约是基于这些可信的不可篡改的数据,可以自动化地执行一些预先定义好的规则和条款。以保险为例,如果说每个人的信息(包括医疗信息和风险发生的信息)都是真实可信的,那就很容易在一些标准化的保险产品中进行自动化理赔。

6. 数字媒体

媒体在计算机领域中两种含义:一是指存储信息的实体,如磁盘、光盘、磁带、半导体存储器等;二是指传递信息的载体,如数字、文字、声音、图形和图像,多媒体技术中的媒体是指后者。

相对于其他媒体形式,数字媒体具有一些新特征,如可复制性、普通大众可通过软件制作生成等。网络作为数字媒体的传播途径也加速了数字媒体的发展,网络现已成为继报纸、广播、电视以后的第四大媒体。数字媒体又以网络为传播载体,将数字化信息以交互的方式在传播者和接收者之间传递,这种信息传播方式与传统媒体的传播方式相比有了质的飞跃。

(1) 数字媒体与数字媒体艺术

数字媒体又称数字媒体艺术,是指以计算机技术和现代网络技术为基础,将人的理性思维和艺术的感性思维融为一体的新艺术形式。

(2) 数字媒体技术

数字媒体是由数字媒体机构、数字媒体技术、数字媒体网络、数字媒体产品、数字媒体内容和数字媒体终端等六个方面构成的一个系统。

数字媒体技术主要是指信息处理和生成的制作技术,即数字媒体特有的技术手段,不包括信息获取与输出技术、数字信息存储技术等公用的技术。数字媒体制作技术主要由数字媒体技术、数字音频处理技术、数字图像处理技术、计算机图像学、计算机动画技术、数字影视剪辑技术、数字影视特效技术等构成。

数字媒体未来将朝着交互性、互联性、分布性、智能型方向发展。

7. 移动互联

移动互联是移动互联网的简称,是指互联网的技术、平台、商业模式和应用与移动通信技术结合并实践的活动的总称。其工作原理是用户端通过移动终端来对互联网上的信息进行访问,并获取一些所需要的信息,人们可以享受一系列的信息服务带来的便利。如图 1-1-16 所示。

图 1-1-16 移动互联

作为一个新兴产业,移动互联不断地发展和完善,已经逐步成为人们生活中的一部分,其主要的特点主要集中在以下方面。

(1)终端移动性

移动互联网业务使得用户可以在移动状态下接入和使用互联网服务,移动的终端便于用户随身携带和随时使用。

(2)业务使用的私密性

在使用移动互联网业务时,所使用的内容和服务更私密,如手机支付业务等。

(3)终端和网络的局限性

移动互联网业务在便携的同时,也受到了来自网络能力和终端能力的限制:在网络能力方面,受到无线网络传输环境、技术能力等因素限制;在终端能力方面,受到终端大小、处理能力、电池容量等的限制。无线资源的稀缺性决定了移动互联网必须遵循按流量计费的商业模式。

(4)业务与终端、网络的强关联性

由于移动互联网业务受到了网络及终端能力的限制,因此,其业务内容和形式也需要适合特定的网络技术规格和终端类型。

8. 虚拟现实技术

(1)AR

AR(Augmented Reality,增强现实)技术,是一种全新的人机交互技术,通过一定的设备去增强在现实世界的感官体验。

AR 的交互方式:

①通过现实世界中的点位选取来进行交互是最为常见的一种交互方式,例如,AR 贺卡和毕业相册即通过图片位置来进行交互。

②对空间中的一个或多个事物的特定姿势或者状态加以判断,这些姿势对应着不同的命令。例如,用不同的手势表示不同的指令。

③使用特制工具进行交互。

(2)VR

VR(Virtual Reality,虚拟现实)技术是一种可以创建和体验虚拟世界的计算机仿真系统,它利用计算机生成一种模拟环境,是一种多源信息融合的、交互式的三维动态视景和实体行为的系统仿真,使用户沉浸到该环境中。如图 1-1-17 所示。

图 1-1-17 虚拟现实技术

VR 的突出特征：

①沉浸性

沉浸性是指用户感觉到好像完全置身于虚拟世界中一样，被虚拟世界所包围。

②交互性

交互性是指用户以自然的方式与虚拟世界进行交互，实时产生与真实世界相同的感知。

③想象性

想象性是指虚拟环境是由人想象出来的，这种想象体现出设计者相应的思想，因而可以用来实现一定的目标。

巩固与提高

常用数据编码

信息包含在数据里面，数据要以规定好的二进制形式表示才能被计算机加以处理，这些规定的形式就是数据的编码。数据的类型有很多，数字和文字是最简单的类型，表格、声音、图形和图像则是复杂的类型，编码时要考虑数据的特性，还要便于计算机存储和处理。下面介绍几种常用的数据编码。

1. BCD 码

因为二进制数不直观，于是在计算机的输入和输出时通常还是用十进制数。但计算机只能使用二进制数编码，所以另外规定了一种用二进制编码表示十进制数的方式，即每 1 位十进制数对应 4 位二进制编码，称 BCD 码（Binary Coded Decimal，二进制编码的十进制数），又称 8421 码。表 1-1-3 是十进制数 0 到 9 与其 BCD 码的对应关系。

项目1　了解信息技术

表 1-1-3　BCD 码

十进制数	BCD 码	十进制数	BCD 码
0	0000	5	0101
1	0001	6	0110
2	0010	7	0111
3	0011	8	1000
4	0100	9	1001

2.ASCII 码

ASCII 是 American Standard Code for Information Interchange 的缩写，是美国信息交换标准代码的简称。ASCII 码的特点是，用一个字节的二进制数表示字符，其中，最高位为 0，低 7 位为字符的编码。ASCII 码共表示了 128 个符号，其中包括 34 个控制字符、10 个十进制数码 0~9、52 个英文大写和小写字母、32 个专用符号。ASCII 码见表 1-1-4。

表 1-1-4　ASCII 码

低 4 位	高 4 位							
	0000	0001	0010	0011	0100	0101	0110	0111
0000	NULL	DLE	空格	0	@	P	`	p
0001	SOH	DC1	!	1	A	Q	a	q
0010	STX	DC2	"	2	B	R	b	r
0011	ETX	DC3	#	3	C	S	c	s
0100	EOT	DC4	$	4	D	T	d	t
0101	ENQ	NAK	%	5	E	U	e	u
0110	ACK	SYN	&	6	F	V	f	v
0111	BELL	ETB	'	7	G	W	g	w
1000	BS	CAN	(	8	H	X	h	x
1001	HT	EM	)	9	I	Y	i	y
1010	LF	SUB	*	:	J	Z	j	z
1011	VT	ESC	+	;	K	[	k	{
1100	FF	FS	,	<	L	\	l	|
1101	CR	GS	-	=	M	]	m	}
1110	SO	RS	.	>	N	^	n	~
1111	SI	US	/	?	O	_	o	DEL

> **知识小贴士**
>
> 查阅字符的 ASCII 码的方法是，先查字符在表 1-1-4 中的列号，得出其 ASCII 码的高 4 位二进制码，再查字符在表 1-1-4 中的行号，得出其 ASCII 码的低 4 位二进制码，然后将这 8 位二进制码拼装在一起就得到字符的 ASCII 码。例如，字符"A"在表 1-1-4 中的列号为 5，行号为 2，它的 ASCII 码为 0100 0001B＝41H＝65。常用西文字符的 ASCII 码见表 1-1-5。

表 1-1-5　　　　　　　　常用西文字符的 ASCII 码

西文字符	ASCII 码（十进制）	十六进制
空格	32	20H
0～9	48～57	30H～39H
A～Z	65～90	41H～5AH
a～z	97～122	61H～7AH

由上表可知其大小为：空格＜0～9＜A～Z＜a～z。

3．汉字的编码

计算机处理汉字信息时，由于汉字具有特殊性，因此汉字的输入、存储、处理及输出过程中所使用的汉字代码不相同，其中包括，用于汉字输入的输入码，用于机内存储和处理的机内码，用于输出显示和打印的字模点阵码（或称汉字字形码）。

汉字字形码是汉字字库中存储的汉字字形的数字化信息，用于汉字的显示和打印。目前汉字字形的产生方式大多是数字式，即以点阵方式形成汉字。因此，汉字字形码主要是指汉字字形点阵的代码。

汉字字形点阵有 16×16 点阵、24×24 点阵、32×32 点阵、64×64 点阵、96×96 点阵、128×128 点阵、256×256 点阵等。一个汉字方块中行数、列数越多，描绘的汉字也就越细微，但占用的存储空间也就越多。汉字字形点阵中每个点的信息要用 1 位二进制数来表示。对 16×16 点阵的字形码，需要用 32(16×16÷8＝32) 个字节表示；24×24 点阵的字形码需要用 72(24×24÷8＝72) 个字节表示。

汉字字库是汉字字形数字化后，以二进制文件形式存储在存储器中而形成的汉字字模库。汉字字模库亦称汉字字形库，简称汉字字库。

知识小贴士

在国标码中用 2 个字节表示 1 个汉字，每个字节只用后 7 位。计算机处理汉字时，不能直接使用国标码，而要将最高位置成 1，转换成汉字机内码，其原因是为了区别汉字码和 ASCII 码，当最高位是 0 时，表示 ASCII 码，当最高位是 1 时，表示汉字码。

习题练习

一、选择题

二、思考题

1．浅谈你对"物联网""人工智能"的认识。
2．浅谈你对"互联网＋""云计算"的认识。
3．浅谈"大数据应用"给我们生活带来了哪些便利。

项目 2
设计与制作求职自荐书

项目分析

　　通过几年大学学习,柏天马上就要毕业了,为了做好求职前的准备工作,需要制作一份求职自荐书,向用人单位推荐自己。求职自荐书主要包括:封面、求职自荐信、个人简历表、就业推荐表和荣誉证书展示及目录制作等,样式如图 1-2-1 所示。按以上要求,柏天必须掌握如下技能:

　　1.会创建、保存、打开、关闭 Word 文档,能正确设置页面,制作求职自荐书封面;

　　2.会在 Word 文档中输入各种字符,能根据需要对文档的内容进行复制、移动、修改、删除、查找、替换等编辑操作,录入求职自荐信;

　　3.能根据需要设置文档中的字符格式、段落格式和页面格式;

　　4.能对图片、图形、艺术字、文本框等图形图像对象进行插入、复制、移动、删除、修饰等编辑操作,会进行图文混排制作,展示荣誉证书;

　　5.会创建表格,能对表格进行各种修饰操作,制作个人简历表;

　　6.会对表格中的数据进行输入、编辑、排序、计算等操作,制作毕业生就业推荐表;

　　7.会对长篇文档进行排版等操作,制作目录。

项目职业素养

　　通过求职自荐书的设计与编辑,学生将在掌握 Word 文档编辑技术的同时,养成在个人信息、个人荣誉中不弄虚作假、实事求是的综合素养。在设计、制作自荐书的过程中,培养学生精益求精的工匠精神。

图 1-2-1　求职自荐书样式

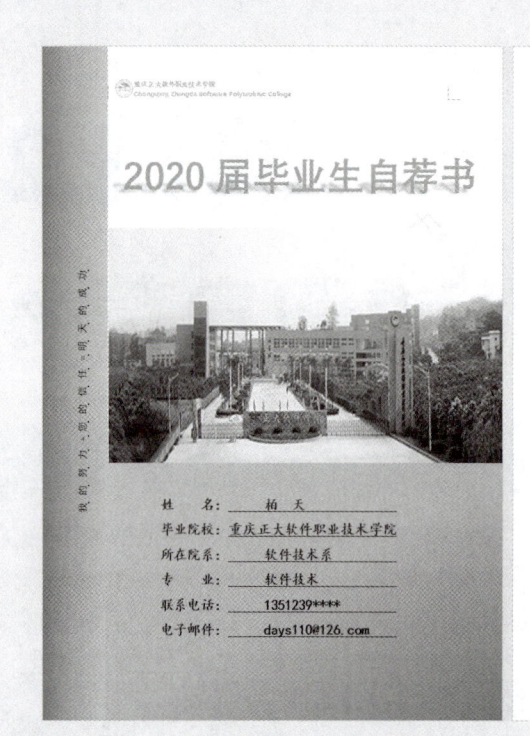

项目2　设计与制作求职自荐书

续图 1-2-1　求职自荐书样式

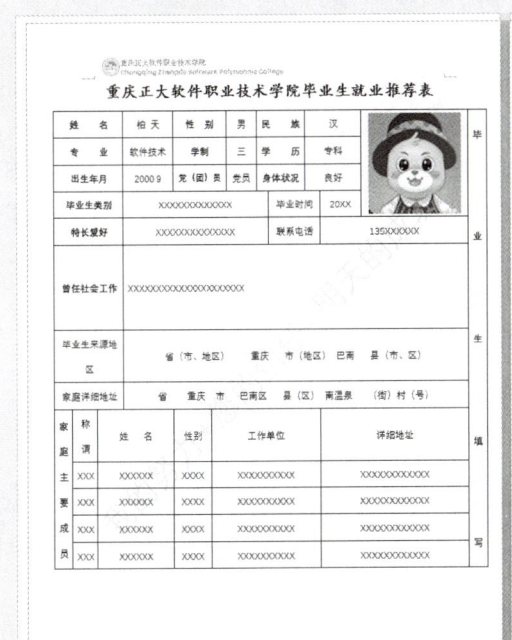

> **预备知识**

Word 2016 是 Microsoft Office 2016 中的一个组件，主要用于日常办公，具有较强的文字处理功能。Word 2016 充分利用 Windows 提供的图形界面，大量使用菜单、对话框、快捷方式，使操作变得简单，可方便地进行复制、移动、删除、恢复、撤销和查找等基本编辑操作。使用鼠标可以在文档任何位置输入文字，实现了"即点即输入"的功能。本项目以 Word 2016 为例系统地介绍 Word 的应用。

任务 2-1　制作求职自荐书封面

根据任务，我们首先要完成求职自荐书封面的制作。求职自荐书封面制作具体要求如下：

（1）创建、保存求职自荐书文档。

（2）自荐书页面设置：页边距，上、下均为 2.4 厘米，左为 3 厘米，右为 2.5 厘米，纸张方向为纵向，纸张大小为 A4。

（3）绘制文本框，利用文本框填充功能设置封面背景。

（4）插入校园风景图，设置"环绕文字"为"浮于文字上方"，根据页面布局调整大小。

（5）插入带有校徽的页眉，去掉页眉下划线。

（6）插入"2020 届毕业生自荐书"艺术字，字体为等线、48 磅，字形加粗；文本阴影效果为"透视：左上"，根据页面布局调整大小和位置。

（7）根据图 1-2-1 绘制文本框，并在文本框中按内容输入个人基本信息，字体为楷体、小二，字形加粗、下划线，根据个人信息调整文本框大小及位置，设置文本框无填充、无轮廓。

（8）在侧边文本框中按图 1-2-1 输入文字，设置文本框无填充、无轮廓，更改文字方向，字体为黑体、四号，文字颜色为自动，加着重号，垂直居中对齐，设置字符间距。

按以上要求，其具体制作步骤如下：

1. 建立求职自荐书文档

（1）启动 Word 2016

步骤 1　启动 Word 2016 的操作方法是，单击桌面上的"开始"|"Word 2016"菜单命令，如图 1-2-2 所示。

步骤 2　启动 Word 2016 后，单击"空白文档"，即可新建 Word 2016 空白文档，如图 1-2-3 所示。

项目2　设计与制作求职自荐书

图 1-2-2　启动 Word 2016

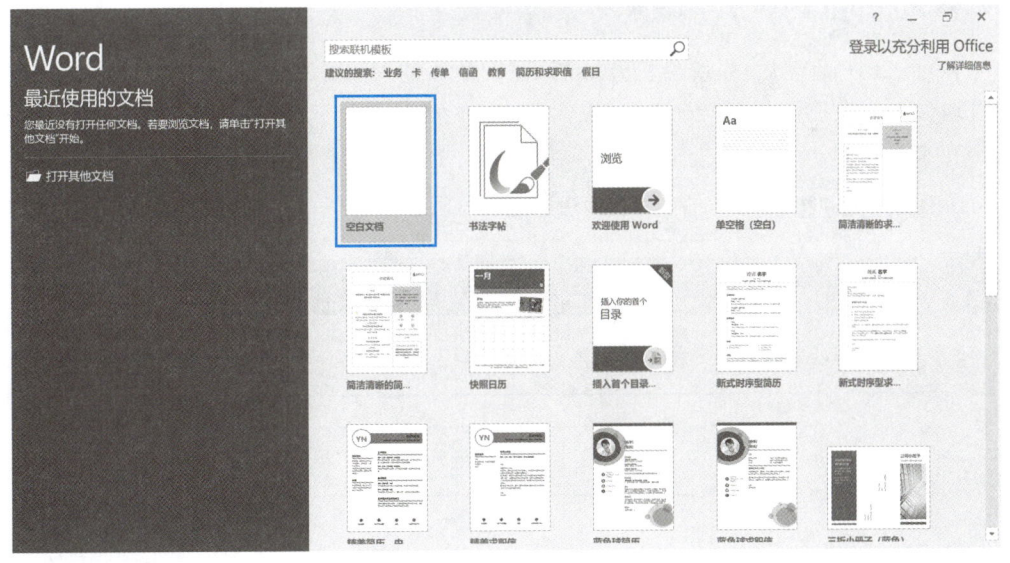

图 1-2-3　新建 Word 2016 空白文档

知识小贴士

　　Word 2016 可在"文件"|"选项"|"常规"|"启动选项"中取消"此应用程序启动时显示开始屏幕"设置，如图 1-2-4 所示。Word 2016 再次新建文档时即可跳过"开始屏幕"直接进入空白页（注：后面项目中 Excel 2016、PowerPoint 2016 均按相应步骤设置直接进入编辑页面）。

图 1-2-4 "Word 选项"对话框

(2)认识 Word 2016 的工作窗口

Word 2016 启动后,系统会打开如图 1-2-5 所示的 Word 2016 的工作窗口,并在内存中自动创建一个扩展名为"docx"、主文件名为"文档 i"($i=1$、2……)的文件,它是 Word 2016 的默认文件。

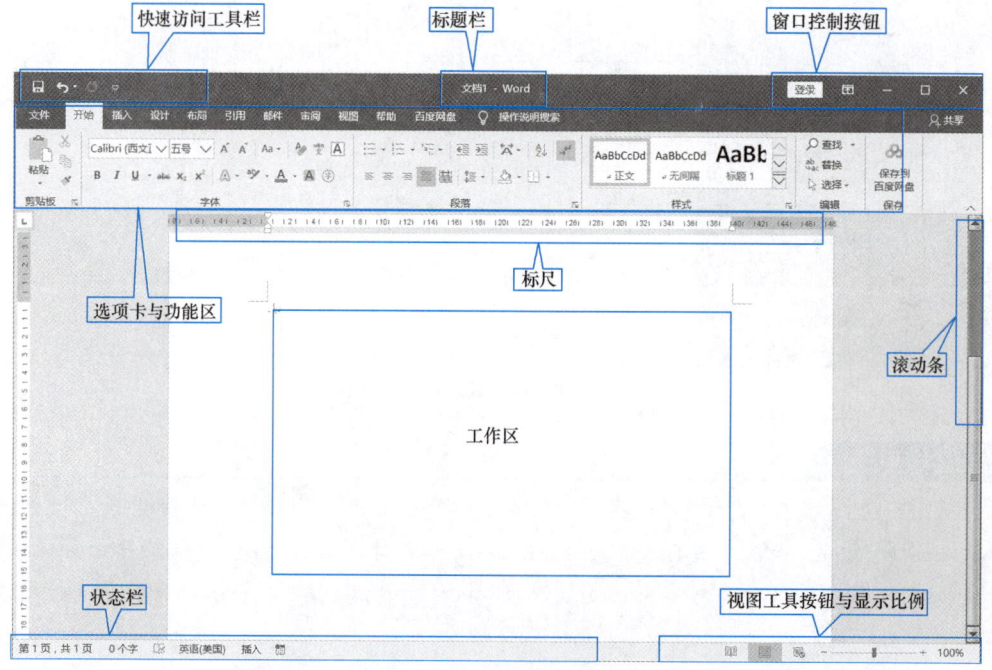

图 1-2-5　Word 2016 的工作窗口

项目2　设计与制作求职自荐书

从图 1-2-5 可以看出，Word 2016 的工作窗口主要由标题栏、选项卡与功能区、工作区、视图工具按钮与显示比例等部分组成。主要部分的作用如下：

①选项卡与功能区

Word 2016 中有"文件""开始""插入"等九个选项卡（参考图 1-2-5），单击不同的选项卡，功能区中会显示不同的图标按钮或者下拉按钮等，单击这些图标按钮可对文档进行不同的编辑操作。

②工作区

工作区是用户进行文档加工的区域。工作区中有一条闪动的粗竖线，这条粗竖线代表字符在文档中的插入位置，叫作插入点，粗竖线的闪动表示当前可以进行输入操作。

③视图工具按钮

视图工具按钮位于工作区的右下方，分别与"视图"选项卡中的"阅读视图""页面视图""Web 版式视图"的图标按钮相对应，用来切换文档的显示方式，单击视图工具按钮可实现不同视图之间的切换。视图工具按钮如图 1-2-6 所示。

图 1-2-6　视图工具按钮

阅读视图：以图书的分栏样式显示 Word 2016 文档，选项卡和功能区等窗口元素被隐藏起来。

页面视图：Word 2016 的默认视图。其特点是，文档的显示样式与打印的样式完全一致，在页面视图中可以进行所有页面元素的编辑操作，在进行打印前的编排时常用这种视图。

Web 版式视图：主要用于设置文档的背景。其特点是显示的文档与浏览器中显示的样式相同。

(3) 保存求职自荐书

启动 Word 2016 时，Word 2016 所创建的默认文件位于内存中，断电后内存中的文件将会丢失，所以必须将文件保存到磁盘上。另外，为了方便日后查找，保存文件时还需要对文件按其作用重新命名，并指定文件的存放位置。本例中，我们将新建的 Word 文档命名为"求职自荐书.docx"，并保存到"E:\求职简历"文件夹中。保存求职自荐书文档的操作步骤如下：

步骤 1　单击"快速访问工具栏"上的"保存"按钮"🖫"，或者在"文件"选项卡中单击"保存"或"另存为"命令，或者按 Ctrl＋S 快捷键，Word 2016 将切换到"另存为"窗口，如图 1-2-7 所示。

图 1-2-7　"另存为"窗口

步骤 2　在"另存为"窗口中单击"这台电脑"链接，弹出"另存为"对话框，如图 1-2-8 所示。

43

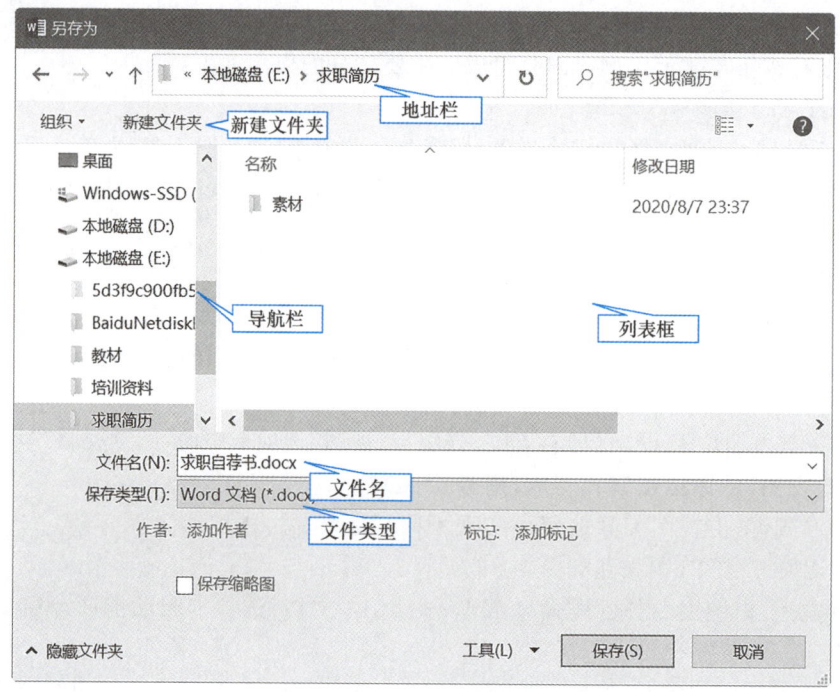

图 1-2-8 "另存为"对话框

> **知识小贴士**
>
> • 若 Word 2016 窗口中打开的是磁盘上已有的 Word 文档,则单击"保存"按钮后系统只会将内存中的内容保存到磁盘文件中,并不会弹出"另存为"对话框。
>
> • 在 Word 2016 中,同一操作有单击选项卡上的图标按钮、单击快捷菜单中的菜单命令等多种方法,对于一些常用的操作,Word 2016 还安排了快捷键。用户在实际操作时应优先使用快捷键,只有这种方式不能实现某种操作时才选用选项卡上的图标按钮。

步骤3 在"另存为"对话框的左边导航栏中,用鼠标拖动垂直滚动条至"本地磁盘(E:)"并单击,对话框右边的列表框中会显示 E 盘根目录下的所有文件和文件夹。

步骤4 双击列表框中的"求职简历"文件夹图标,"地址栏"下拉列表中会显示当前所在的地址,表示当前选择的保存位置是"E:\求职简历"文件夹,"另存为"对话框的列表框中会显示"求职简历"文件夹中的所有文件和子文件夹。

步骤5 在"文件名"文本框中输入"求职自荐书",单击"保存类型"下拉按钮,从下拉列表中选择"Word 文档(*.docx)",然后单击"保存"按钮。系统就会将新建的 Word 文档以"求职自荐书.docx"文件名保存在"E:\求职简历"文件夹中。

上述操作是在 E 盘中已新建了"E:\求职简历"文件夹条件下进行的。

除了在新建文件时要保存文件外,在文件的编辑过程中也要定时地保存文件,以防止因"死机"或者突然断电而造成当前编辑的内容丢失。也可以选择"文件"|"选项",打开"Word 选项"对话框,在"保存"选项卡中更改"保存自动恢复信息时间间隔"的时间,来设置文档在每个间隔设定时间自动保存,如图 1-2-9 所示。

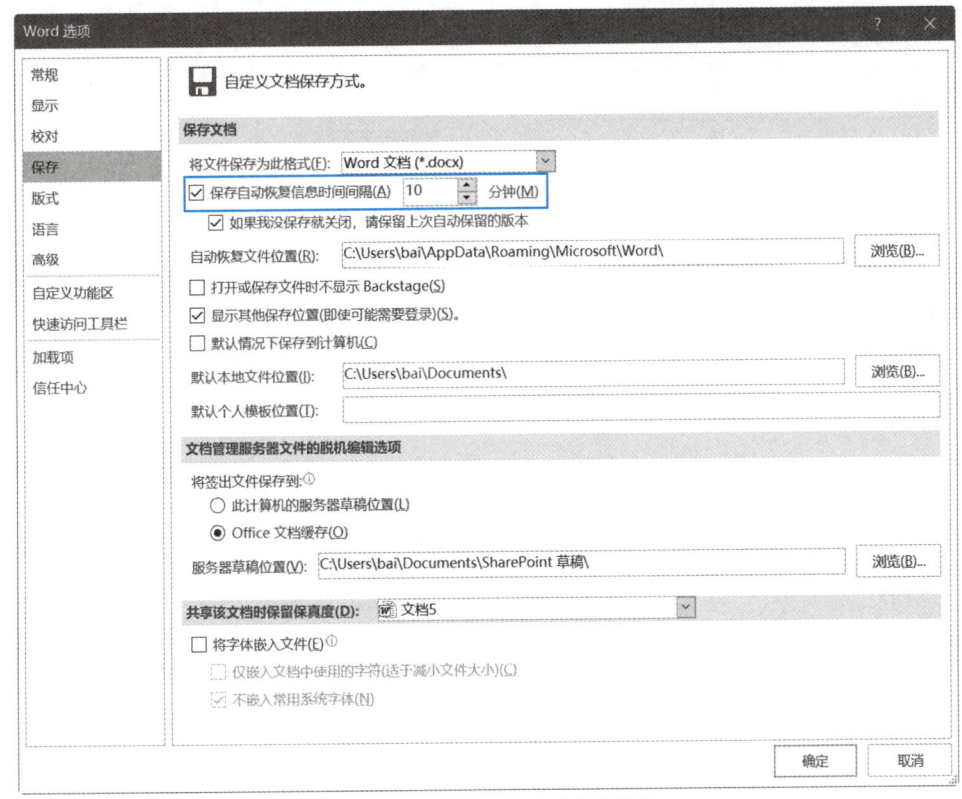

图 1-2-9 "Word 选项"自动保存设置

(4) 规划求职自荐书的页面

在进行文档输入和编辑之前需要先设计好文档的页面,以防止文档中的表格、图形、图片等对象在后期编排时超出页面的范围。页面的前期设计主要是规划纸张的大小、页边距、纸张的方向等。

根据任务要求,自荐书的打印纸张为 A4 纸,页面方向为纵向,左页边距为 3 厘米,右页边距为 2.5 厘米,上、下页边距均为 2.4 厘米。设计页面的操作步骤如下:

步骤 1 在"布局"选项卡中,单击"页面设置"功能区右下角的对话框启动器按钮" ",打开如图 1-2-10 所示的"页面设置"对话框进行页边距设置。

步骤 2 在"页面设置"对话框的"页边距"选项卡中,单击"纸张方向"栏目中的"纵向",或者按 Alt+P 快捷键,将纸张方向设置为纵向。

步骤 3 在"页边距"栏目中,单击"上"数值框右边的数值调节按钮,使数值框中的数值变为"2.4 厘米",或者按 Alt+T 快捷键选中文本框中的数字后再输入"2.4 厘米"。

步骤 4 用同样的方法将下页边距设置为"2.4 厘米",将左页边距设置为"3 厘米",将右页边距设置为"2.5 厘米"。

步骤 5 单击"纸张"选项卡中的"纸张大小"下拉按钮,从下拉列表中选择"A4"列表项,如图 1-2-11 所示。这时,"宽度"和"高度"文本框中会分别显示 A4 纸张的宽度"21 厘米"和高度"29.7 厘米"。

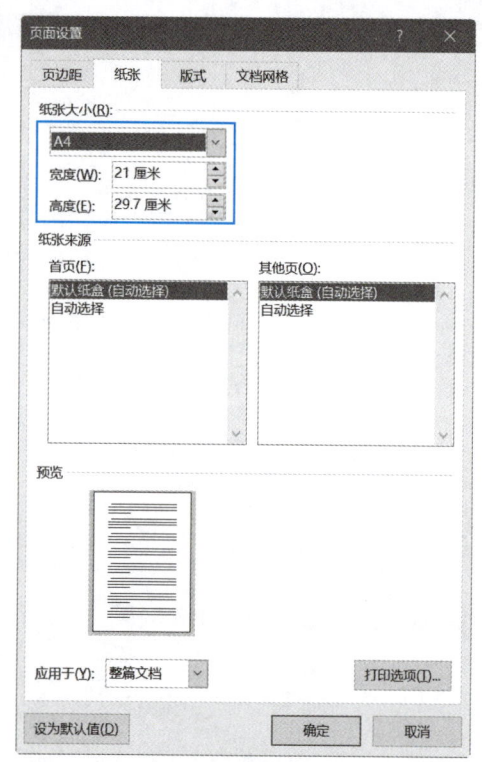

图 1-2-10 页边距设置　　　　图 1-2-11 "纸张"选项卡

步骤 6 单击"页面设置"对话框中的"确定"按钮,完成页面规划操作。

> **知识小贴士**
>
> • 若文档中各页的格式不同,则需要在"页边距"选项卡和"纸张"选项卡中选择设置"应用于",其具体的应用方法,我们将在后续项目中介绍。
> • 在实际应用中,若"纸张大小"下拉列表中无用户实际所使用的纸张型号,可以在"纸张大小"下拉列表中选择"自定义大小"列表项,然后在"宽度"和"高度"两个文本框中分别输入实际所用纸张的宽度和高度值。
> • 页边距和纸张的宽度、高度的单位均为厘米。

2. 设置封面背景

制作求职自荐书封面背景首先要插入文本框,然后利用文本框填充功能完成背景设置,具体操作步骤如下:

(1) 设置最左边竖排文本框

步骤 1 在"插入"选项卡"文本框"列表中单击"绘制竖排文本框"命令,如图 1-2-12 所示。然后在 Word 2016 工作区内单击并拖动鼠标,即可绘制一个竖排文本框(先不用管它的大小与位置)。

项目2　设计与制作求职自荐书

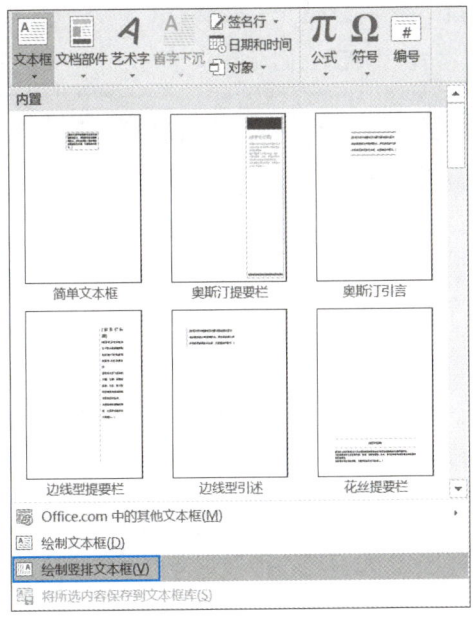

图 1-2-12　绘制竖排文本框

知识小贴士

为了方便下一步制作求职自荐信和个人简历，通常情况下我们按几次 Enter 键作为求职自荐信和个人简历等其他部分的占位符。

步骤 2　绘制文本框后，系统会自动转换到"绘图工具"|"格式"选项卡界面，如图 1-2-13 所示。

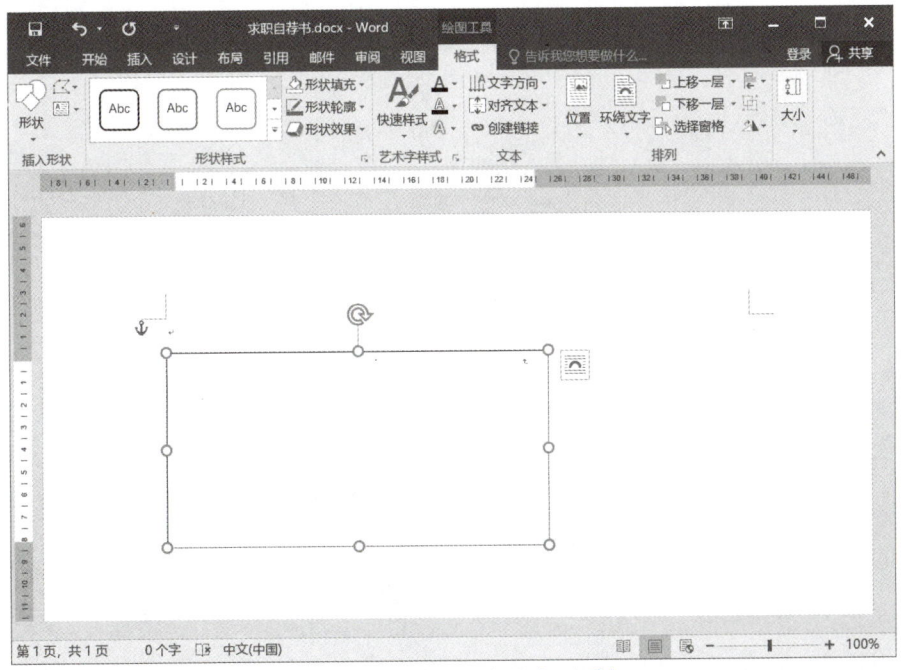

图 1-2-13　"绘图工具"|"格式"选项卡

47

步骤 3 在图 1-2-13 中的"形状样式"功能区中,单击对话框启动器按钮"▫",Word 2016 右侧打开"设置形状格式"面板,如图 1-2-14 所示。

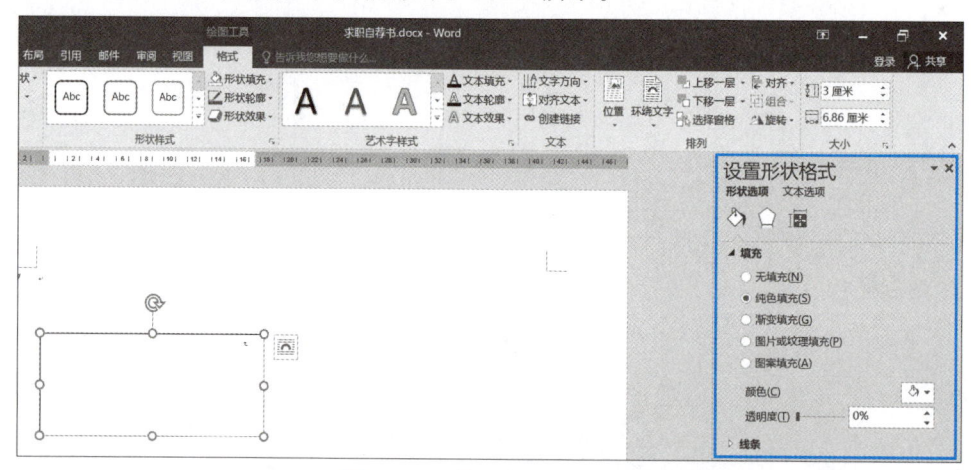

图 1-2-14 "设置形状格式"面板

步骤 4 在"设置形状格式"面板中单击"形状选项",再单击"填充与线条"选项,依次设置:填充→渐变填充、预设渐变→中等渐变-个性色 6、类型→线性、方向→线性向右、线条→无线条。如图 1-2-15 所示。

图 1-2-15 设置形状格式选项设置

步骤 5 将设置好颜色的文本框拖到页面的左上端,然后通过拖动控制柄改变大小,在本例中选择将最左边的非正文区域全部铺满。

(2)设置封面页下方的图形框

步骤 1 在"插入"选项卡"插图"功能区中单击"形状"按钮,在"矩形"列表框中选择"矩形"选项,如图 1-2-16 所示,然后在 Word 2016 工作区口内单击,插入一个矩形,通过与"设置最左边竖排文本框"相似的操作完成填充颜色的设置,区别是其方向为"线性对角-右下到左上"。

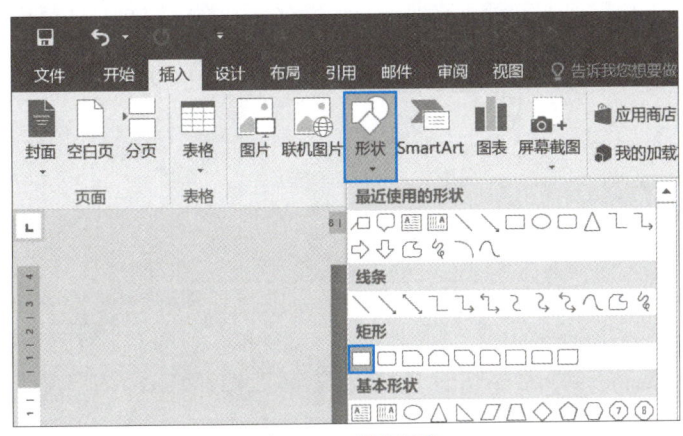

图 1-2-16　插入矩形

步骤 2 用鼠标将矩形框拖放到封面页的右下方,然后通过拖动控制柄改变大小。

步骤 3 在矩形框上右击,在弹出的快捷菜单中选择"置于底层"|"置于底层"命令,如图 1-2-17 所示,确保将矩形框放置在竖排文本框的下一层。

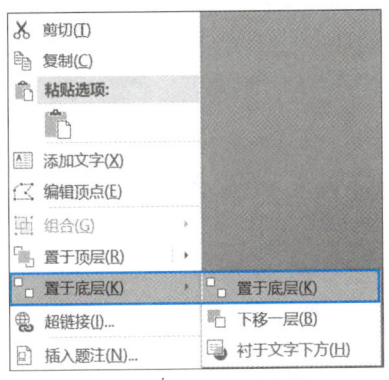

图 1-2-17　设置叠放次序

(3)插入校园风景图

在封面中插入一张校园风景图。具体操作步骤如下:

步骤 1 插入图片。在"插入"选项卡"插图"功能区中单击"图片"按钮,系统会弹出"插入图片"对话框,在计算机中选择需要插入的图片,然后单击"插入"按钮,如图 1-2-18 所示。

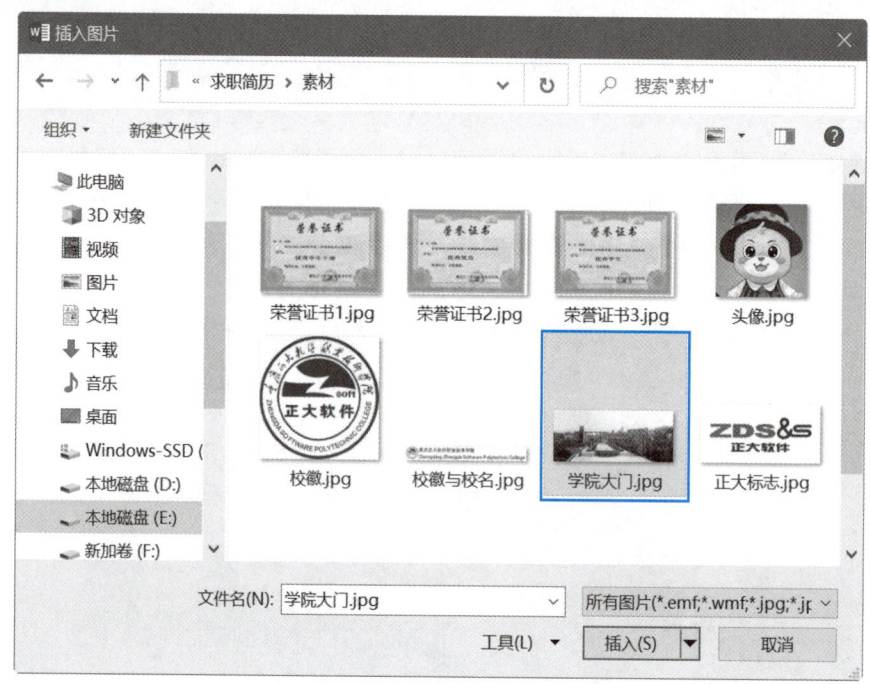

图 1-2-18 "插入图片"对话框

步骤 2 设置图片环绕方式。单击刚插入的图片,系统会自动转换到"图片工具"|"格式"选项卡界面,单击"环绕文字"按钮,设置环绕方式为"浮于文字上方",如图 1-2-19 所示。

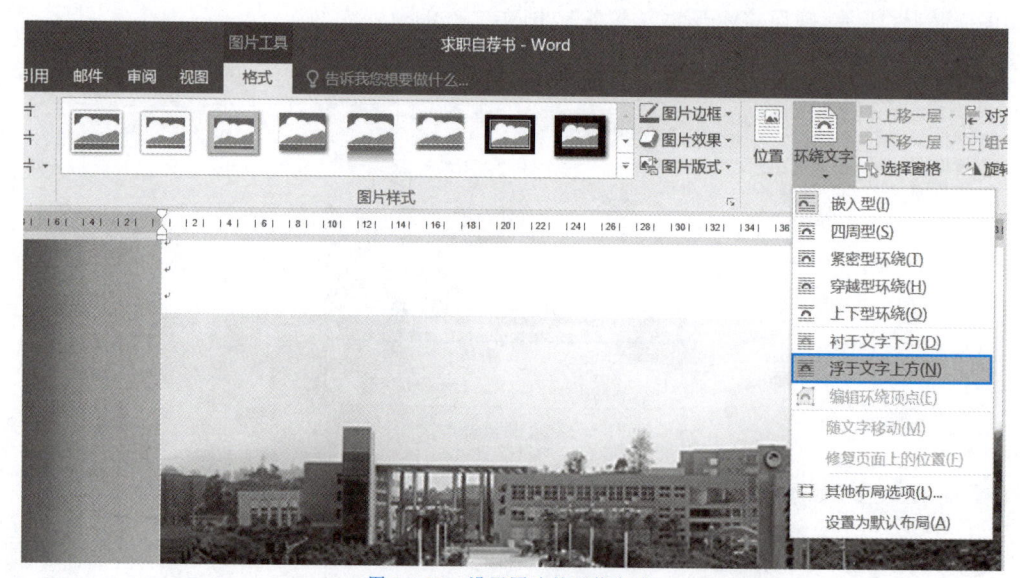

图 1-2-19 设置图片的环绕方式

步骤 3 改变图片大小。单击设置了环绕方式的图片,通过拖动控制柄改变图片的大小。

项目2　设计与制作求职自荐书

> **知识小贴士**
>
> 　　改变图片大小除了上述拖动控制柄改变外,还可以右击图片,在弹出的快捷菜单中选择"大小和位置"选项,弹出"布局"对话框,如图1-2-20所示。然后在"大小"选项卡中分别对"高度"和"宽度"进行具体数值设置,以改变图片大小。

图1-2-20　"布局"对话框

(4) 插入带有校徽的页眉

根据要求,具体操作步骤如下:

步骤1　在"插入"选项卡"页眉和页脚"功能区中单击"页眉"按钮,在"页眉"下拉列表中选择"编辑页眉",如图1-2-21所示,系统进入"页眉和页脚"编辑状态。

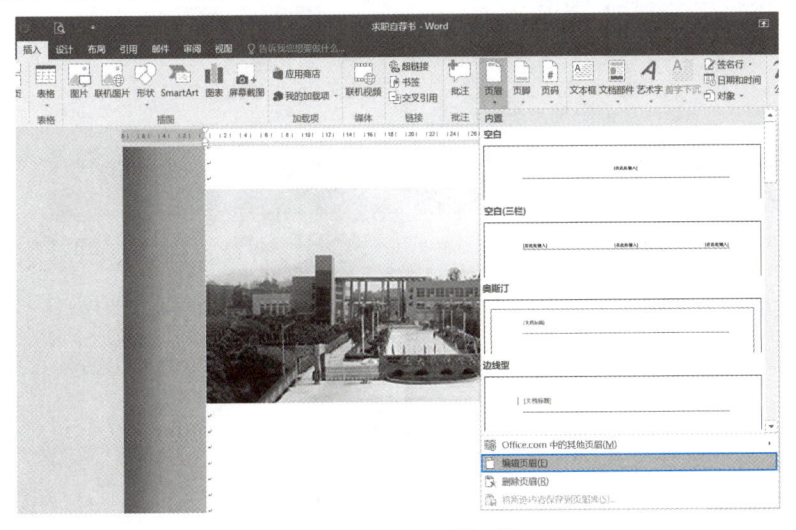

图1-2-21　"页眉"下拉列表

页眉和页脚

51

步骤 2 在"页眉和页脚"编辑状态下,插入带有校徽图案的图片,方法与插入校园风景图片相同,插入图片及输入页眉标题后,单击"页眉和页脚工具"|"设计"选项卡中的"关闭页眉和页脚"按钮,Word 返回正常的编辑状态。

步骤 3 在"页眉和页脚"编辑状态下(双击页眉即可进入"页眉和页脚"编辑状态),单击"校徽"图片,在"图片工具"|"格式"选项卡中单击"环绕文字"按钮,设置其环绕方式为"浮于文字上方",然后用鼠标移动其位置,让其靠近左边的竖排文本框。插入页眉后的效果如图 1-2-22 所示。

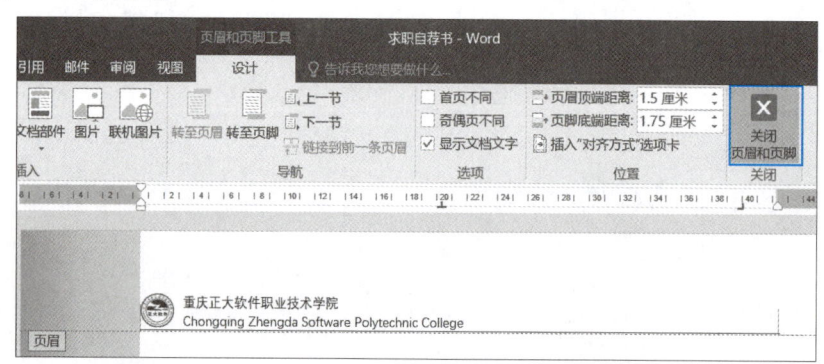

图 1-2-22 插入页眉后的效果

步骤 4 在"页眉和页脚"编辑状态下,选中页眉标题(或者按 Ctrl＋A 快捷键),单击"开始"|"段落"|"边框"|"无框线"命令,如图 1-2-23 所示,即可清除页眉的下划线,效果如图 1-2-24 所示。

图 1-2-23 清除页眉格式

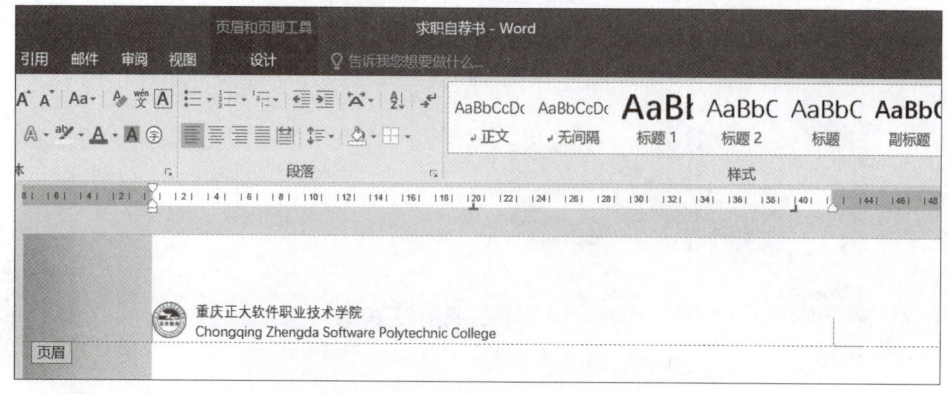

图 1-2-24 去掉下划线的"页眉"

知识小贴士

①插入首页不同的页眉

首页不同的页眉在于区别首页与其他页,具体设置步骤如下:

步骤1 在"插入"选项卡"页眉和页脚"功能区中单击"页眉"按钮,在"页眉"下拉列表框中选择"编辑页眉",系统进入"页眉和页脚"编辑状态。

步骤2 在"页眉和页脚工具"|"设计"选项卡的"选项"功能区中单击勾选"首页不同"复选框。

步骤3 按照前面设置页眉的方法,分别设置首页与其他页的页眉。

②设置奇数页、偶数页不同页眉

在编辑类似书籍的双面文档时,常需要创建奇数页和偶数页不同的页眉,具体设置步骤如下:

步骤1 在"页眉和页脚工具"|"设计"选项卡的"选项"功能区中单击勾选"奇偶页不同"复选框。

步骤2 按照前面设置页眉的方法,分别设置奇数页和偶数页的页眉。

③长篇文档按章节设置页眉

在编辑类似长篇论文的文档时,常需要按章节(奇偶页)不同来设置页眉,具体设置步骤如下:

步骤1 先将插入光标移至需要另设页眉章节题目前,然后在"布局"选项卡"页面设置"功能区中单击"分隔符"按钮,在"分隔符"下拉列表中选择"分节符"中的"连续"选项,如图1-2-25所示。

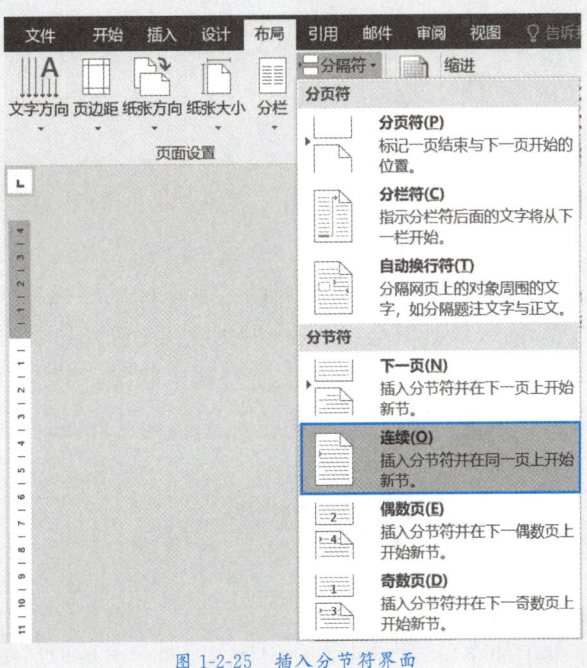

图1-2-25 插入分节符界面

步骤 2 参照前面所学的知识进入"页眉和页脚工具"|"设计"选项卡,分别在"选项"功能区中勾选"首页不同"和"奇偶页不同"复选框,然后在"导航"功能区中单击取消"链接到前一条页眉"选项,如图 1-2-26 所示。

图 1-2-26 取消"链接到前一条页眉"选项

步骤 3 在每章节前参照上述步骤进行设置,然后在页眉编辑区即可分章节(分奇偶页)设置页眉。

(5)录入简历封面信息

简历封面中,包含求职者的相关信息,根据制作求职自荐书封面要求,要插入艺术字,并设置艺术字形状样式,插入文本框,并在文本框内录入信息等。具体操作步骤如下:

①插入艺术字

步骤 1 在"插入"选项卡的"文本"功能区中单击"艺术字"图标按钮,打开如图 1-2-27 所示的"艺术字"列表框。

图 1-2-27 "艺术字"列表框

步骤 2 在"艺术字"列表框中单击所需要的艺术字样式图标按钮,例如单击第 1 行第 2 列的样式图标按钮,插入点处就会出现内容为"请在此放置您的文字"的艺术字,它是艺术字的默认内容,并且艺术字文本框内的文字呈选中状态,如图 1-2-28 所示。此时可在艺术字文本框中直接输入艺术字的内容"2020 届毕业生自荐书"。

图 1-2-28 艺术字文本框

②设置艺术字的字符格式

选中艺术字文本框中的字符,然后用"开始"选项卡的"字体"功能区中的字体、字号、加粗工具将艺术字的字符设置成等线、48 磅、加粗格式。

③调整艺术字的大小

步骤1 单击封面页中的艺术字,艺术字的四周会出现8个控制点,窗口的选项卡区中会出现"绘图工具"|"格式"选项卡,如图1-2-29所示。

图1-2-29 艺术字的控制点

步骤2 移动鼠标指针至艺术字右下角的控制点上,当鼠标指针变成向左倾斜的双向箭头"↖"时,按住鼠标左键沿箭头方向拖动鼠标,直到艺术字的大小符合要求时再释放鼠标。

④设置艺术字的阴影样式

选中艺术字文本框中的字符,在"绘图工具"|"格式"选项卡的"艺术字样式"功能区中,单击"文本效果"图标按钮,在弹出的列表框中依次选择"阴影"|"透视"|"透视:左上"列表项,如图1-2-30所示。

图1-2-30 设置艺术字的阴影样式

⑤移动艺术字

将鼠标移至艺术字文本框边框线上，当鼠标指针变成"✥"形状时，按住鼠标左键不放并拖动鼠标，或者按键盘上的方向键，将艺术字移至页面适当位置。

> **知识小贴士**
>
> 艺术字的格式可以随时修改，修改的内容包括艺术字的形状、填充颜色、大小、环绕方式等，修改艺术字的格式可以直接用"绘图工具"|"格式"选项卡各功能区中的图标按钮来完成。
>
> a.调整艺术字的大小
>
> 移动鼠标指针至艺术字文本框上、下边框的纵向控制点上，当鼠标指针变成上下双向箭头时拖动鼠标可以改变艺术字的高度。
>
> 移动鼠标指针至艺术字文本框左、右边框的横向控制点上，当鼠标指针变成左右双向箭头时拖动鼠标可以改变艺术字的宽度。
>
> 拖动艺术字文本框四角上的对角控制点可以同时改变艺术字的高度和宽度。
>
> 调整艺术字大小的方法也适合于调整文档中图片的大小和图形的大小。
>
> b.设置艺术字的环绕方式
>
> 艺术字的环绕方式是指当艺术字周围有文字时，文字内容在艺术字周围的排列方式。艺术字有"嵌入型""四周型""紧密型环绕""穿越型环绕""上下型环绕""衬于文字下方"和"浮于文字上方"等环绕方式，后六种属于非嵌入型环绕方式。默认情况下，在文档中插入艺术字时，艺术字的环绕方式是"浮于文字上方"。
>
> 嵌入型艺术字的特点是，艺术字位于文本的插入点处，相当于一个很大的特殊字符，它与文字处于同一个层次，只能像普通字符一样通过提升字符位置的方式来改变艺术字在竖直方向上的位置，而且在竖直方向上移动的位置非常有限，在水平方向也只能通过设置对齐方式或者缩进方式来改变水平位置。
>
> 非嵌入型艺术字的特点是，艺术字处于图形层中，浮于文字之外，不随文字的移动而移动，可以单独移动。所以在移动艺术字之前，我们要将艺术字的环绕方式设置成非嵌入型。
>
> 将艺术字的环绕方式设置为"浮于文字上方"的操作如下：
>
> 选中艺术字后，在"绘图工具"|"格式"选项卡的"排列"功能区中，单击"环绕文字"图标按钮，在弹出的下拉列表中选择"浮于文字上方"命令，如图1-2-31所示。

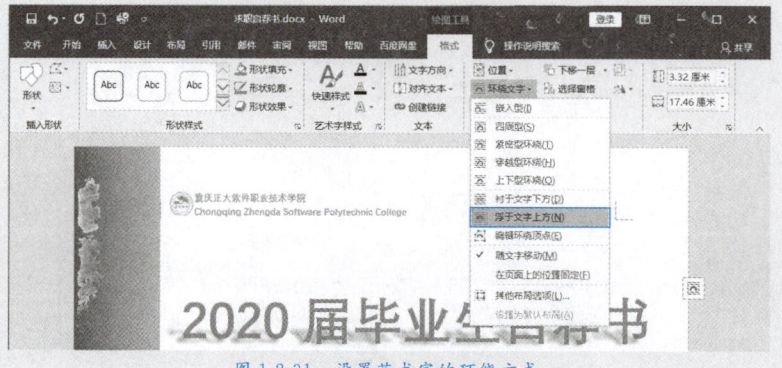

图1-2-31 设置艺术字的环绕方式

c.艺术字功能区的应用

"绘图工具"|"格式"选项卡中常用的功能区有六个,可以设置艺术字、文本框、图片的格式和样式,这六个功能区的功能如下:

- "插入形状"功能区:单击功能区中的图标按钮可在文档中插入文本框、标注、线条等形状。
- "形状样式"功能区:修改艺术字、文本框的样式,以及艺术字、文本框的形状填充。
- "艺术字样式"功能区:对艺术字中的文字设置填充、轮廓及文字效果。
- "文本"功能区:对艺术字的字符设置链接、文字方向、对齐文本等。
- "排列"功能区:修改艺术字的排列次序、环绕方式、旋转及组合。
- "大小"功能区:设置艺术字的宽度和高度。

(6)插入文本框,录入个人基本信息

步骤1 在"插入"选项卡的"文本"功能区中单击"文本框",选择"绘制文本框"选项,然后在封面下方的背景上插入一个文本框,在文本框内输入个人基本信息,如图1-2-32所示。

图1-2-32 插入文本框并输入信息

步骤2 设置文本框内文字格式。选中文本框中的文字,右击,在弹出的快捷菜单中选择"字体"选项,再在弹出的"字体"对话框中设置字体为"楷体",字号为"小二",字形为"加粗""下划线",并通过空格符使文字对齐,如图1-2-33所示。

图1-2-33 文本框内文字格式

步骤3 用鼠标拖动控制柄改变文本框的大小,以能显示文本框内的所有内容为标准,并将文本框移动到封面页的合适位置。

步骤4 双击文本框边框线,在"绘图工具"|"格式"选项卡的"形状样式"功能区中,单击"形状轮廓"图标按钮,在弹出的列表框中选择"无轮廓",如图1-2-34所示,"形状填充"选择"无填充颜色"。即完成"个人基本信息"的制作。

信息技术基础

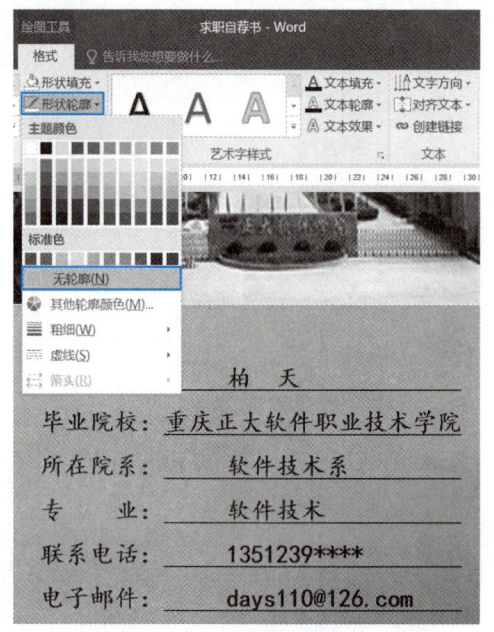

图 1-2-34　设置文本框边框

(7) 设置左侧文本框

设置左侧文本框及其字体方向,并添加着重符号,其操作步骤如下:

步骤1　在左侧的竖排文本框内再绘制一个竖排文本框,输入文字"我的努力＋您的信任＝明天的成功",如图 1-2-35 所示。然后在"绘图工具"|"格式"选项卡的"形状样式"功能区中,单击"形状轮廓"图标按钮,在弹出的列表框中选择"无轮廓","形状填充"选择"无填充颜色"。

步骤2　用鼠标选定文字"我的努力＋您的信任＝明天的成功",右击,在弹出的快捷菜单中选择"文字方向"命令,在弹出的对话框中选择如图 1-2-36 所示的文字方向,单击"确定"按钮。更改方向后的文字效果如图 1-2-37 所示。

图 1-2-35　竖排文本框中的文字

图 1-2-36　更改文字方向

58

步骤 3 将插入点置于文字的前面，按 Enter 键，强制换行，让文字靠近文本框的右边框线。然后用鼠标选中文字，在"开始"选项卡"段落"功能区中单击"垂直居中"按钮，如图 1-2-38 所示。

步骤 4 选中文字，在"开始"选项卡"字体"功能区中单击对话框启动器按钮，在弹出的"字体"对话框"字体"选项卡中进行如下设置：中文字体为黑体，字号为四号，字体颜色为自动，添加着重号。如图 1-2-39 所示。

图 1-2-37 左对齐的文字　　　图 1-2-38 更改对齐方式后的文字

步骤 5 在"字体"对话框"高级"选项卡中进行如下设置：间距为加宽、5 磅，如图 1-2-40 所示。然后用鼠标拖动控制柄改变文本框的大小，以能显示文本框内的所有内容为标准。

图 1-2-39 设置字体　　　图 1-2-40 "高级"选项卡

至此，"求职自荐书"封面制作完成，按 Enter 键，将光标移动到新的页面中，为编辑"求职自荐信"做准备。

任务 2-2　制作求职自荐信

本例中的“求职自荐信”是一篇纯文字文档，要完成求职自荐信的制作，具体要求如下：

(1)对照样文在文档中录入“求职自荐信”内容，并对录入的文字进行编辑校正。

(2)利用“查找和替换”功能将文档中“电脑”替换为“计算机”。

(3)设置求职自荐信标题字体为华文新魏、二号、加粗，居中对齐。

(4)设置求职自荐信正文字体为仿宋、小四，首行缩进 2 个字符，段前、段后各 0.5 行，行距为 1.5 倍；将正文第 3 自然段首字下沉 3 行、楷体。

(5)添加文字水印。

1. 录入“求职自荐信”

选择合适的中文输入法，对照如图 1-2-41 所示的原始材料，录入“求职自荐信”内容，其步骤如下：

求职自荐信

尊敬的贵公司领导：

您好！

首先真诚地感谢您在百忙之中浏览我的个人求职资料。我是一个性格活泼、开朗自信、沉着稳重的男孩，怀着一颗赤诚的心和对事业的执着追求，真诚地向您推荐自己，希望我的到来能给您带来喜悦，给我带来希望。

我就读于重庆正大软件职业技术学院软件技术系软件技术专业，凭着对电脑专业浓厚的兴趣，大学三年里，我如饥似渴地畅游在电脑知识的海洋里，圆满地完成了学业，在学院里，表现突出，各科成绩优异，曾三次被评为全院“学习标兵”。另外，我还利用课余时间强化自己的操作技能，独立维护学院网络中心实验室；和老师一起维修学院损坏的主板、显示器、硬盘等电脑硬件设备，并通过了硬件工程师（主板维修）的考试，独立创造出了一套桌面网络管理方案，担任我院“电脑爱好者协会、电脑服务协会”主讲师，并负责我院电脑硬件维修及机房网络管理任务，积极参与了老师为学院财务处、教务处编写的管理软件的开发，了解了整个系统开发过程及子程序的编写，在开发过程中，圆满完成了老师给我的子程序模块编写和程序调试的任务。大学三年里，一直担任班级的团支书一职，工作中积极负责，曾三次被评为“优秀学生干部”；2017 年 6 月光荣加入中国共产党。在业余生活中，我积极参加社会实践活动，经常上门为小区居民维修电脑，并在电信公司、重庆日报社等单位从事网络布线、服务器架设、网络安全与维护等多方面的工作。

作为一名刚从象牙塔走出来的大专生，我的经验不足或许让您犹豫不决，但请您相信我的干劲与努力将弥补这暂时的不足，也许我不是最好的，但我绝对是最努力的。我相信：用心一定能赢得精彩！

期待您的回复。

祝贵公司的事业蒸蒸日上，稳步发展！

图 1-2-41　求职自荐信原始文件

步骤 1　在新的页面中输入“求职自荐信”五个汉字，然后按 Enter 键结束当前段落，插入点会移到下一行的行首处。

步骤 2　在第 2 行输入“尊敬的贵公司领导”八个汉字。

步骤 3 在全角状态下,按 Shift+:快捷键输入冒号(:),按 Enter 键结束当前段落。

步骤 4 按照上述方法输入其他段落的内容。其中,输入英文字符时,按 Ctrl+Space 快捷键选择英文输入法,输入汉字、标点符号时,再次按 Ctrl+Space 快捷键选择中文输入法,输入特殊字符、日期和时间字符时在"插入"选项卡进行操作。

步骤 5 按 Ctrl+S 快捷键,或者单击快速访问工具栏上的"保存"按钮保存文档。

2. 编辑"求职自荐信"

在输入文档内容时,不可避免地会出现一些错误,这就需要随时修改所输入的内容。修改输入内容涉及的操作主要有移动插入点、选择文本、复制和移动文本、修改和删除文本、查找和替换文本、撤销和恢复操作、定位文本等。

(1) 移动插入点

移动鼠标指针至目标位置处,然后单击完成。

(2) 选择文本

用鼠标选择文本有时需要单击文档页面左边的页边空白区。用鼠标选择文本的操作方法见表 1-2-1。

表 1-2-1　　　　　　　　　　　　用鼠标选择文本

选择字符	操作方法	说明
选择若干字符	在选择区域的第一个字符之前单击并按住鼠标左键往右拖,直至选择区域的最后一个字符的右侧,然后松开鼠标左键,则鼠标所扫描过的区域被选择	①被选择字符不在一行,在拖动鼠标时,可直接往下拖,直到最后一个字符所在行,然后在该行向左或向右拖动鼠标至最后一个字符的右侧。②用此方法可以选择文档中任意连续字符,在实际应用中一般用于选择字数不多的情况
选择一个词组	双击词组的某个字符	
选择一行	单击行左边页边空白区(选定区)	
选择一个段落	在段内任意一行左边的页边空白区内双击	
选择一段文本	在选择区域的第一个字符之前单击,使插入点移到选择区域之前,按住 Shift 键,在选择区域最后一个字符之后单击,然后松开 Shift 键。则从插入点处按住 Shift 键单击鼠标处的字符被选择	此方法常用于选择需要分屏显示的连续字符
选择不连续的字符	先选择第一个连续区域,然后按住 Ctrl 键不放,用拖动鼠标法选择第二个区域、第三个区域……直至所有区域选择完毕,再松开 Ctrl 键	
选择一个矩形区域	单击矩形区的一个角,按住 Alt 键不放,再按住鼠标左键拖动鼠标至矩形区的对角,然后松开 Alt 键和鼠标左键	
选择全部字符	在左边的页边空白区内任意位置处三击	

(3)复制和移动文本

复制文本的操作步骤如下:

步骤1 选择待复制的文本。

步骤2 按Ctrl+C快捷键,或者右击选中的文本,在弹出的快捷菜单中单击"复制"菜单命令,将选中的文本复制到剪贴板上。

步骤3 移动插入点至目标位置处。

步骤4 按Ctrl+V快捷键,或者在目标位置处右击,在弹出的快捷菜单中单击"粘贴"菜单命令,将剪贴板中的内容粘贴到目标位置处。

移动文本的操作步骤如下:

步骤1 选择待移动的文本。

步骤2 按Ctrl+X快捷键,或者右击选中的文本,在弹出的快捷菜单中单击"剪切"菜单命令。

步骤3 移动插入点至目标位置处。

步骤4 按Ctrl+V快捷键,或者在目标位置处右击,在弹出的快捷菜单中单击"粘贴"菜单命令,将剪贴板中的内容移动到目标位置处。

(4)修改和删除文本

删除文本的操作如下:

将插入点移动到待删除文本的右侧,然后按Backspace键,每按一次,就会删除插入点左边的一个字符。或者将插入点移到待删除文本的左侧,然后按Delete键,每按一次,就会删除插入点右边的一个字符。

如果待删除的文本比较长,例如,要删除一行或者一个段落的文字,则可先选中待删除的文本,然后按Delete键。

修改文本的操作如下:

先删除待修改的文本,然后在修改处重新输入字符。如果待修改的字符比较多,可以先选中需要修改的字符,再输入新字符。

知识小贴士

在修改文档中的文本时,要注意字符的输入方式。字符输入有插入和改写两种方式。插入方式的特点是,字符输入后,插入点以及插入点右侧的原有字符随字符的输入向右移动。改写方式的特点是,字符输入后,只有插入点随字符的输入向右移动,插入点向右移动的过程中将删除右侧的字符,即字符的输入是以覆盖的形式输入的。

打开Word文档时,字符的输入方式默认的是插入方式,在Word文档左下方会显示"插入"字样。在插入方式下,单击"插入"字符,输入方式切换为改写方式,并显示"改写"字样,如图1-2-42所示。

第3页,共9页　1678个字　　中文(中国)　插入　　　　第3页,共9页　1678个字　　中文(中国)　改写

(a)插入方式　　　　　　　　　　(b)改写方式

图1-2-42　字符输入状态

(5)查找和替换文本

将求职自荐信中的第1个"电脑"替换为"计算机"的操作步骤如下：

步骤1 按 Ctrl+Home 快捷键，将插入点移动到文档的开头。

步骤2 按 Ctrl+H 快捷键，或者在"开始"选项卡"编辑"功能区中，单击"替换"按钮，打开"查找和替换"对话框，如图1-2-43所示。

步骤3 在"查找内容"文本框中输入需要替换的内容"电脑"，在"替换为"文本框中输入替换后的内容"计算机"。

图1-2-43 "查找和替换"对话框

查找、替换和定位

知识小贴士

Word 提供的查找和替换功能不仅可以替换字符，还可以替换带有格式的文档。在"查找和替换"对话框中，单击"更多"按钮，会出现"搜索选项"栏，如图1-2-44所示，根据需要复选搜索条件即可，例如，可以选择搜索的方向。单击"格式"按钮，可以对字体、段落、制表位等格式进行替换，如图1-2-45所示。单击"特殊格式"按钮，可以设置特殊格式的替换，如图1-2-46所示。当要取消前面设定的格式时，单击"不限定格式"按钮即可。

图1-2-44 "搜索选项"栏

图 1-2-45　设置搜索格式

图 1-2-46　设置搜索特殊格式

步骤 4　单击"查找下一处"按钮,系统会从插入点处在文档中开始查找指定的内容,并在文档中以灰底的方式显示所找到的内容。如果没找到,系统会弹出如图 1-2-47 所示的已到达文档结尾的提示框。

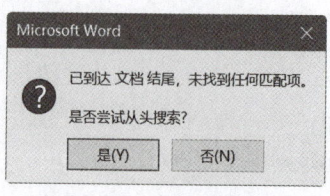

图 1-2-47　已到达文档结尾提示框

步骤 5　在图 1-2-43 中单击"替换"按钮,Word 会将当前找到的内容替换成"计算机",并从当前位置处继续查找下一个查找内容"电脑"。

步骤 6　单击"替换"按钮全部替换完成后,再单击"取消"按钮,结束替换操作。

> **知识小贴士**
>
> ①在图 1-2-43 所示对话框中,如果单击"全部替换"按钮,可以将文档中所有"电脑"替换成"计算机"。如果当前找到的内容不是需要替换的内容,可以单击"查找下一处"按钮,Word 会从当前位置处继续向下查找,而不替换当前找到的内容。
>
> ②如果仅需查找某内容,可按 Ctrl+F 快捷键,直接进行查找操作。

(6)撤销和恢复操作

编辑文档出错时可用 Word 的"撤销"命令撤销刚刚做过的操作,包括撤销输入、移动、复制、修改、删除、替换等。撤销操作的方法是,按 Ctrl+Z 快捷键,或者单击快速访问工具栏上的"撤销"按钮" ",如果多次执行撤销操作,可以撤销前几步操作。

如果撤销操作后想重新执行被撤销的操作,可以执行 Word 的"恢复"命令。其方法是,按 Ctrl+Y 快捷键,或者单击快速访问工具栏上的"恢复"按钮" "。

(7)定位文本

定位操作主要用于将插入点移至文档中某个特定的位置上,例如移至某页、某一张图片、某个公式上等。定位操作的步骤如下:

步骤 1　按 Ctrl+G 快捷键,或者在"开始"选项卡"编辑"功能区中,单击"查找"按钮右侧的下拉按钮,在弹出的下拉菜单中选择"转到"命令,打开如图 1-2-48 所示的"查找和替换"对话框的"定位"选项卡。

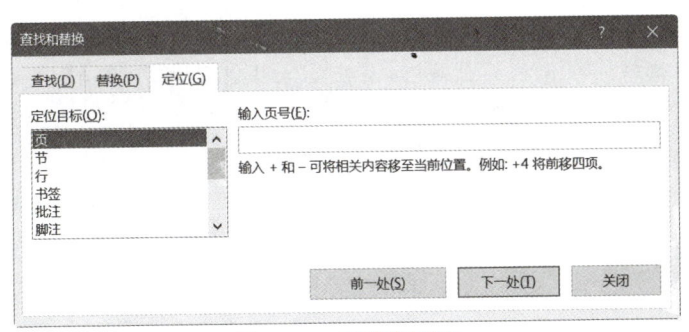

图 1-2-48　"定位"选项卡

步骤 2　在"定位"选项卡的"定位目标"列表框中选择定位的内容(如页、节、行、标签批注等),如定位"页"。

步骤 3　在"输入页号"文本框中输入定位具体要求(如具体的页码等),"下一处"按钮将变为"定位"按钮,单击"定位"按钮后,Word 会将插入点移至指定页的起始位置上。

> **知识小贴士**

Word 多窗口与多文档编辑

在日常办公中,需要对多个文档进行处理时,可以利用 Word 窗口并排、文档比较、插入文件对象等功能快速处理。

1. 窗口并排

在默认情况下,Word 是打开一篇文档就占用一个窗口的。当我们需要同时编辑两篇 Word 文档时,可以利用窗口并排功能完成,步骤如下:

步骤 1 依次打开需要并排的文档。

步骤 2 在其中一个文档中单击"视图"选项卡"窗口"功能区中的"并排查看"按钮,即可并排查看两个窗口,如图 1-2-49 所示。拖动其中一个文档右侧滚动条,两个文档将同时进行滑动。

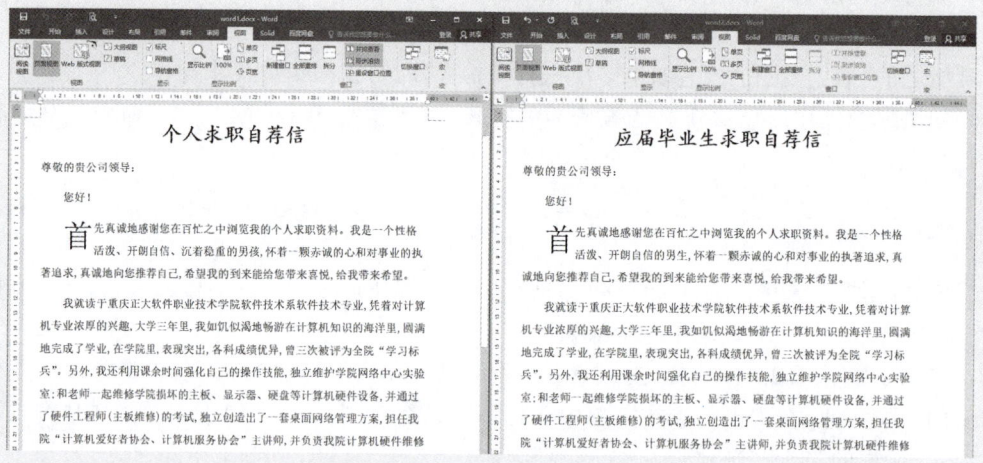

图 1-2-49　窗口并排查看

2. 文档比较

当要快速地比较两个文档的差异时,最快的方法就是利用 Word 文档比较功能。文档比较步骤如下:

步骤 1 打开需要比较的第一个文档。

步骤 2 在"审阅"选项卡"比较"功能区中单击"比较"按钮,在弹出的下拉菜单中选择"比较"选项,如图 1-2-50 所示。

图 1-2-50　"比较"选项

项目2   设计与制作求职自荐书

步骤3   在弹出的"比较文档"对话框中,依次选择比较的"原文档"和"修订的文档"后单击"确定"按钮,如图1-2-51所示。

图1-2-51   "比较文档"对话框

步骤4   在弹出的比较结果文档中即可查看两个文档比较结果,如图1-2-52所示。

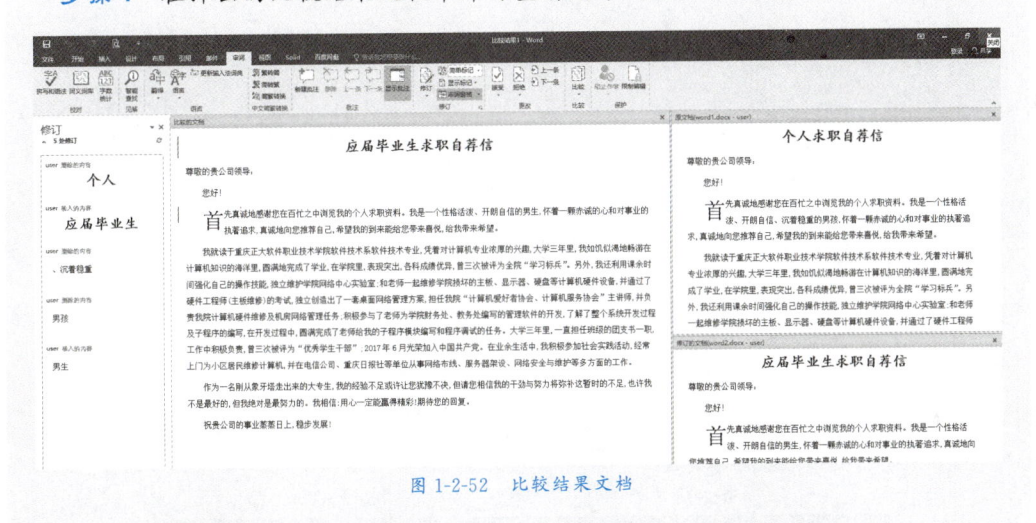

图1-2-52   比较结果文档

3.插入文件对象

当需要把多个文档的内容合并到一个文档中,如把word1文档与word2文档内容合并,如图1-2-53所示。除了复制的方法外,还可以使用合并文档功能。具体步骤如下:

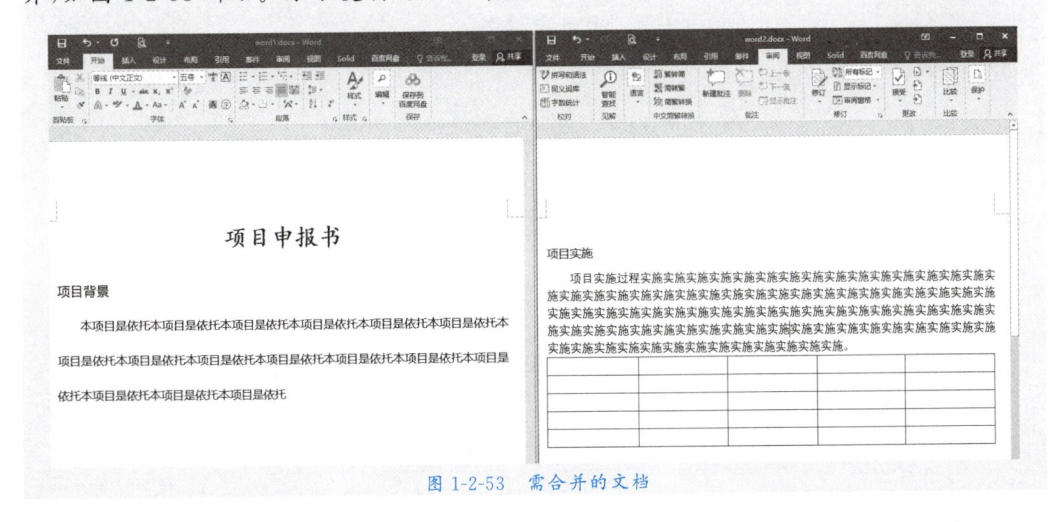

图1-2-53   需合并的文档

67

步骤 1 打开需要合并的第一个文档,如 word1 文档。

步骤 2 在打开的 Word1 文档中单击"插入"选项卡"文本"功能区中的"对象"按钮,在弹出的下拉菜单中选择"文件中的文字"选项,如图 1-2-54 所示。

图 1-2-54 "合并"选项

步骤 3 在弹出的"插入文件"对话框中选择需要插入的文件,如图 1-2-55 所示。

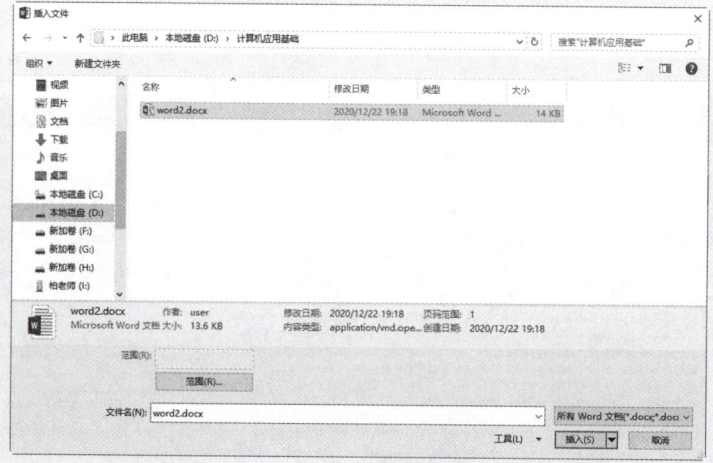

图 1-2-55 "插入文件"对话框

步骤 4 选择需要插入的文件后单击"插入"按钮,即可完成文件的合并,如图 1-2-56 所示。

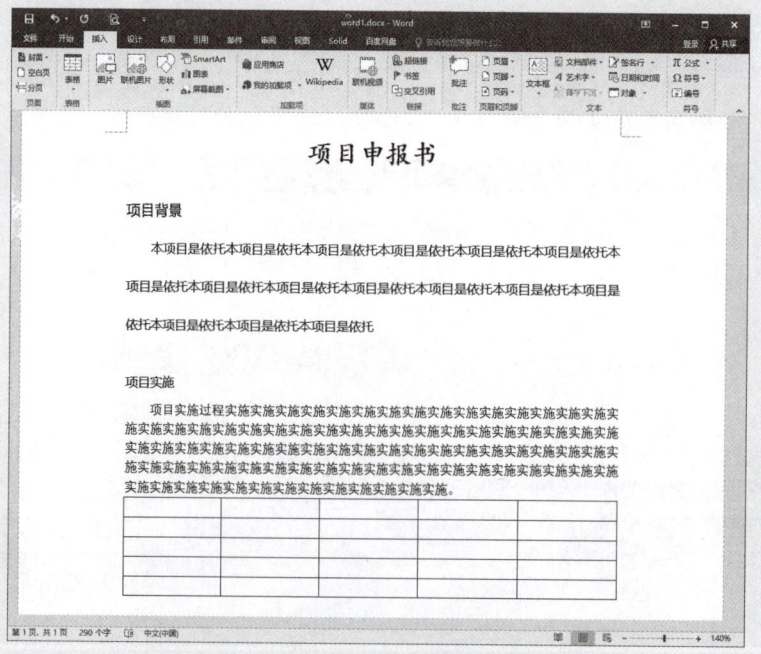

图 1-2-56 插入对象文件后的文档

3. 编排"求职自荐信"

(1) 设置"求职自荐信"标题格式

根据前面要求对标题进行设置,具体操作步骤如下:

步骤 1 用鼠标拖动的方式选中标题"求职自荐信"。

步骤 2 设置字体。在"开始"选项卡"字体"功能区中单击"字体"下拉按钮,在弹出的下拉列表中选择"华文新魏",如图 1-2-57 所示。

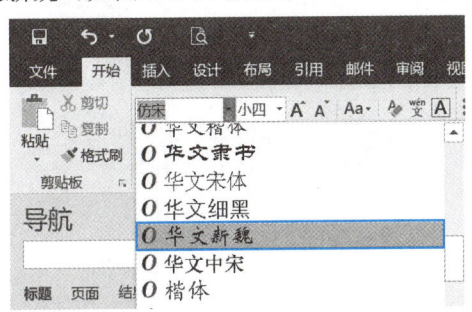

图 1-2-57 设置标题字体

步骤 3 设置字号。在"开始"选项卡"字体"功能区中单击"加粗"按钮"**B**",然后单击"字号"下拉按钮,在弹出的下拉列表中选择"二号",如图 1-2-58 所示。

图 1-2-58 设置标题的字号

步骤 4 设置对齐方式。在"开始"选项卡"段落"功能区中单击"居中"按钮。

(2) 设置"求职自荐信"正文格式

选中"求职自荐信"中的正文部分,然后根据要求进行设置,具体操作步骤如下:

步骤 1 设置正文字体格式为仿宋、小四,方法与标题字体的设置相同。

步骤 2 在"开始"选项卡"段落"功能区中单击对话框启动器按钮(或者右击选中的正文部分,在弹出的快捷菜单中选择"段落"命令),系统会弹出如图 1-2-59 所示的"段落"对话框。

步骤 3 在对话框中进行如图 1-2-60 所示的设置,单击"确定"按钮,完成段落格式的设置。本例段落格式设置为:特殊格式为首行缩进,2 字符;间距为段前 0.5 行,段后 0.5 行;行距为 1.5 倍行距。

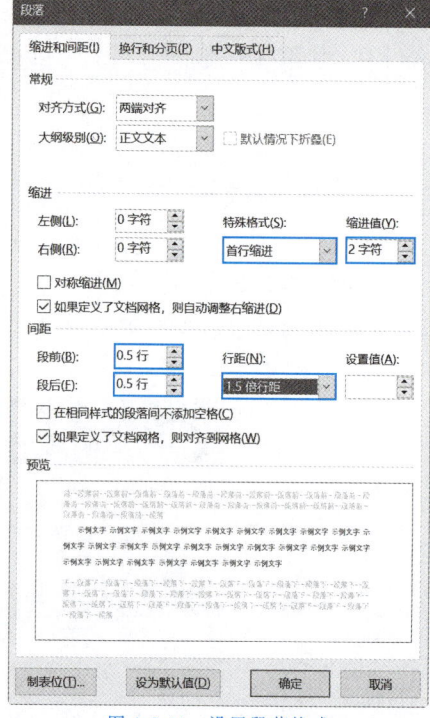

图 1-2-59 "段落"对话框　　图 1-2-60 设置段落格式

(3) 设置"首字下沉"

"首字下沉"操作步骤如下：

步骤 1　选中正文第 3 段的第一个字"首"，然后在"插入"选项卡"文本"功能区中单击"首字下沉"按钮，选择"首字下沉选项"命令，弹出如图 1-2-61 所示的"首字下沉"对话框。

步骤 2　在图 1-2-61 所示的对话框中，单击"位置"框架中的"下沉"，这时"选项"框架中的"字体""下沉行数""距正文"处于可设置状态，本例中的设置如图 1-2-62 所示，单击"确定"按钮，完成"首字下沉"的设置。

图 1-2-61 "首字下沉"对话框　　图 1-2-62 设置首字下沉

项目2　设计与制作求职自荐书

(4) 设置"水印"

求职自荐信"水印"设置操作步骤如下：

步骤1　在"设计"选项卡"页面背景"功能区中单击"水印"按钮，在弹出的"水印"列表框中选择"自定义水印"选项，弹出"水印"对话框，如图1-2-63所示。

步骤2　在"水印"对话框中，选择"文字水印"选项，在"语言（国家/地区）"下拉列表中选择"中文(中国)"，在"文字"文本框中直接输入"我的努力＋您的信任＝明天的成功"，在"字体"下拉列表中选择"楷体"，在"字号"下拉列表中选择"自动"，在"颜色"下拉列表中选择浅绿色，勾选"半透明"复选框，在"版式"中选择"斜式"，如图1-2-64所示。然后依次单击"应用"和"取消"按钮，水印设置完成。

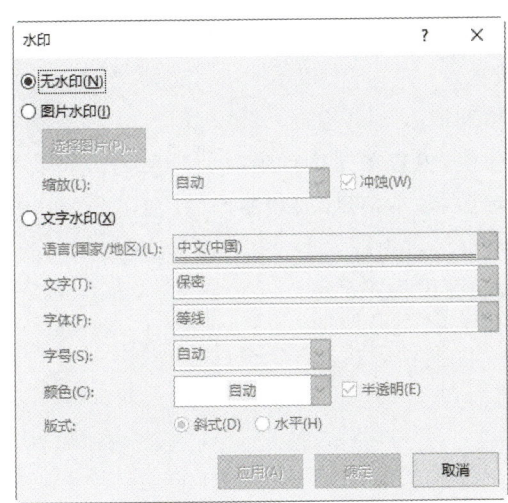

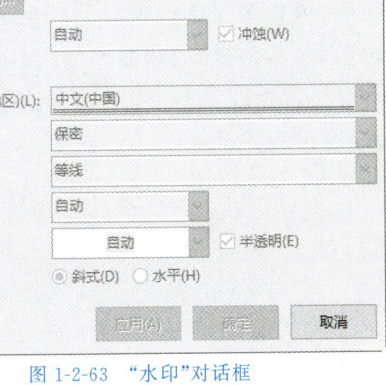

图1-2-63　"水印"对话框

图1-2-64　设置水印文字

知识小贴士

水印除了可以用文字制作外，还可以根据需要用图片来制作。具体步骤为：

步骤1　在"水印"对话框中选择"图片水印"，然后单击"选择图片"按钮，弹出"插入图片"对话框。

步骤2　在"插入图片"对话框中选择图片并单击"插入"按钮，然后根据需求设置各子选项即可完成图片水印。

至此，"求职自荐信"部分编排完成，按Enter键，将光标移动到新的页面中，为编辑"个人简历表"做准备。

任务 2-3　制作个人简历表

根据图 1-2-1,在完成求职自荐信的制作后应制作个人简历表,具体要求如下:

(1)录入表格标题"个人简历表",设置字体为楷体、二号、加粗,段落为居中对齐。

(2)制作表格,插入一个 8 列 10 行的表格。

(3)根据样表录入"基本信息"文字,设置文字方向为竖向,字体为宋体、小三号、加粗,格式为中部居中对齐,字符间距为加宽,磅值为 8 磅。

(4)调整表格行高为 1 厘米,列宽为 2 厘米。

(5)录入其余基本信息,项目单元格字体为宋体、四号、加粗,居中;内容单元格字体为楷体、四号。

(6)根据样表合并、拆分相关单元格。

(7)根据录入基本信息内容调整部分单元格宽度。

(8)参照"基本信息"模块制作"个人专长"模块,内容单元格行距为 1.5 倍。

(9)插入(删除)单元格,调整单元格行高,参照"基本信息"模块制作"社会实践"和"求职意向"两个模块。

(10)设置表格边框,设置全部样式为黑实线,宽度为 1.5 磅。

(11)插入照片,根据照片预留位置调整照片大小。

按以上要求,具体操作步骤如下:

1. 录入表格标题

将光标定位在"求职自荐信"编排完成后形成的新页面的首行,输入"个人简历表",在"开始"选项卡"字体"功能区设置字体为楷体,字号为二号,加粗。在"段落"功能区设置"居中"。按 Enter 键,完成表格标题的录入。

2. 制作个人简历表

(1)插入表格

步骤 1　将光标定位到表格标题的下一行,在"插入"选项卡"表格"功能区中单击"表格"按钮,选择"插入表格"命令,如图 1-2-65 所示。这时,系统会弹出如图 1-2-66 所示的"插入表格"对话框。

步骤 2　在"插入表格"对话框中,在"列数"和"行数"右边的文本框中根据实际情况重新输入相应的数字,本例选择插入一个 8 列 10 行的表格,如图 1-2-67 所示。

步骤 3　在图 1-2-67 所示的对话框中单击"确定"按钮,返回 Word 2016 工作窗口,完成插入表格的操作。

项目2　设计与制作求职自荐书

图 1-2-65　"插入表格"命令　　图 1-2-66　"插入表格"对话框　　图 1-2-67　插入一个 8 列 10 行的表格

知识小贴士

①表格由若干行和若干列构成，行列交叉处的矩形区域叫单元格。

②创建表格还可以利用 Word 2016 提供的内置表格模板来快速创建，具体步骤如下：

步骤 1　将插入点定位到文档中希望创建表格的位置。

步骤 2　单击"插入"选项卡"表格"功能区中"表格"按钮，弹出"表格"下拉菜单，将鼠标移至"快速表格"菜单项，在弹出的列表中选择需要的表格样式，即可创建一个相应外观的表格，如图 1-2-68 所示。

图 1-2-68　选择快速表格样式

73

③更改表格样式，其具体步骤如下：

步骤 1 选择要更改样式的表格，双击表格，系统自动转换到"表格工具"|"设计"选项卡，如图 1-2-69 所示。

图 1-2-69 "表格工具"|"设计"选项卡

步骤 2 在"表格工具"|"设计"选项卡"表格样式"功能区中单击下拉列表按钮，在弹出的列表框中选择需要的表格样式即可，如图 1-2-70 所示。

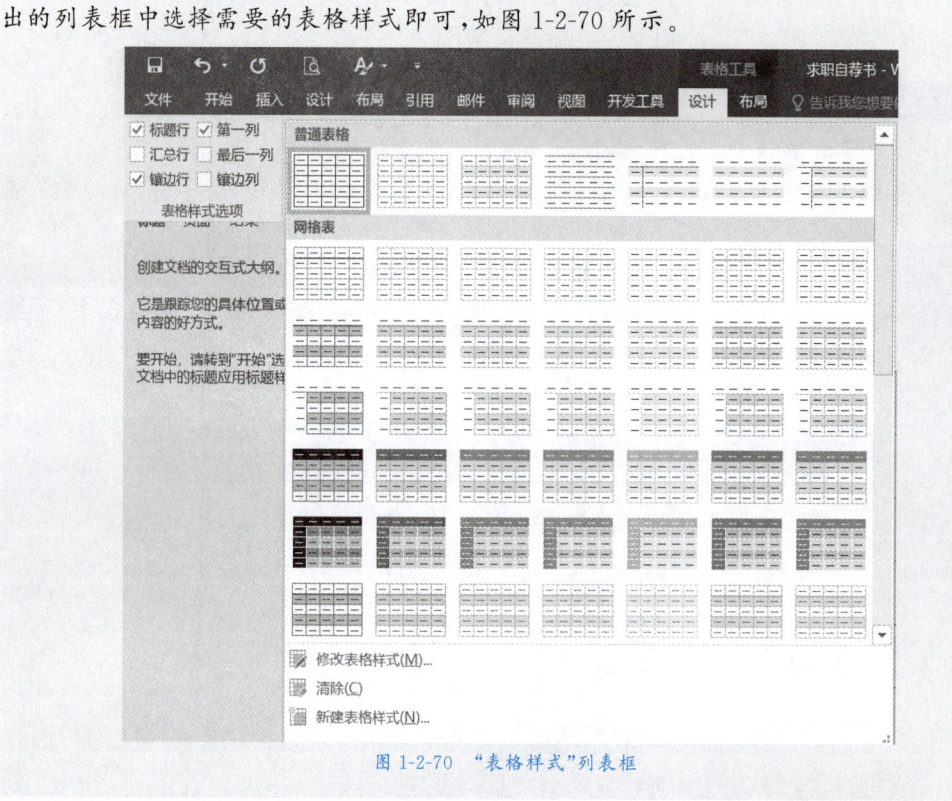

图 1-2-70 "表格样式"列表框

(2) 制作"基本信息"模块

步骤 1 用鼠标选中表格第 1 列的第 1 行到第 8 行，右击，在弹出的快捷菜单中选择"合并单元格"命令，如图 1-2-71 所示，合并选中的单元格。

步骤 2 单击合并后的单元格，输入文字"基本信息"，然后选中文字，右击，在弹出的快捷菜单中选择"文字方向"命令，这时，系统会弹出"文字方向-表格单元格"对话框，选择垂直排列的文字方

图 1-2-71 合并单元格

向,如图 1-2-72 所示,单击"确定"按钮,完成"基本信息"文字方向的设置。

步骤 3　用鼠标选中"基本信息"这四个字,在"开始"选项卡"字体"功能区中单击右下角的对话框启动器按钮" ",然后在弹出的"字体"对话框中进行如下设置:中文字体为"宋体",字形为"加粗",字号为"小三",如图 1-2-73 所示。

图 1-2-72　更改文字方向　　　　　　图 1-2-73　设置字体格式

步骤 4　在图 1-2-73 所示的对话框中,选择"高级"选项卡,如图 1-2-74 所示,在"高级"选项卡中设置字符间距。

步骤 5　单击"间距"下拉按钮,选择"加宽"选项,在右边的文本框中输入"8 磅",如图 1-2-75 所示,表示将所选文本的字符间距设置为 8 磅,然后单击"确定"按钮。

图 1-2-74　"高级"选项卡　　　　　　图 1-2-75　设置字符间距

步骤 6 选择整个表格并右击，在弹出的快捷菜单中选择"表格属性"命令，系统弹出"表格属性"对话框，先单击"行"选项卡，勾选"指定高度"复选框，在其右边的文本框中输入 1 厘米；然后单击"列"选项卡，勾选"指定宽度"复选框，在其右边的文本框中输入 2 厘米，单击"确定"按钮，完成对表格的行高、列宽设置，如图 1-2-76 所示。

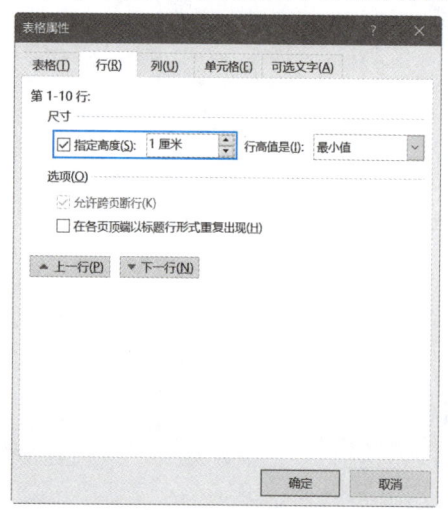

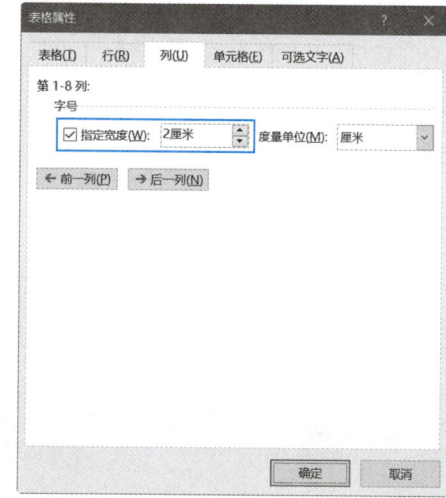

（a）设置行高　　　　　　　　　　（b）设置列宽

图 1-2-76　设置行高、列宽

知识小贴士

也可以移动鼠标指针至表格中，表格的左上方会出现选择表格图标"⊞"，单击图标"⊞"，可选择整个表格。还可以先单击表格中的某个单元格，然后在窗口的"表格工具"|"布局"选项卡的"表"功能区中单击"选择"按钮，在弹出的下拉菜单中选择"选择表格"命令。

步骤 7 选择"基本信息"模块的单元格，在"表格工具"|"布局"选项卡的"对齐方式"功能区单击"中部居中"命令，如图 1-2-77 所示。

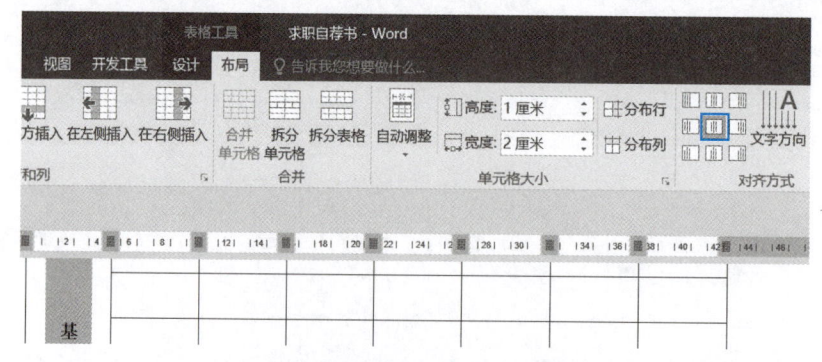

图 1-2-77　设置单元格对齐方式

步骤 8 完成表格"基本信息"模块的录入工作，具体参数见本任务的具体要求，效果如图 1-2-78 所示。

步骤 9 调整各基本信息内容所在单元格。

基本信息内容所在单元格的调整方案如下：

①单元格合并。在单元格的右上方预留一个可以贴照片的地方,选中表格第 6、7、8 列的第 1~4 行,然后右击,在弹出的快捷菜单中选择"合并单元格"命令,合并选中的单元格,如图 1-2-79 所示。

图 1-2-78 录入基本信息

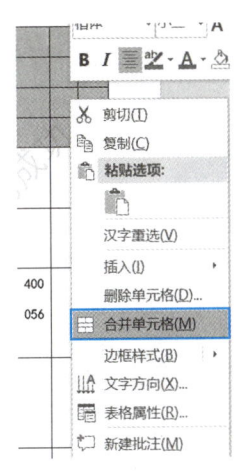

图 1-2-79 合并单元格

知识小贴士

合并单元格除上面的方法,还可以在"表格工具"|"布局"选项卡的"合并"功能区中单击"合并单元格"按钮" ",或者右击选中的单元格。

单元格拆分。选中需要拆分的单元格,右击,在弹出的快捷菜单中选择"拆分单元格"命令,在弹出的"拆分单元格"对话框中设置列数和行数,并勾选"拆分前合并单元格"复选框后单击"确定"按钮,如图 1-2-80 所示。

拆分单元格除了上面的方法,还可以在"表格工具"|"布局"选项卡中,单击"合并"功能区中的"拆分单元格"按钮" ",拆分单元格。

图 1-2-80 拆分单元格

②调整相邻两个单元格宽度步骤如下:

选中需要调整宽度的两个单元格,然后将鼠标移至两单元格相邻的边框线上,当鼠标指针变成调整垂直边线状" "时,按住鼠标左键拖动边线。窗口中会出现一条随鼠标一起移动的垂直虚线,水平标尺上的列标记也会随鼠标一起移动,如图 1-2-81 所示。当垂直虚线移动到适当位置时,释放鼠标

图 1-2-81 调整相邻两个单元格宽度

左键。单元格的右边线就会调整到虚线位置处。单元格的宽度将会同时发生变化,同列其他单元格不发生变化。

分别对相关的单元格进行拆分、合并及调整宽度操作,以这些单元格的内容在行内显示为标准进行调整。

(3)制作"个人专长"模块

步骤 1 选中第 9 行的第 2~8 列,合并选中的单元格。

步骤 2 对照原始材料输入求职者的个人专长。在输完求职者的第一个专长后,按

Enter 键，在该单元格内换行，接下来分别输入求职者的其他专长。

步骤 3 选中该单元格，在"开始"选项卡"段落"功能区中单击对话框启动器按钮，弹出"段落"对话框。设置"行距"为"1.5 倍行距"，方法与前面设置"求职自荐信"的段落格式相同。

步骤 4 在第 9 行第一个单元格中输入"个人专长"模块名，然后分别对字形、字号、字符间距、文字方向与单元格对齐方式进行设置，方法参考"基本信息"模块设置。

知识小贴士

在"个人专长"模块中，除了给每条专长手工输入编号外，还可以通过 Word 2016 项目编号来自动生成编号，其设置步骤如下：

步骤 1 选中需要设置项目编号的内容；
步骤 2 单击"开始"选项卡"段落"功能区中的"项目编号"按钮，如图 1-2-82 所示；
步骤 3 在"项目编号"列表框中选择编号样式完成项目编号设置。

在工作当中，我们除了会用到上述项目编号外，还会经常遇到添加项目符号来突出文档要点的情况。为文档添加项目符号与添加项目编号类似，其设置步骤如下：

步骤 1 选中需要设置项目符号的内容；
步骤 2 单击"开始"选项卡中"段落"功能区中的"项目符号"按钮，如图 1-2-83 所示；
步骤 3 在"项目符号"列表框中选择符号样式完成项目符号设置。

图 1-2-82 添加项目编号列表框　　图 1-2-83 添加项目符号列表框

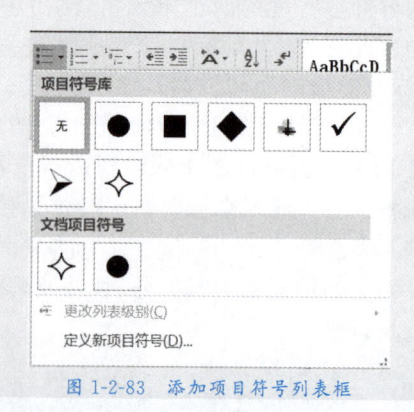

（4）制作"社会实践"和"求职意向"模块

这两个模块的制作方法与前面大同小异，当表格的行数不够时，用户可以选择在需要

插入行的上方任意单元格中单击,然后在"表格工具"|"布局"|"行和列"中单击"在下方插入"命令,如图 1-2-84 所示,然后对照样表(图 1-2-1)进行操作。

图 1-2-84　在表格中插入行

> **知识小贴士**
>
> 在做表格时,经常会遇到增加、删除行和列的情况,增加行和列参照以上步骤。删除行和列的步骤为:
>
> **步骤 1**　选中要删除的行或列并右击,在弹出的快捷菜单中选择"删除单元格"命令,打开"删除单元格"对话框,如图 1-2-85 所示。
>
> **步骤 2**　根据需要在"删除单元格"对话框中选择具体选项,删除行或列。

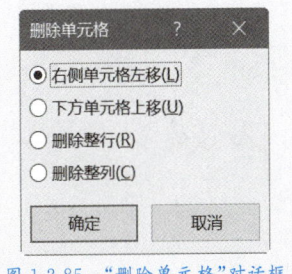

图 1-2-85　"删除单元格"对话框

所有信息录入完成后,选中所有项目单元格中的文字,设置字体为宋体,四号,加粗,居中。选中内容单元格文字,设置为楷体,四号。

(5) 设置表格边框

选中整个表格,在"表格工具"|"设计"选项卡中的"边框"功能区中选择边框"样式"为实线、"宽度"为 1.5 磅、颜色为黑色,如图 1-2-86 所示。

图 1-2-86　设置表格边框

(6) 插入登记照片

单击需要贴照片的单元格,然后在"插入"选项卡"插图"功能区中单击"图片"命令,系统会弹出"插入图片"对话框,在计算机中选择需要插入的图片,然后单击"插入"按钮,如图 1-2-87 所示。照片大小设置参照封面风景图设置步骤。本例设置后的效果如图 1-2-88 所示。

至此,"个人简历表"制作完成,按 Enter 键,将光标移动到新的页面中,为制作毕业生就业推荐表做准备。

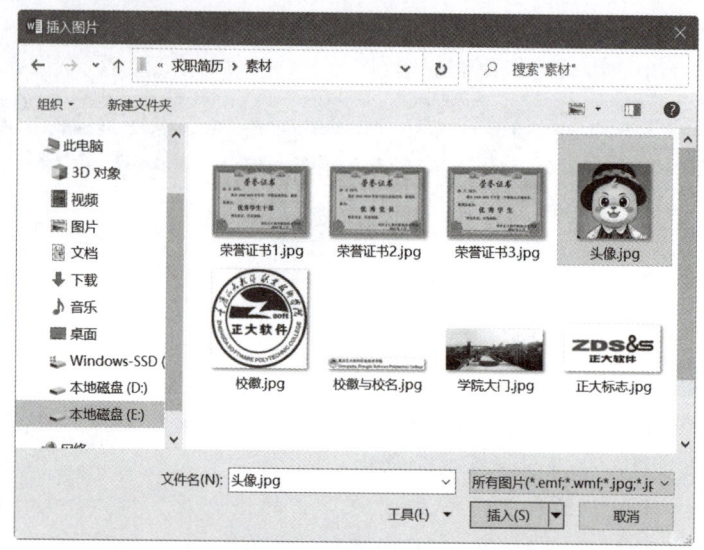

图 1-2-87　插入登记照片

图 1-2-88　个人简历表

任务 2-4　制作毕业生就业推荐表

根据图 1-2-1 完成个人简历表制作后应制作毕业生就业推荐表,其具体要求如下:

(1)录入表格标题"重庆正大软件职业技术学院毕业生就业推荐表",设置字体为楷体、20 磅、加粗,格式为居中对齐。

(2)根据样表绘制表格，录入相关信息，并根据录入信息和样表调整表格。
(3)用公式计算平均成绩。
按以上要求，具体操作步骤如下：

1. 录入表格标题

将光标定位在"个人简历表"编排完成后形成的新页面的首行，输入"重庆正大软件职业技术学院毕业生就业推荐"，按要求设置字体和格式，按 Enter 键，完成表格标题的录入。

2. 绘制表格

(1)绘制表格的具体步骤

步骤 1　在"插入"选项卡"表格"功能区中单击"表格"按钮，选择"绘制表格"命令，如图 1-2-89 所示。

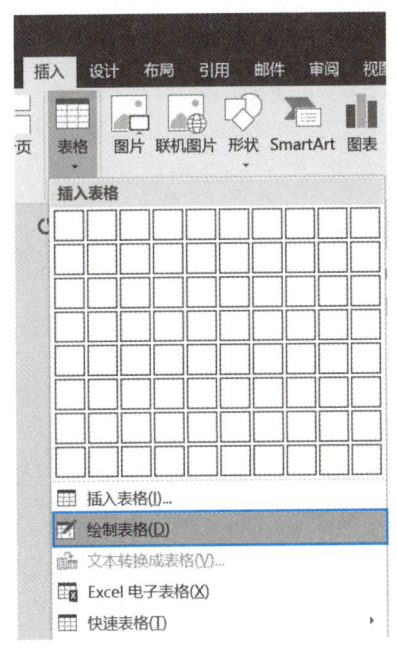

图 1-2-89　"绘制表格"命令

步骤 2　把鼠标移至编辑区后指针呈铅笔状"✏"，单击拖动鼠标绘制表格，如图 1-2-90 所示。

步骤 3　在"表格工具"|"设计"选项卡中的"边框"功能区中选择表格边框样式、宽度，再单击"边框"下拉按钮，选择"所有框线"命令，如图 1-2-91 所示。

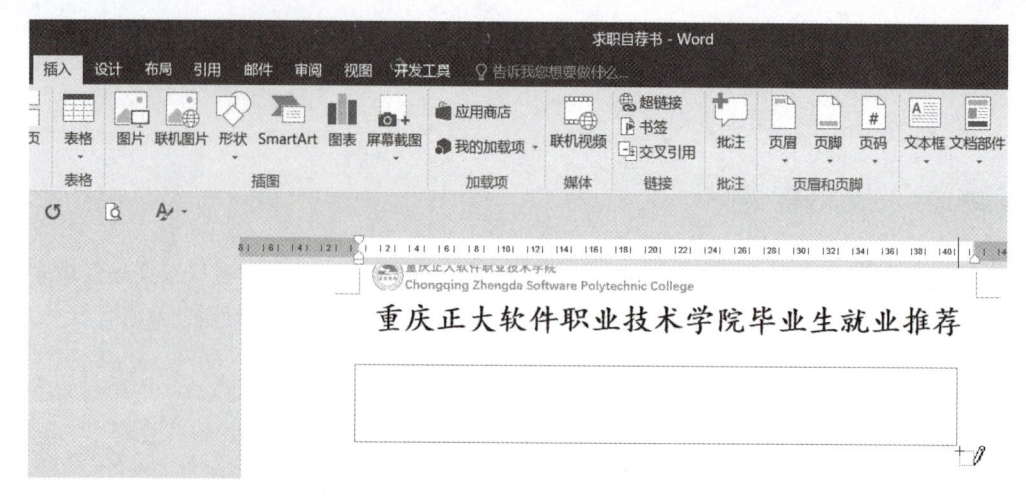

图 1-2-90 "绘制表格"按钮

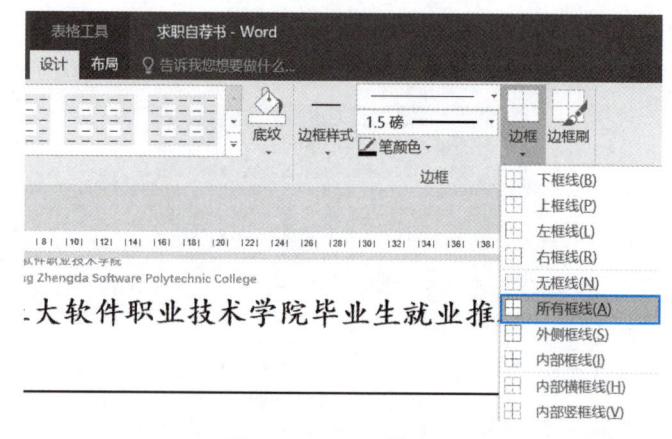

图 1-2-91 设置表格边框

> **知识小贴士**
>
> 在 Word 中表格与文本可以根据编辑需要相互转换。
>
> 表格转换成文本：
>
> ①选中需要转换为文本的表格，在"表格工具"|"布局"选项卡"数据"功能区中单击"转换为文本"按钮，弹出"表格转换成文本"对话框，如图 1-2-92 所示。
>
> ②在"表格转换成文本"对话框中选择相应的文字分隔符，单击"确定"按钮即可转换成文本。
>
> 文本转换成表格：
>
> ①选中需要转换成表格的文本，在"插入"选项卡"表格"功能区中单击"表格"按钮，选择"文本转换成表格"命令，弹出"将文字转换成表格"对话框，如图 1-2-93 所示。
>
> ②在"将文字转换成表格"对话框中依次对表格尺寸、"自动调整"操作、文字分隔位置进行设置，单击"确定"按钮即可将文字转换成表格。

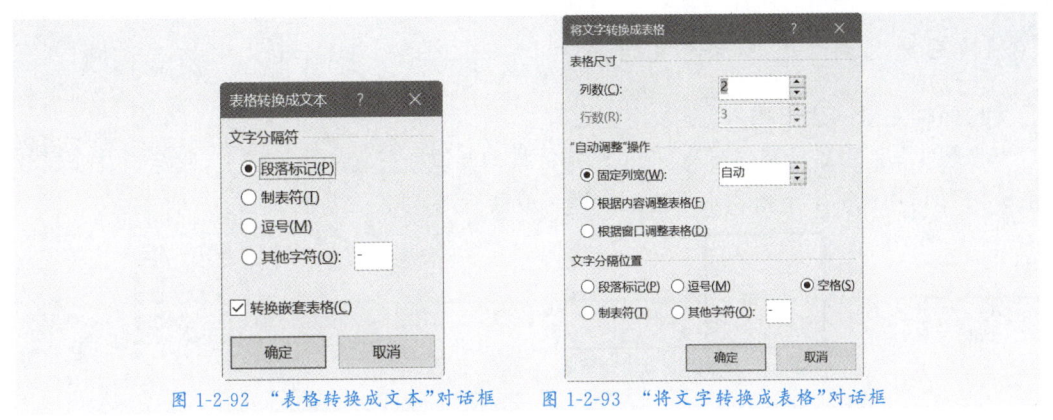

图1-2-92 "表格转换成文本"对话框　　图1-2-93 "将文字转换成表格"对话框

步骤4　继续单击鼠标左键拖动画出横线、竖线等,如图1-2-94所示。

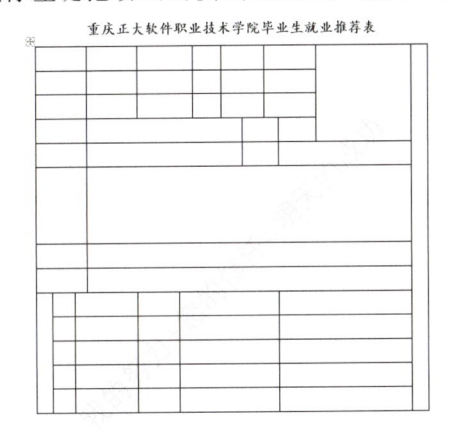

图1-2-94　绘制表格内框线

步骤5　参照样图绘制表格,表格绘制完成后,单击"表格工具"|"布局"选项卡"绘图"功能区中的"绘制表格"按钮,或在编辑区内双击,使鼠标恢复为正常形状。

步骤6　在绘制过程中,如果不满意绘制出的表格线或单元格,可以将其擦除。单击"绘图"功能区中的"橡皮擦"按钮,如图1-2-95所示,此时鼠标变成橡皮擦的形状,在要擦除的边框线上拖动。松开鼠标左键后,选定的线就被擦除了。

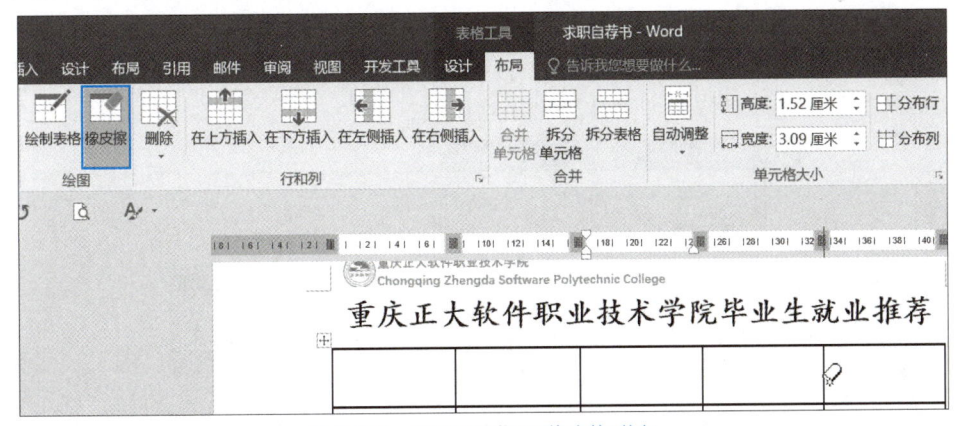

图1-2-95　"绘图"功能区"橡皮擦"按钮

(2)使用鼠标调整表格行高及列宽

按照样图录入表格内容,插入相应图片。

步骤 1 使用鼠标调整行高:把鼠标指针指向要改变行高的边框线上,鼠标指针变成双箭头"⇕"时,用鼠标上下拖动水平边框线即可改变行高,如图 1-2-96 所示。

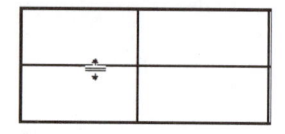

图 1-2-96 用鼠标调整表格行高

调整 Word 表格行高、列宽

步骤 2 使用鼠标调整列宽:把鼠标指针指向要改变列宽的边框线上,鼠标指针变成双箭头"⇔"时,用鼠标拖动垂直边框线移动,即可改变列宽,如图 1-2-97 所示,此时紧接其后的列跟着改变,其余各列不变,表格总宽度不变。

步骤 3 使用鼠标调整表格大小。

将鼠标指针移入表格中,在表格的右下角出现调整用控制点,如图 1-2-98 所示,用鼠标指针拖动此控制点可以调整表格大小,各单元格会自动按比例调整。

图 1-2-97 用鼠标调整表格列宽

图 1-2-98 调整表格大小的控制点

鉴于表格制作在任务 2-3 中进行了详细的讲解,在这里就不再进行描述了。

3. 用公式计算平均成绩

用公式分别计算公共课、专业基础课、专业骨干课平均分,具体步骤如下:

步骤 1 将光标定位到求公共课平均成绩分单元格,在"表格工具"|"布局"选项卡"数据"功能区中单击"公式"按钮,弹出"公式"对话框,如图 1-2-99 所示。

步骤 2 在"公式"编辑框中先输入"=",再输入平均值函数 AVERAGE,也可以单击"粘贴函数"下拉按钮,在下拉列表中选择 AVERAGE,然后输入求平均值单元格地址范围 ABOVE,单击"确定"按钮即可计算出平均成绩。

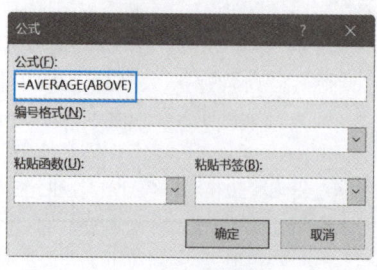

图 1-2-99 "公式"对话框

用 Word 公式计算相关数据

> **知识小贴士**
>
> （1）录入公式须采用英文输入法。如单元格数字更改了，要按下 F9 键才能更新计算结果，或者重启 Word 2016 才能显示正确的计算结果。
>
> （2）在"公式"文本框中除了可以利用函数来求平均值，还可以输入具体的数值，利用四则混合运算来求平均值，如输入"＝(80＋83＋91)/3"，单击"确定"按钮即可。
>
> （3）常用的函数有：求和 SUM，求平均值 AVERAGE，求最大值 MAX，求最小值 MIN。
>
> （4）在 Word 2016 表格中根据需要可以对数据排序，具体步骤如下：
>
> ①将光标定位到表格任一单元格，在"表格工具"|"布局"选项卡"数据"功能区中单击"排序"按钮，弹出"排序"对话框，如图 1-2-100 所示。

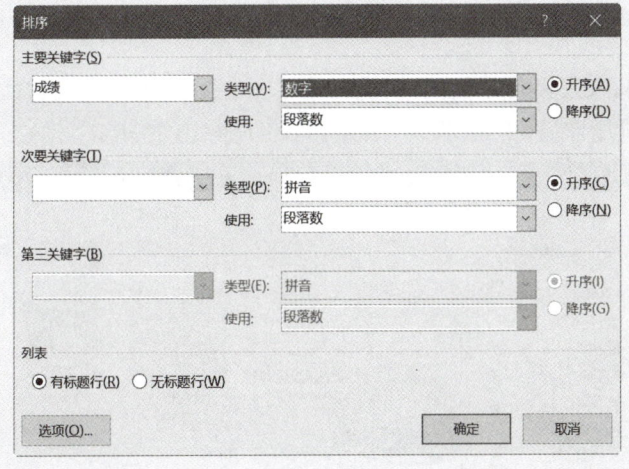

图 1-2-100 "排序"对话框

②在"排序"对话框"列表"区选中"有标题行"单选按钮，在"主要关键字"下拉列表中选择排序依据的主要关键字选项，在"类型"下拉列表中选择"笔画"、"数字"、"日期"或"拼音"选项之一，在"升序"或"降序"单选按钮中任选其一，以确定排序的顺序，在"次要关键字"和"第三关键字"区分别设置排序关键字，也可以不设置。设置完成后单击"确定"按钮完成数据排序。

步骤 3 同以上步骤，分别计算出专业基础课平均分、专业骨干课平均分。

至此，毕业生就业推荐表制作完成，按 Enter 键，将光标移动到新的页面中，为制作展示荣誉证书做准备。

任务 2-5　制作展示荣誉证书

根据图 1-2-1，现在应该制作"展示荣誉证书"页面文档，其具体要求如下：
（1）录入表格标题"展示荣誉证书"，设置字体为楷体、二号、加粗，格式为居中对齐。
（2）插入荣誉证书的图片，根据文档位置调整图片大小。
（3）给荣誉证书 1 设置样式，样式为"图片样式"列表框中第一行第五列样式。

(4)给荣誉证书 2 设置边框,设置为"三维",样式为"━━"线型,颜色为"自动",宽度为"3.0 磅"。

(5)给"展示荣誉证书"页面设置页面边框,设置为"三维",艺术型选择"鲜花",宽度为"12 磅",设置边框和底纹的"测量基准"为"页边",上、下、左、右边距均为 10 磅。

按以上要求具体操作步骤如下:

1. 录入标题

将光标定位在新页面的首行,输入"展示荣誉证书",根据要求设置标题格式。按 Enter 键,完成标题的录入。

2. 插入荣誉证书图片

步骤 1 在"插入"选项卡"插图"功能区中单击"图片"命令,弹出"插入图片"对话框,选择需要插入的图片,然后单击"插入"按钮,如图 1-2-101 所示。

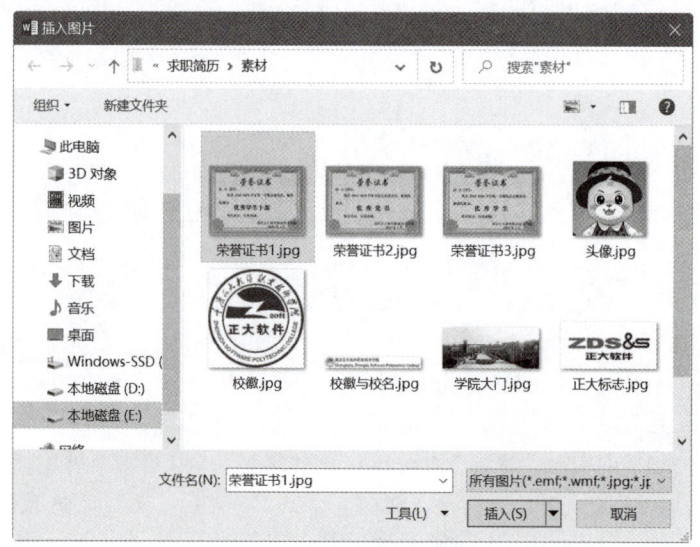

图 1-2-101 插入荣誉证书图片

步骤 2 单击插入的证书图片,拖动控制点调整图片大小,如图 1-2-102 所示。

图 1-2-102 调整荣誉证书图片大小

3. 给荣誉证书设置样式

步骤 1 双击荣誉证书图片,系统自动转换到"图片工具"|"格式"选项卡,然后单击"图片样式"其他按钮" ",弹出"图片样式"列表框,如图 1-2-103 所示。

步骤 2 单击"图片样式"列表框中第一行第五列样式,效果如图 1-2-104 所示。

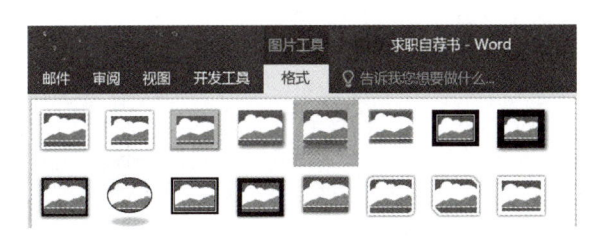

图 1-2-103 "图片工具"|"格式"选项卡

图 1-2-104 设置图片样式后的效果

知识小贴士

荣誉证书样式设置时可以根据需要在"图片样式"列表框中选择其他样式。也可以通过"图片样式"功能区中的"图片边框""图片效果""图片版式"选项对图片进行进一步修饰。

4. 给荣誉证书设置边框

步骤 1 插入荣誉证书图片 2(方法同上),并选中图片。然后在"设计"选项卡"页面背景"功能区中单击"页面边框"按钮,在弹出的"边框和底纹"对话框中单击"边框"选项卡,如图 1-2-105 所示。

图 1-2-105 "边框"选项卡

步骤 2 在"边框"选项卡中,单击"设置"栏目中的"三维"图标,在"样式"列表框中选择"▬▬▬▬"线型;单击"颜色"下拉按钮,在展开的下拉列表中选择边框的颜色,本例中选择"自动"选项;单击"宽度"下拉按钮,在展开的下拉列表中选择"3.0 磅"线宽。"预览"栏中会显示当前所设置的边框样式,然后单击"确定"按钮。如图 1-2-106 所示。

图 1-2-106 添加边框后的荣誉证书

> **知识小贴士**
>
> 按照以上讲述的知识点,还可以给 Word 文档中的文字和段落设置边框。如需要给文字设置边框,则在"应用于"下拉列表中选择"文字";反之,则选择"段落"。

5. 给展示荣誉证书页面设置页面边框

步骤 1 将光标定位到标题"展示荣誉证书"前,在"布局"选项卡"页面设置"功能区中单击"分隔符"按钮,在"分隔符"下拉列表中选择"分节符"中的"连续"选项。

步骤 2 将光标定位到"展示荣誉证书"页面最后,按上述操作插入分节符。

步骤 3 在"设计"选项卡"页面背景"功能区中单击"页面边框"按钮,弹出"边框和底纹"对话框。在"边框和底纹"对话框中,单击"页面边框"选项卡。

步骤 4 在"页面边框"选项卡中单击"设置"栏中"三维"图标,在"艺术型"下拉列表中选择如图 1-2-107 所示的样式,在"宽度"数值框中设置数值为"12 磅"。

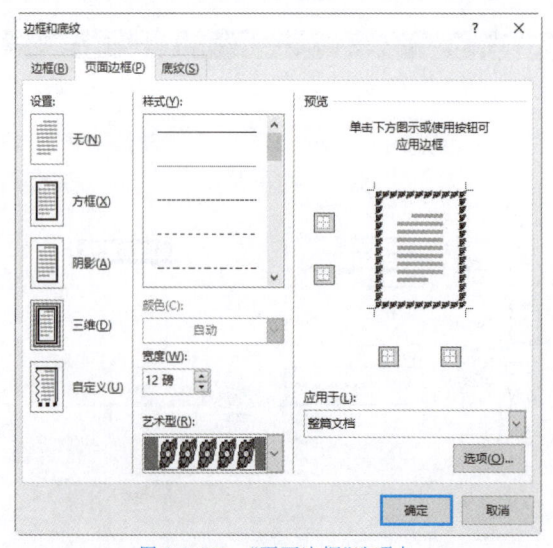

图 1-2-107 "页面边框"选项卡

项目2　设计与制作求职自荐书

步骤 5　在"页面边框"选项卡中单击"选项"按钮,弹出"边框和底纹选项"对话框。在"测量基准"下拉列表中选择"页边"列表项,再将"上""下""左""右"四个数值框中的数值全部改为"10 磅",如图 1-2-108 所示。然后单击"确定"按钮返回"边框和底纹"对话框。

图 1-2-108　"边框和底纹选项"对话框

步骤 6　在"边框和底纹"对话框中单击"应用于"下拉按钮,从中选择"本节"列表项,单击"确定"按钮完成"展示荣誉证书"页面边框设置。完成效果如图 1-2-1 所示。

> **知识小贴士**
>
> 在 Word 2016 中,还可以给文字、段落设置底纹,其具体步骤如下:
> **步骤 1**　选中需要设置边框、底纹的文字或段落,在"设计"选项卡"页面背景"功能区中单击"页面边框"按钮,弹出"边框和底纹"对话框,单击"底纹"选项卡。
> **步骤 2**　在"底纹"选项卡中单击"填充"下拉按钮,在下拉列表中选择填充颜色。
> **步骤 3**　单击图案"样式"下拉按钮,在下拉列表中选择样式。
> **步骤 4**　如只给文字设置底纹,则在"应用于"下拉列表中选择"文字";反之,则选择"段落",如图 1-2-109 所示。单击"确定"按钮即完成底纹设置。

89

图 1-2-109　底纹设置

任务 2-6　制作目录

根据图 1-2-1 制作求职自荐书目录,具体要求如下:

(1)给求职自荐书插入页码,页码位置为页面底端的"普通数字 2","编号格式"为"1,2,3,…",起始页码为 0。

(2)给求职自荐书制作目录,"目录"两个字的字体为华文新魏、二号、加粗、居中。设置显示页码、页码右对齐,制表符前导符为列表第二个,显示级别为 1。

按以上要求,其具体操作步骤如下:

1. 在求职自荐书中插入页码

步骤 1　在"插入"选项卡的"页眉和页脚"功能区中单击"页码"按钮,在"页码"列表框中选择"页面底端"中的"普通数字 2",如图 1-2-110 所示。

步骤 2　再打开"页码"列表框,选择"设置页码格式"选项,弹出"页码格式"对话框。在"页码格式"对话框中设置"编号格式"为"1,2,3,…",在"起始页码"文本框中输入数字"0",如图 1-2-111 所示。

步骤 3　单击"确定"按钮退出,页码设置完成。

图 1-2-110　页码位置设置　　　　　图 1-2-111　"页码格式"对话框

2. 目录制作

步骤 1　将光标移到"求职自荐信"前,按 Enter 键,为制作目录"占位"。

步骤 2　在制作目录"占位"处输入标题"目录",文字为华文新魏、二号、加粗、居中。再按 Enter 键,另起一行为制作目录正文做准备。

步骤 3　将光标移动到将要作为目录标题的"求职自荐信"处并将其选中,如图 1-2-112 所示。

Word 制作目录　　　　　　　　　　图 1-2-112　选中标题

步骤 4　右击选中的"求职自荐信",在弹出的快捷菜单中选择"段落"命令,如图 1-2-113 所示。

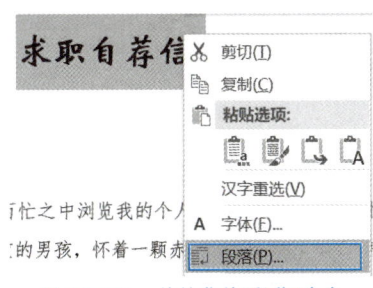

图 1-2-113　快捷菜单"段落"命令

步骤 5　在弹出的"段落"对话框中设置大纲级别为 1 级,如图 1-2-114 所示。按此操作对其他要作为目录标题的"标题"进行设置。

步骤 6　将光标定位于目录内容处。在"引用"选项卡"目录"功能区中单击"目录",在"目录"列表框中选择"自定义目录"命令,如图 1-2-115 所示。

图 1-2-114　设置大纲级别　　　　　　　图 1-2-115　"自定义目录"命令

步骤 7　在弹出的"目录"对话框中,单击"目录"选项卡,进行"显示页码"、"页码右对齐"和"制表符前导符"设置,"显示级别"为"1",如图 1-2-116 所示。再单击"确定"按钮,目录自动生成,如图 1-2-117 所示。

图 1-2-116　"目录"对话框

图 1-2-117　自动生成的目录

知识小贴士

①目录中的字号、目录标题间行距等也可以根据需要在"字体"功能区、"段落"功能区中设置。

②当文档进行了修改,已经生成的目录与当前的文档内容不一致时,可以在"引用"选项卡中"目录"功能区中单击"更新目录"按钮,在弹出的"更新目录"对话框中选择"只更新页码"或"更新整个目录"。如图1-2-118所示。

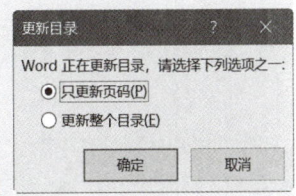

③目录生成后,目录文字有时会有灰色的底纹,这是Word 2016的域底纹,打印时是不会打印出来的。也可以在"文件"|"选项"|"高级"|"显示文档内容"|"域底纹"中选择"不显示",如图1-2-119所示。

图1-2-118 "更新目录"对话框

图1-2-119 域底纹设置

巩固与提高

利用Word 2016编排产品使用说明书,排版样本如图1-2-120所示。
编排要求:
1.纸张大小:A4。

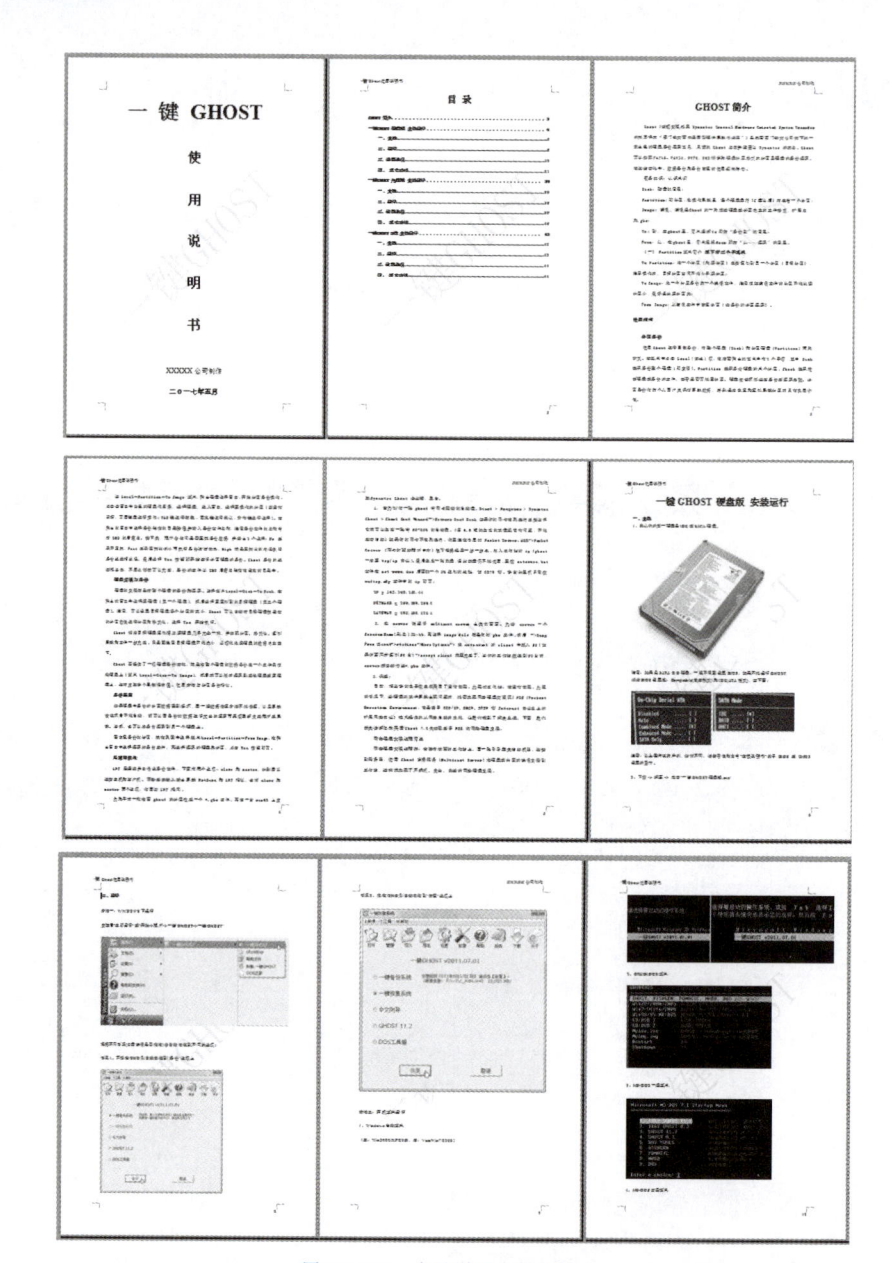

图1-2-120　产品说明书排版样本

2.页边距:左、右页边距均为3厘米,上、下页边距均为2.5厘米。

3.封面设计:

主标题:宋体、初号、加粗,居中对齐,段前、段后间隔0.5行。

副标题:宋体、二号、加粗,居中对齐,段前、段后间隔2行。

4.正文:

各标题:黑体、三号,居中对齐。

正文:首行缩进2个字符,1.5倍行间距,字体为宋体、五号。

插图:环绕文字为嵌入型,居中对齐。图序为连续编排,图序和图题置于图下方中间位置。

表格:居中对齐,图序为连续编排,表序和标题置于表格上方并居中对齐。

5.页眉和页脚设置:

页眉设置为"奇偶页不同""首页不同"。

页眉边距:1.5厘米;页脚边距:1.75厘米。

奇数页页眉:"一键 Ghost 使用说明书",宋体、小五号、左对齐。

偶数页页眉:"××××公司制作",宋体、小五号、右对齐。

页脚:插入页码,起始页从 1 开始,宋体、小五号、右对齐。

6.插入自动目录:

目录级别:二级目录,要求层次清晰。

目录设置:"目录"二字设置为黑体、小二号、居中对齐。章节目录为宋体、四号,行距 1.5 倍。

7.插入水印:

水印文字"一键 GHOST"为宋体,字号为自动,颜色为"浅灰色,背景 2,深色 25%",半透明,版式为斜式。

习题练习

一、单项选择题

二、操作题

1.新建一个 Word 2016 文档,录入以下文字:

大数据

大数据(big data),指无法在一定时间范围内用常规软件工具进行捕捉、管理和处理的数据集合,是需要新处理模式才能具有更强的决策力、洞察发现力和流程优化能力的海量、高增长率和多样化的信息资产。

在维克托•迈尔-舍恩伯格及肯尼斯•库克耶编写的《大数据时代》中大数据是指不用随机分析法(抽样调查)这样的捷径,而采用所有数据进行分析处理的方式。大数据的 5V 特点(IBM 提出)是:Volume(大量)、Velocity(高速)、Variety(多样)、Value(低价值密度)、Veracity(真实性)。

完成以上文字录入后,再按如下要求进行操作:

(1)将标题设置为微软雅黑、二号字,居中。

(2)将正文字体设置为隶书,四号。

(3)将正文段落文字设置为首行缩进 2 个字符。

(4)为最后一段文字添加下划线,下划线的线型为双波浪线。

(5)设置页面边框,选择边框样式为艺术型的第一种(苹果样式)。

(6)将纸张大小设置为 A4,设置上、下、左、右页边距分别为 2 厘米。

(7)把该文档保存到计算机桌面上,文件名为"Word 练习题 1.docx",即可关闭该文档。

2.新建一个 Word 2016 文档,录入以下文字:

物联网

物联网即通过射频识别(RFID)、红外感应器、全球定位系统、激光扫描器、气体感应器等信息传感设备,按约定的协议,把任何物品与互联网连接起来,进行信息交换和通信,以实现智能化识别、定位、跟踪、监控和管理的一种网络。简而言之,物联网就是"物物相连的互联网"。

物联网将是下一个推动世界高速发展的"重要生产力",是继通信网之后的另一个万亿级市场。

我国物联网发展的十年目标是把我国初步建成物联网技术创新国家。

完成以上文字录入后,再按如下要求进行操作:

(1)页面设置,设置纸张为 B5,左、右页边距均为 1.5 厘米,上、下页边距均为 2 厘米。

(2)设置标题,套用"渐变填充-蓝色,强调文字颜色"文本效果,字体大小为 20 磅,居中对齐,段后间隔 1 行。

(3)将前面录入的正文内容复制一份,每段首行缩进 2 个字符,行间距为固定值 15 磅;正文内容第二自然段设置为华文行楷、四号,第三自然段设置为宋体、小四号,缩放 120%,字间距加宽 1.5 磅;第四自然段分为两栏,栏间距为 1.5 磅,加分隔线。

(4)将正文中所有的"物联网"格式替换为蓝色、加粗、突出显示。

(5)在正文中插入任意一幅剪贴画图片样式,图片位置:中间居中,四周型文字环绕,图片大小:缩放 60%。

(6)把该文档保存到计算机桌面上,文件名为"Word 练习题 2.docx",即可关闭该文档。

项目 3
设计与制作企业员工查询系统

项目分析

柏天进入一家公司实习财务工作，需要处理大量的员工信息。为了提高工作效率，柏天决定借助计算机来实现企业员工工资的管理，利用 Excel 2016 制作一个企业员工查询系统，来实现对员工工资的管理和分析，利用员工号查询出员工的姓名、性别、出生日期、身份证号码、学历、部门、职务、入职时间、家庭地址、联系电话等相关信息，实现计算员工的工资等功能。

按以上要求，柏天必须掌握如下技能：

1. 会进行 Excel 2016 数据录入、单元格格式和页面设置等；
2. 会使用 Excel 2016 公式、函数；
3. 能用 Excel 2016 进行数据排序、筛选、图表分析等。

项目职业素养

通过企业员工查询系统的设计，学生将知道信息技术是让工作、生活发生了根本性变化而产生的一种崭新文化形态；在系统设计过程中，学生将养成计算思维、大数据思维；在员工个人信息处理过程中，学生将了解信息道德与法律法规，形成与信息社会相适应的价值观和责任感。

预备知识

Excel 2016 是 Microsoft Office 2016 中的一个组件，是一款非常出色的电子表格软件，可利用多种公式对数据进行算术运算和逻辑运算，还可以分析汇总各单元格中的数据信息,并且可以把相关数据用各种统计图的形式直观地表示出来。由于电子表格具有直观、操作简单、数据即时更新、丰富的数据分析函数等特点,因此在财务、税务、统计、计划、经济分析、管理、教学和科研等许多领域都得到了广泛的应用。本项目企业员工查询系统用 Excel 2016 版本完成,从而系统地介绍 Excel 2016 的应用。

任务 3-1　制作企业员工基本信息表

根据任务,首先完成企业员工基本信息表的录入制作。其具体要求如下:
(1)创建、保存"企业员工查询系统"工作簿。
(2)创建、保存四个工作表,重命名后设置不同颜色。
(3)数据录入及填充。
(4)工作表格式设置,包括标题设置、行高设置、列宽设置、表格框线设置、底纹设置、字体设置、对齐方式设置。
(5)信息表的页面设置:页边距,上为 2 厘米,下为 1.5 厘米,左、右均为 1 厘米,居中方式为"水平",纸张方向为横向,纸张大小为 A4。
(6)设置页眉和页脚。
(7)企业员工信息表打印设置。

要求员工基本信息表包括"员工号""姓名""性别""出生日期""身份证号码""学历""部门""职务""入职时间""家庭地址""联系电话""备注"项目信息。如图 1-3-1 所示。

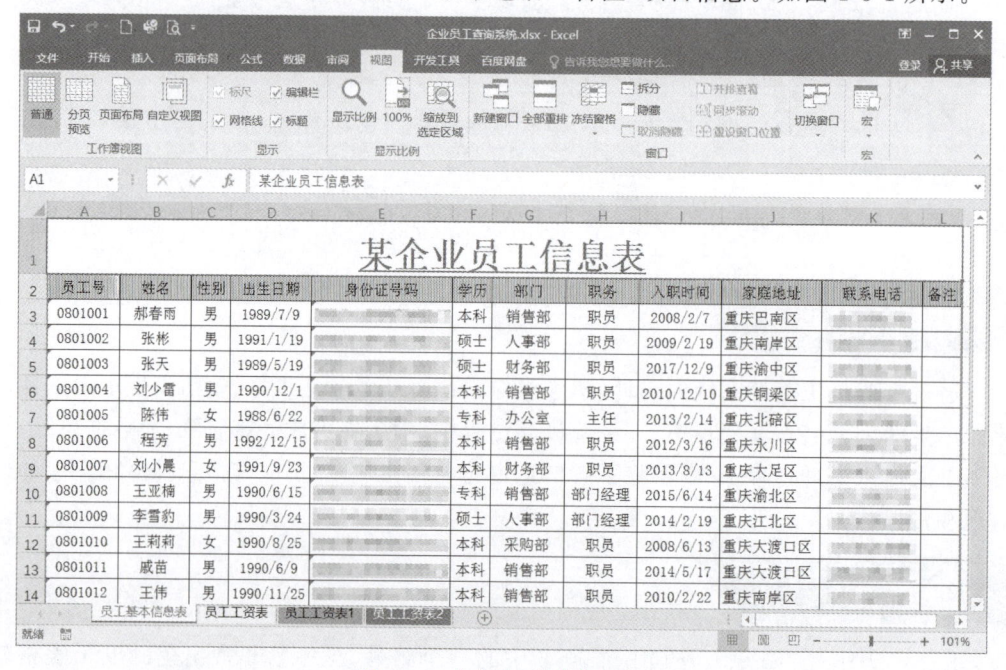

图 1-3-1　企业员工基本信息表

项目3 设计与制作企业员工查询系统

1. 新建"企业员工查询系统"工作簿

（1）启动 Excel 2016

启动 Excel 2016 的操作步骤如下：

单击"开始"|"Excel 2016"命令，如图 1-3-2 所示，系统就会启动 Excel 2016。

图 1-3-2　启动 Excel 2016

（2）认识 Excel 2016 的工作窗口

认识 Excel 2016 的工作窗口，如图 1-3-3 所示。

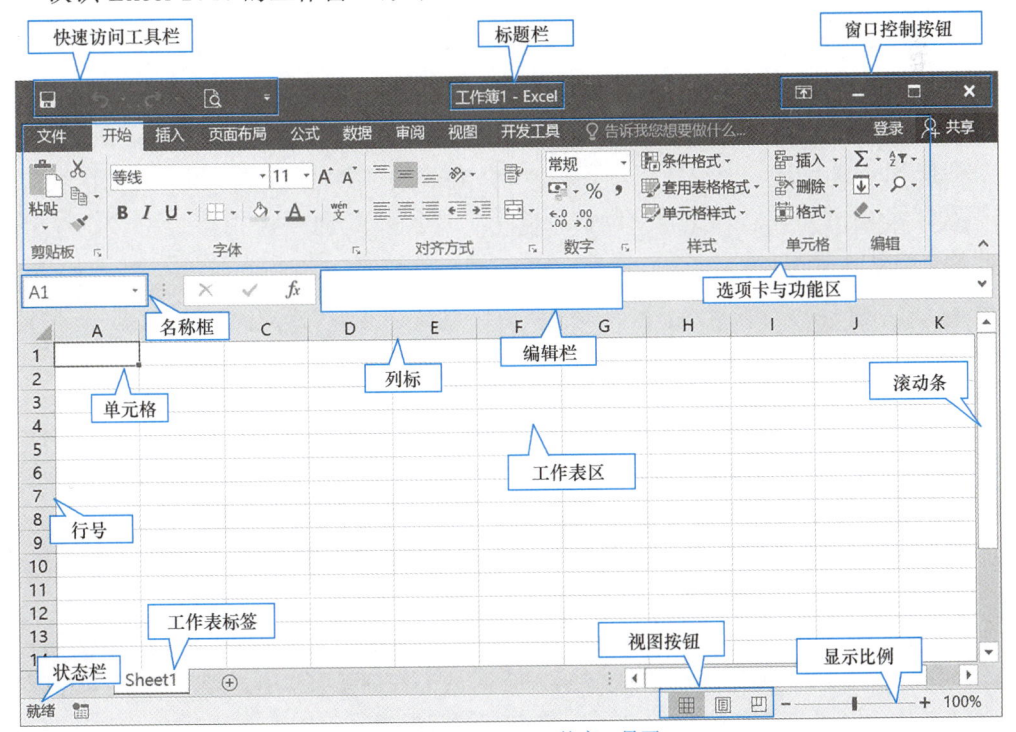

图 1-3-3　Excel 2016 的窗口界面

99

从图 1-3-3 可以看出，Excel 2016 工作窗口主要由标题栏、工作表区、名称框、编辑栏、工作表标签、选项卡与功能区等部分组成。

① 工作表区

Excel 窗口中的空白区域为工作表区，由若干个小矩形组成。这些小矩形就是通常所说的单元格，它是 Excel 的基本构成单位。每一个单元格都有一个名称，由"列号"+"行号"组成。其中，列号用字母表示，行号用数字表示。例如 A1 就表示第 1 列第 1 行的单元格，C9 就表示第 3 列第 9 行的单元格。

② 名称框

名称框位于工作表区的上方，用来显示或定位活动单元格。所谓活动单元格，就是当前编辑的单元格，在窗口中，活动单元格的边框为粗黑框。例如，在"名称框"内输入"C4"，C4 单元格的边框就变为粗黑框，该单元格被选中，如图 1-3-4 所示。

图 1-3-4　C4 活动单元格

③ 编辑栏

编辑栏位于名称框的右侧，用来编辑和显示活动单元格的内容。单击某个单元格，单元格中的内容就会显示在编辑栏中，修改编辑栏中的数据，活动单元格中的内容就会随之变化。

单击编辑栏后，名称框和编辑栏的中间就会出现三个按钮，左边的是"取消"按钮，其作用是恢复到单元格输入之前的状态；中间的按钮是"输入"，它的作用是确定编辑栏中的内容为当前单元格的内容；右边的按钮是"插入函数"，它的作用是在单元格中插入函数或输入公式。

④ 工作表标签

工作表标签位于工作表区的下方，用于标识当前工作表位置和工作表名称。启动 Excel 2016 时，系统会自动创建一个工作表，表名默认为"Sheet1"，如果增加新的工作表，标签会按 Sheet2、Sheet3……顺序命名。单击工作表标签名，可以打开相应的工作表。当工作表数量很多时，可以使用其左侧的标签滚动按钮来查看。一个工作簿中最多可建 255 个工作表。

(3) 保存工作簿

Excel 2016 启动后，系统会在内存中自动创建一个名称类似于"工作簿 i"（$i=1$、2、3、4……）的文件，其扩展名为".xlsx"，它是 Excel 2016 的默认文件，常称".xlsx"文件为"Excel 工作簿"或者"工作簿"。断电后，内存中的文件会丢失，所以，新建的工作簿必须保存在磁盘上。例如，将文件保存到"D:\企业员工管理"文件夹中的操作步骤如下：

首次保存时，单击快速访问工具栏上的"保存"按钮，或者单击"文件"|"保存"命令，系统会弹出"另存为"对话框，如图 1-3-5 所示。

在"另存为"对话框中，在左侧导航栏选择存放工作簿的文件夹"D:\企业员工管理"，在"文件名"文本框中输入更名后的文件名"企业员工查询系统"，在"保存类型"下拉列表中选择默认的"Excel 工作簿（*.xlsx）"，单击"保存"按钮。

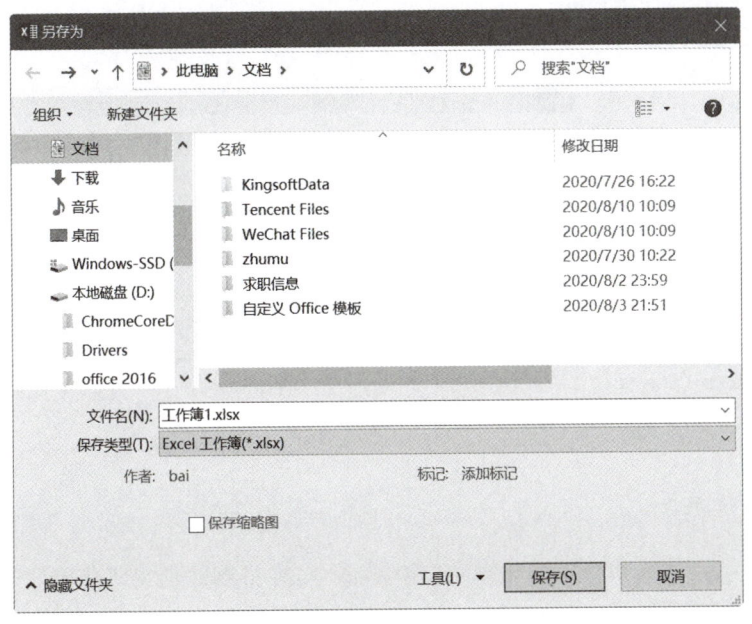

图 1-3-5 "另存为"对话框

2. 工作表的操作

启动 Excel 2016 后，系统显示的工作表个数默认为一个，本任务需要创建四个工作表，必须增加三个工作表。

(1) 选定工作表

单击工作表标签则表示选定该工作表，工作表标签颜色则默认为白色，表示当前工作表为活动工作表。

(2) 插入工作表

方法 1　单击"Sheet1"工作表标签旁的"＋"按钮即可新建一个名为"Sheet2"的工作表，继续单击"＋"按钮依次新建"Sheet3""Sheet4"工作表，如图 1-3-6 所示。

图 1-3-6　插入工作表

方法 2　选中某个工作表标签并右击，在弹出的如图 1-3-7 所示的快捷菜单中，单击"插入"命令，在弹出的如图 1-3-8 所示的对话框中，选择"工作表"，然后单击"确定"按钮，当前工作表左侧就插入了一个新的空白工作表，它的标签名会自动命名为"Sheet$n$"。

图 1-3-7　工作表快捷菜单 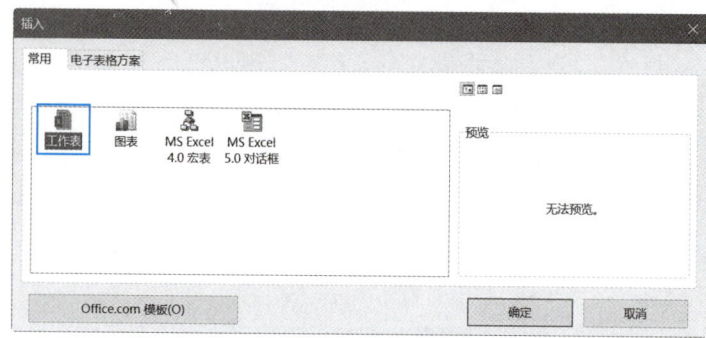　　　　　图 1-3-8　"插入"对话框

（3）删除工作表

在图 1-3-7 工作表快捷菜单中单击"删除"命令，即可删除选定工作表。

（4）移动或复制工作表

移动或复制工作表则同样单击需要进行移动或复制的工作表，右击，选择"移动或复制"命令则可以实现同一工作簿的工作表移动或复制。

在 Excel 2016 中，不仅可在同一工作簿中移动或复制工作表，还可以跨工作簿进行移动或复制。操作方法是先选定要移动或复制的工作表，右击，在弹出的快捷菜单中单击"移动或复制"命令，弹出"移动或复制工作表"对话框，如图 1-3-9 所示。在"工作簿"下拉列表中，选定用来接收工作表的工作簿，如果单击了"（新工作簿）"，则将选定的工作表移动或复制到新工作簿中。然后在"下列选定工作表之前"列表框中，选定其中一个，则将把要移动或复制的工作表放在其左侧。如果只复制而不移动工作表，可选中"建立副本"选项。最后单击"确定"按钮，完成移动或复制工作表。

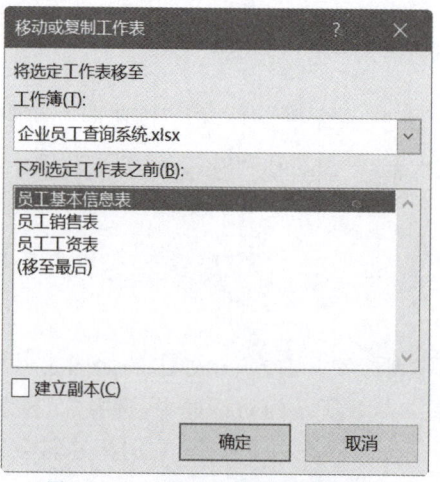

图 1-3-9　"移动或复制工作表"对话框

项目3　设计与制作企业员工查询系统

(5)重命名工作表

工作簿中的四个工作表要求分别命名为"员工基本信息表""员工工资表""员工工资表(1)""员工工资表(2)",操作步骤如下:

步骤1　双击工作表"Sheet1"标签,或右击,选择"重命名",进入重命名编辑状态,如图1-3-10所示。

步骤2　输入"员工基本信息表",完成重命名。参照步骤1,依次将工作表"Sheet2""Sheet3""Sheet4"重命名为"员工工资表""员工工资表(1)""员工工资表(2)"。

图1-3-10　工作表重命名

(6)设置工作表标签颜色

当工作表较多时,可为工作表设置不同的标签颜色来区分。工作表标签颜色的设置要求为:"员工工资表"的标签颜色为黄色、"员工工资表(1)"的标签颜色为绿色、"员工工资表(2)"的标签颜色为蓝色。

操作步骤如下:

步骤1　右击工作表"员工工资表"标签,弹出快捷菜单。

步骤2　在弹出的快捷菜单中,单击"工作表标签颜色",出现如图1-3-11所示的调色板,单击调色板中的"黄色",即可完成工作表标签的颜色设置。

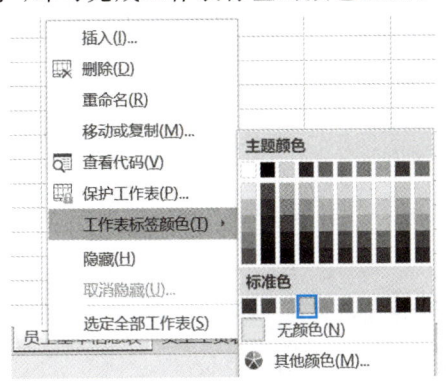

图1-3-11　调色板

步骤3　完成其他工作表标签颜色的设置,设置完成后如图1-3-12所示,并保存工作簿。

图1-3-12　设置工作表标签颜色效果

知识小贴士

工作表标签的左边有两个标签滚动按钮,它们的作用是在工作表数目较多时,若工作表标签栏不能全部显示,则通过单击按钮左右浏览显示。翻动时,用户当前打开的工作表不受影响。将鼠标放置在标签滚动按钮上时,出现有关此按钮的提示,如图1-3-13所示。

图1-3-13　查看工作表

103

(7) 选定多张工作表

选定多张工作表的操作方法,见表 1-3-1。

表 1-3-1　　　　　　　　　　　　选定多张工作表

操作内容	操作方法
选定多张相邻的工作表	选定第一张工作表,按住 Shift 键,再单击最后一张工作表的标签
选定多张不相邻的工作表	选定第一张工作表,按住 Ctrl 键,再单击其他工作表的标签
选定工作簿中的所有工作表	右击工作表标签,弹出快捷菜单,选择"选定全部工作表"命令

取消工作表选定:可以单击其他未选定的任一工作表标签取消,也可以右击已选定的任一工作表标签,在弹出的快捷菜单中选择"取消组合工作表",完成取消选定。

(8) 修改多张工作表

在 Excel 中,可同时对多张结构相同的工作表实施修改。先选定需要同时修改的多张工作表,将鼠标指针移到需要进行修改的单元格进行修改,修改操作会自动传递给其他选定的工作表,修改完成后单击任一标签名,取消多张工作表的选定状态,完成对多张工作表的修改。

3. 录入员工信息

(1) 输入表格标题、列标题

步骤 1　打开"员工基本信息表"工作表。

在"D:\企业员工管理"文件夹中,双击打开"企业员工查询系统"工作簿。

步骤 2　选择"员工基本信息表"工作表,使之成为当前工作表。

单击 A1 单元格,输入表格标题"某企业员工信息表",按 Enter 键,使 A2 单元格成为活动单元格。

在 A2 单元格中,输入第一列列标题"员工号",按 Tab 键或者方向键,使 B2 单元格成为活动单元格。

按照同样操作方法,在 B2、C2、D2、E2、F2、G2、H2、I2、J2、K2、L2 单元格中分别输入列标题"姓名""性别""出生日期""身份证号码""学历""部门""职务""入职时间""家庭地址""联系电话""备注"信息,如图 1-3-14 所示。

项目3　设计与制作企业员工查询系统

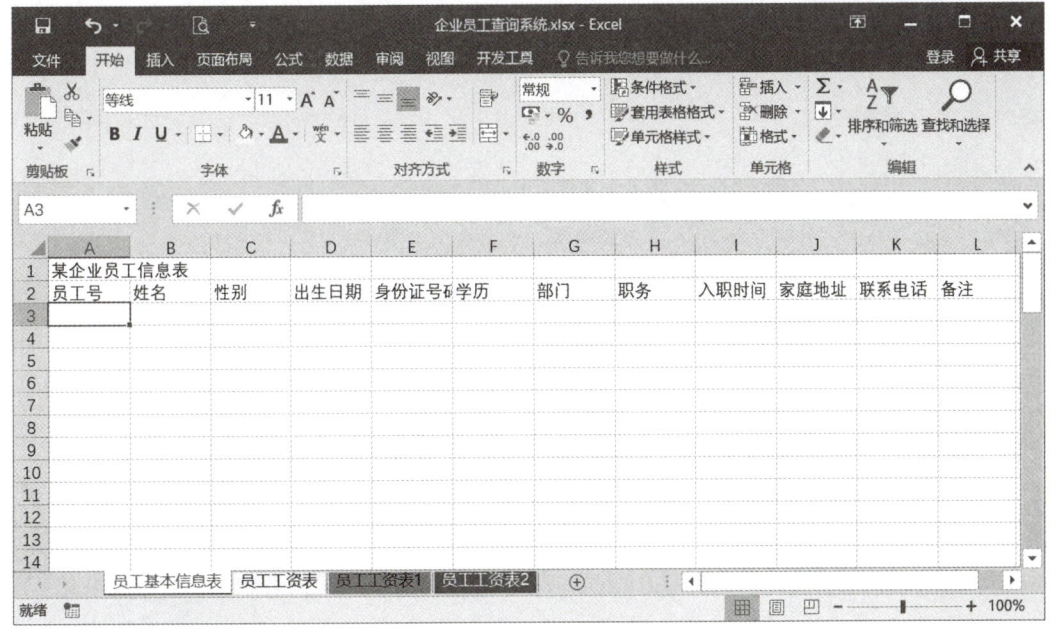

图1-3-14　录入信息

> **知识小贴士**
>
> ①在输入数据之前要确定数据输入的单元格,否则默认为当前单元格,如不是在当前单元格中录入数据,则需要使用鼠标进行单元格选择。
>
> ②要在Excel中选择不连续单元格,按住Ctrl键同时选择各单元格即可;要在不连续单元格中输入相同的数据,先在选中的任一单元格中输入数据,再按Ctrl+Enter快捷键即可完成。
>
> ③要在Excel中选择连续单元格,鼠标单击第一个单元格,按住Shift键并选择区域最后一个单元格即可;在连续单元格中输入相同的数据,先在连续区域的第一个单元格中输入数据,再按Ctrl+Shift+Enter快捷键即可。

(2)录入员工号

员工号的特点是由7位数字组成,首字符为0,各员工的员工号连续。在默认的情况下,在单元格中输入数字时,系统会将这些数字当作数值来处理,而不是当作字符来处理,系统不会记录数字的首字符0。因此员工号的正确输入方法是需要将单元格设置文本字符形式,其操作步骤如下:

步骤1　右击A3单元格,选择"设置单元格格式",在弹出的对话框中选择"文本"选项,单击"确定"按钮即可完成单元格设置,如图1-3-15所示。

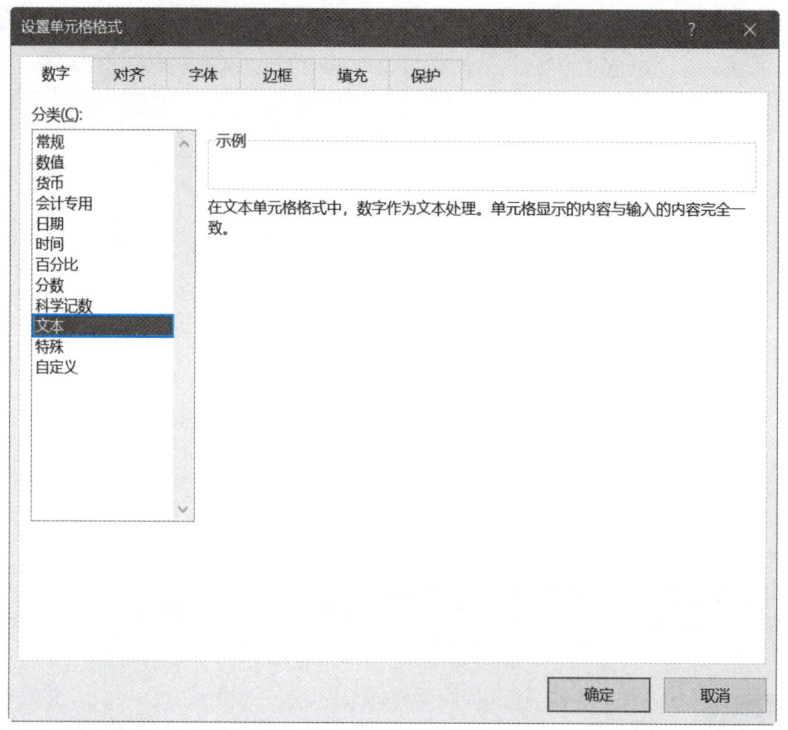

图 1-3-15　设置单元格格式为文本

> **知识小贴士**
>
> 单元格除了通过在"设置单元格格式"对话框中选择"文本"外，还可以在输入具体数字前先输入英文状态下的单引号"'"，将数值转换为文本。

步骤 2　在 A3 单元格中输入员工号"0801001"后移动鼠标，使其指向 A3 单元格的"填充柄"，此时鼠标会变成黑色实心十字，如图 1-3-16 所示。

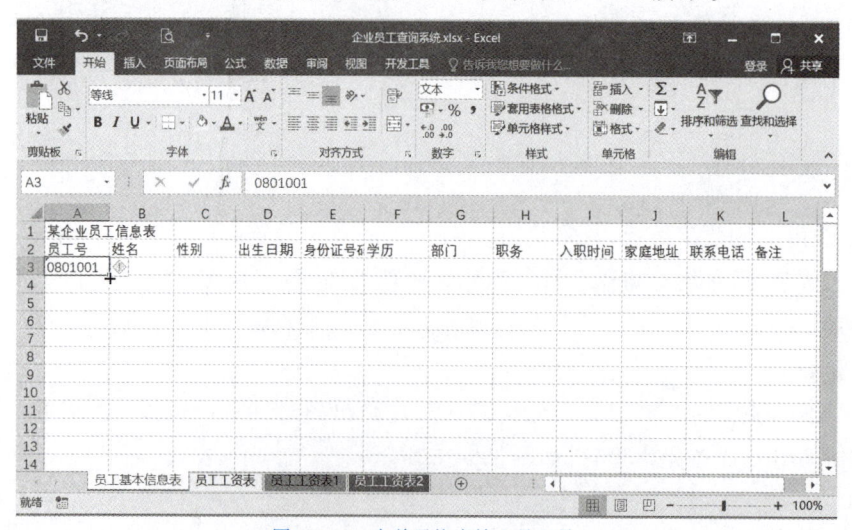

图 1-3-16　在单元格中输入员工号

Excel 单元格填充功能

步骤 3 按住鼠标左键向下拖，在鼠标拖动的过程中，填充柄的右下角处将会出现填充的数据，如图 1-3-17 所示。鼠标拖至 A26 单元格时释放鼠标。

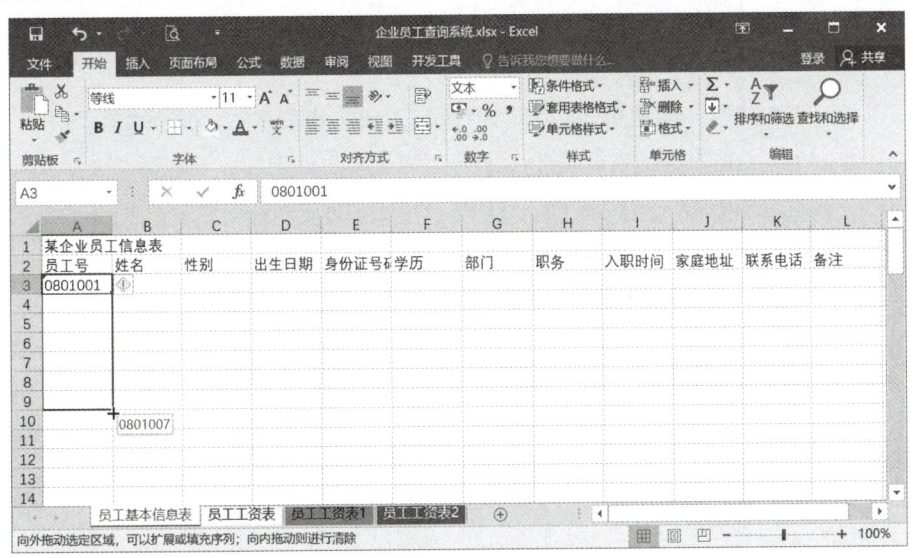

图 1-3-17 单元格的填充

(3) 录入员工姓名

录入"姓名"列数据的操作步骤如下：

步骤 1 单击 B3 单元格，在 B3 单元格中输入第一个员工的姓名"郝春雨"，按 Enter 键，使 B4 单元格成为活动单元格。

步骤 2 在 B4 单元格中输入第二个员工的姓名"张彬"，按 Enter 键。

步骤 3 用同样的方法，在"姓名"列中输入余下各员工的姓名。如图 1-3-18 所示。

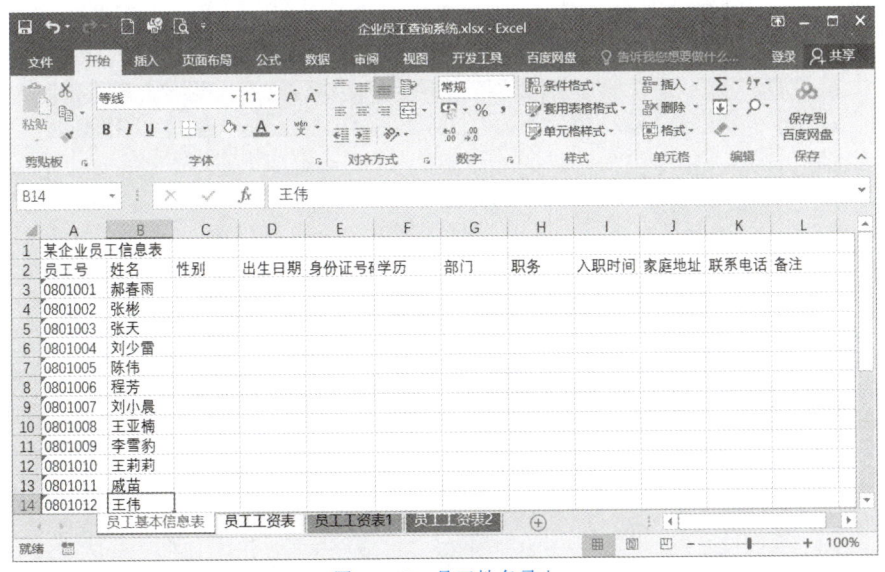

图 1-3-18 员工姓名录入

(4)录入性别

"性别"列的数据只有"男"和"女"两种。参照"姓名"列进行"性别"列的录入,如图 1-3-19 所示。

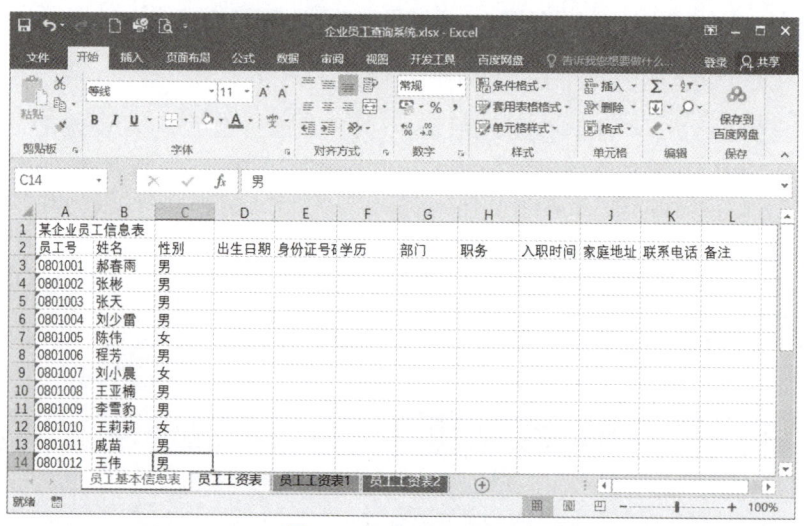

图 1-3-19　员工性别录入

(5)录入身份证号码

身份证号码长度超过 11 位,录入数据后则为科学记数法显示。录入身份证号码时需要将"身份证号码"列的数据设置为文本型数据,同时因各员工的身份证号码是分散的,不便用拖动填充柄填充数据的方法录入,需要逐一录入各员工的身份证号码。其操作步骤如下:

步骤 1　移动鼠标至 E 列的列标处,当鼠标呈下箭头状时,单击 E 列的列标,选择整个 E 列,如图 1-3-20 所示。

图 1-3-20　选中整列

步骤 2　在"开始"|"单元格"|"格式"下拉列表中选择"设置单元格格式",打开"设置单元格格式"对话框,在"数字"选项卡的"分类"列表框中选择"文本"。

步骤 3　单击 E3 单元格,在 E3 单元格中输入第一个员工的身份证号码,按 Enter 键,使 E4 单元格成为活动单元格。

步骤 4　重复以上步骤,在 E 列的其他单元格中分别输入其他员工的身份证号码,如图 1-3-21 所示。

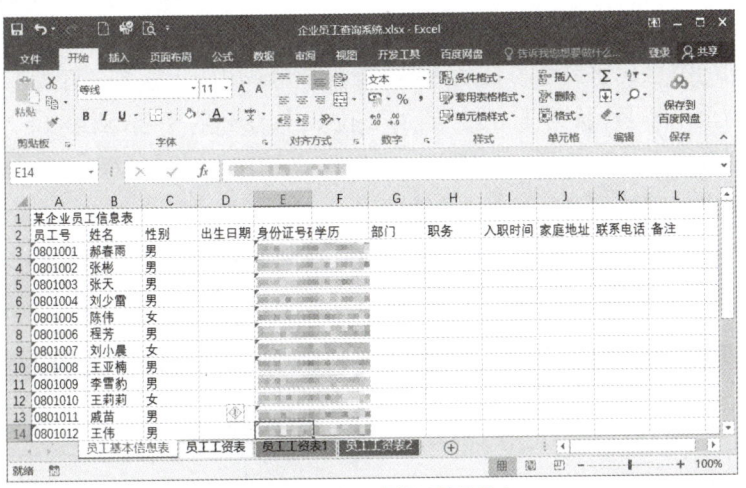

图 1-3-21　员工身份证号码录入

步骤 5　调整 E 列的列宽。身份证号码录入后,数据长度超出列默认宽度,需要调整其列宽,方法如下:

方法 1:将鼠标移至 E 列与 F 列之间的分界线上,当鼠标呈"✣"状时双击,这时系统将会自动将 E 列的列宽调整为最合适的宽度。

方法 2:单击列内任一单元格,再在"开始"|"单元格"|"格式"下拉列表中选择"列宽"命令,系统会弹出"列宽"对话框。"列宽"对话框中显示了当前列的宽度,其单位为磅。在"列宽"文本框中输入所需的列宽值,如图 1-3-22 所示,单击"确定"按钮。此法可以将列宽精确地设置为任意正值。

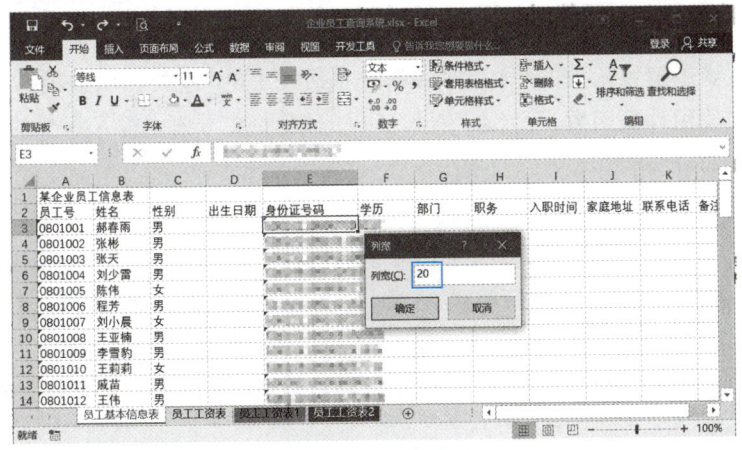

图 1-3-22　列宽设置

(6) 录入出生日期

在 Excel 2016 中输入的日期或时间在单元格中默认为右对齐,常见格式为 2020/01/01、2020-08-01、19-03-17、19/05/07。选中单元格,在"开始"|"单元格"|"格式"下拉列表中选择"设置单元格格式",打开"设置单元格格式"对话框。在"设置单元格格式"对话框中,单击"数字"选项卡,在"分类"列表框中选择"日期",在"类型"列表框中选择所需要的显示类型,如图 1-3-23 所示,单击"确定"按钮。

目前使用的第二代居民身份证的 18 位身份证号码中,从第 7 位开始的 4 位数字为出生年号,从第 11 位开始的 2 位数字为出生月号,从第 13 位开始的 2 位数字为出生日号。利用 Excel 提供的 MID 函数可以从身份证号码中获取出生日期。具体操作步骤如下:

步骤 1 单击 D3 单元格,在"公式"|"函数库"中单击"插入函数"按钮 "f_x",系统会弹出如图 1-3-24 所示的"插入函数"对话框。

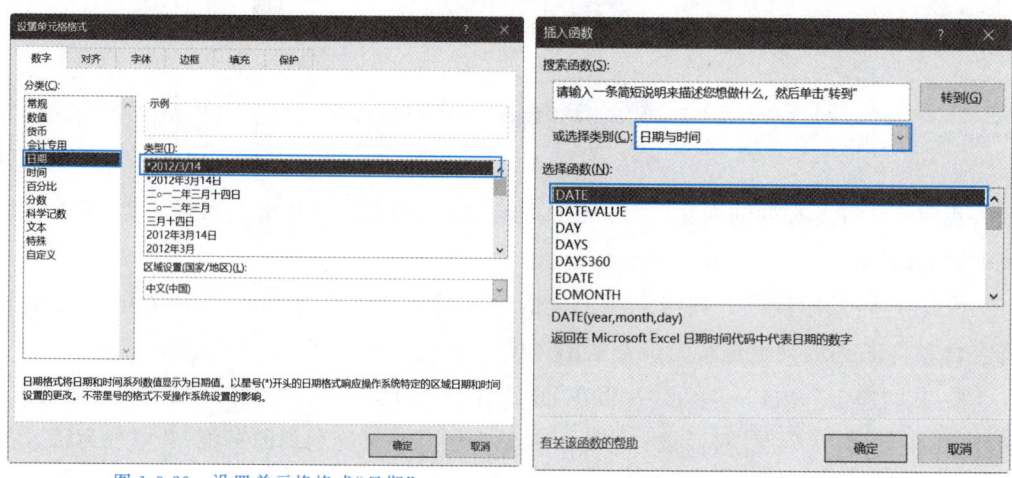

图 1-3-23 设置单元格格式"日期"   图 1-3-24 "插入函数"对话框

步骤 2 在"插入函数"对话框中,单击"或选择类别"下拉按钮,从中选择"日期与时间",在"选择函数"列表框中选择"DATE"。这时,对话框的底部就会显示 DATE 函数的参数和功能。要了解该函数的用法,可以单击对话框中的"有关该函数的帮助"选项。如果不清楚应该使用什么函数,可以在"搜索函数"下面的文本框中输入函数的简要功能,单击"转到"按钮即可。

步骤 3 单击"插入函数"对话框中的"确定"按钮,系统会弹出"函数参数"对话框。分别在"Year""Month""Day"参数值空白处录入"MID(E3,7,4)""MID(E3,11,2)""MID(E3,13,2)",右边会自动出现所得的结果,单击"确定"按钮,完成录入。如图 1-3-25 所示。

步骤 4 拖动填充柄完成 D4 到 D26 单元格区域数据的录入,并适当调整列宽。

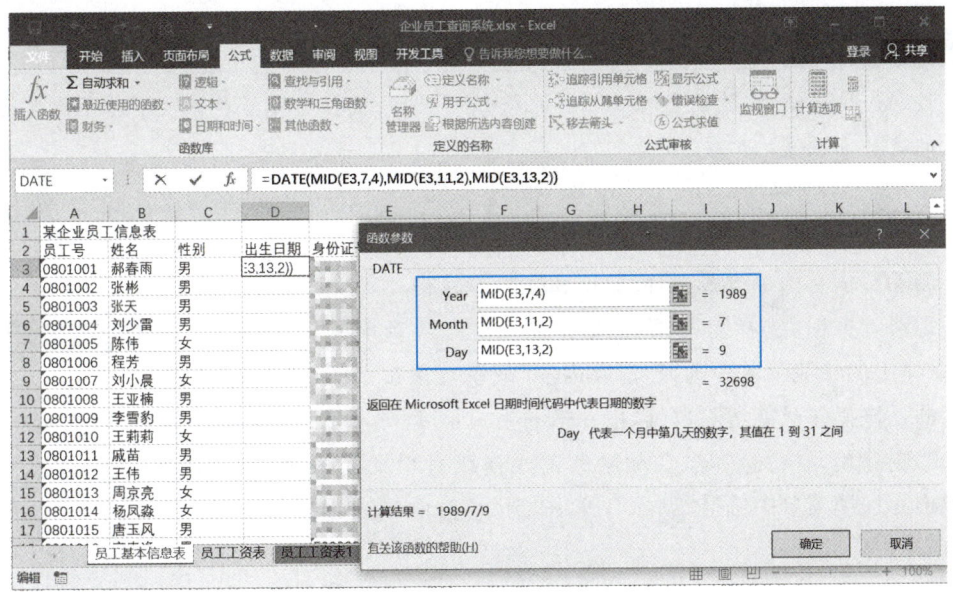

项目3　设计与制作企业员工查询系统

图 1-3-25　"函数参数"对话框

> **知识小贴士**
>
> MID 函数功能为从文本字符串中指定的起始位置起返回指定的长度的字符。函数格式：MID(text,Start_Num,Num_Chars)，其中 text 为提取字符串的文本字符串，Start_Num 表示提取的第一个字符的位置，Num_Chars 为指定所要提取字符串的长度。
>
> 上述操作过程中，步骤1至步骤3实际上完成的是在D3单元格中插入运算函数（公式）。在实际应用中，如果对Excel的函数比较熟悉，可以直接在单元格中或编辑栏中输入所需插入的公式。其操作方法如下：
>
> DATE 函数是常用的日期函数，其功能是将年、月、日数据拼装成一个日期型数据。函数的格式是 DATE（Year，Month，Day），其中 Year 为年号，Month 为月号，Day 为日号。
>
> 在 Excel 公式和函数中等号"＝"是不可缺少的一个运算符，如果没有输入"＝"，则 Excel 会将所输入的内容理解成一个字符串。

（7）录入学历、部门、职务、入职时间、家庭住址和联系电话

职务、学历、部门、家庭住址和联系电话均为文本数据，并且数据分散，无规律可循，只能逐一录入，录入方法与姓名的录入方法相同。入职时间录入方法和出生日期录入方法一致。如果当前的家庭住址过长不能完全显示，可以采用强制换行的方式，实现两行显示或多行显示，操作方式如下：

步骤1　双击所需要设置的单元格，光标出现的位置即换行点。

步骤2　按 Alt＋Enter 快捷键，实现强制换行。

全部数据录入完成后，适当调整列宽，并保存。

111

知识小贴士

按 Alt+Enter 快捷键的操作在单元格强制换行,换行的位置和行数不会随着单元格格式的改变而改变。

(8)删除数据

删除数据有两种方式:清除数据和删除单元格。

①清除数据:选择需要清除数据的单元格或者单元格区域,右击,在弹出的快捷菜单中选择"清除内容"或者直接按 Delete 键,需要注意的是该操作只能清除数据,单元格的格式不变。

②删除单元格:选择需要删除的单元格或者单元格区域,右击,在弹出的快捷菜单中选择"删除",弹出"删除"对话框,如图 1-3-26 所示,选择删除的方式。

图 1-3-26 "删除"对话框

4. 设置工作表的格式

(1)表格标题居中显示

表格的标题需要在表格的顶端居中显示,在 Excel 2016 中,表格标题居中是通过合并单元格并居中显示来实现的。其操作步骤如下:

步骤 1 选定 A1:L1 单元格区域。单击 A1 单元格,并按住鼠标左键向右拖至 L1 单元格。

步骤 2 单击"合并后居中"按钮,这时 A1 至 L1 共 12 个单元格合并为一个单元格,并且 A1 单元格中的文字"某企业员工信息表"自动地在合并单元格中居中显示,如图 1-3-27 所示。

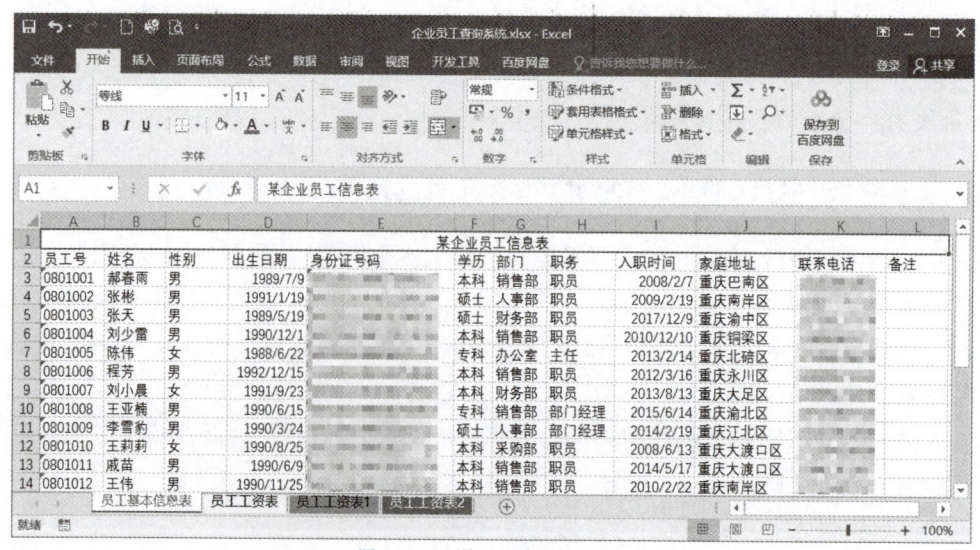

图 1-3-27 单元格合并后居中

项目3　设计与制作企业员工查询系统

(2)设置工作表的行高

表格中标题行和表内各行的行高是不同的,标题行的行高为 30 磅,其他各行的行高均为 20 磅,它们与 Excel 2016 默认的行高不同,需要分别设置。

①设置标题行的行高

步骤 1　移动鼠标使其指向第一行的标记数字"1",此时鼠标指针变为向右的实心箭头➡,单击,如图 1-3-28 所示。

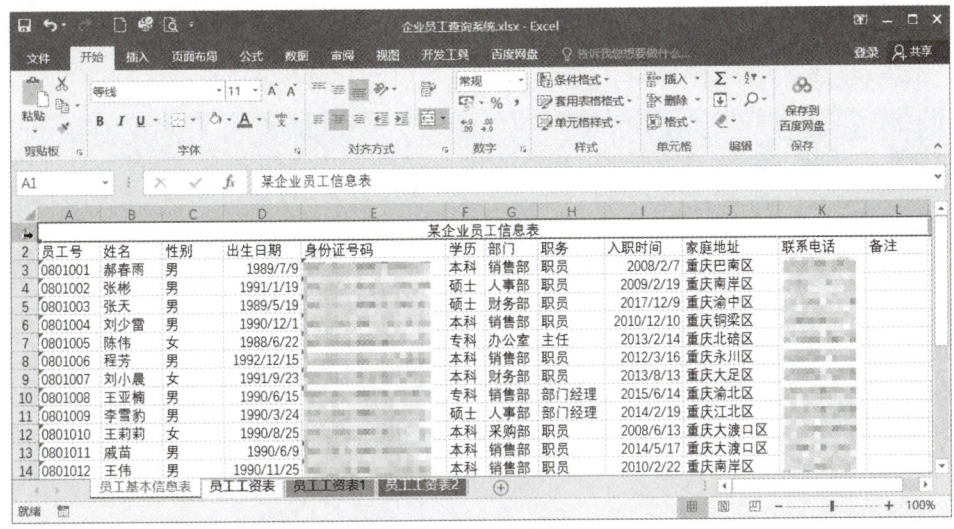

图 1-3-28　选择行

步骤 2　右击选中的行,弹出如图 1-3-29 所示的快捷菜单,在快捷菜单中单击"行高"命令,出现如图 1-3-30 所示的"行高"对话框。然后在"行高"对话框中输入数字"30",单击"确定"按钮。

图 1-3-29　"行高"选项

113

图 1-3-30 "行高"对话框

调整 Excel 行高和列宽

②设置其他行的行高

表格中其他行的行高均为 20 磅,可以按前面介绍的方法逐行设置,也可以对这些行高值相同的行进行批量设置。其操作步骤如下:

步骤 1 选定设置区域。单击行号"2"后,按住鼠标左键往下拖至第 26 行,如图 1-3-31 所示,右击,选择"行高"命令。

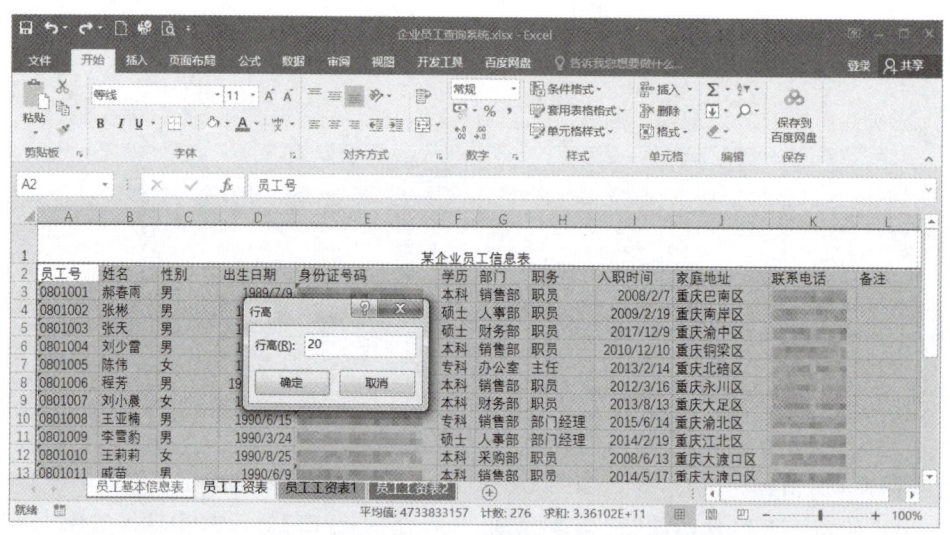

图 1-3-31 选定设置区域

步骤 2 按照前面的方法,将行高设置为 20 磅,行高设置后的效果如图 1-3-32 所示。

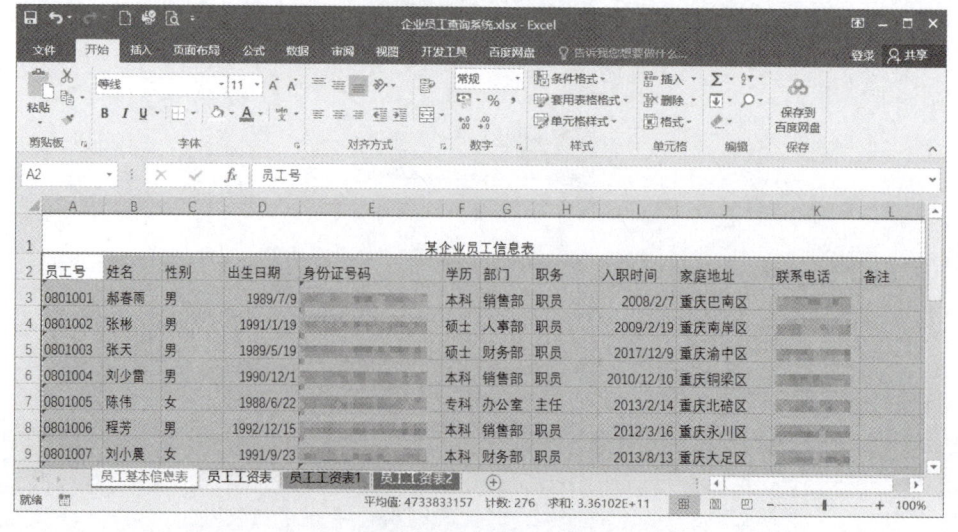

图 1-3-32 设置后的行高

项目3　设计与制作企业员工查询系统

(3) 设置工作表的列宽

表格中各列的列宽要求如下：

员工号：10磅；姓名：10磅；性别：5磅；出生日期：11磅；身份证号码：20磅；学历：5磅；部门、职务：10磅；入职时间：11磅；家庭地址、联系电话：14磅；备注：5磅。表格中A列、B列、G列、H列的列宽相同，C列、F列、L列的列宽相同，D列、I列的列宽相同，J列、K列的列宽相同。列宽的设置步骤如下：

步骤1　为A列（"员工号"列）、B列（"姓名"列）、G列（"部门"列）、H列（"职务"列）设置列宽。按住Ctrl键依次单击列标号A列、B列、G列、H列，右击，弹出快捷菜单，在快捷菜单中选择"列宽"命令，如图1-3-33所示。

图1-3-33　为不连续单元格设置列宽

步骤2　在弹出的"列宽"对话框中输入数字"10"，单击"确定"按钮。如图1-3-34所示。

图1-3-34　设置列宽数值

步骤3　重复上述操作，将C列（"性别"列）、F列（"学历"列）和L列（"备注"列）的列宽设置为"5"，将D列（"出生日期"列）和I列（"入职时间"列）的列宽设置为"11"，将E列（"身份证号码"列）的列宽设置为"20"，J列（"家庭地址"列）和K列（"联系电话"列）的列宽设置为"14"。

(4) 设置表格的边框线

在Excel 2016中，单元格边框默认显示一种网格线，用于显示定位。在打印表格时，系统不会输出这些网格线，所以打印表格之前需要对表格设置打印的边框线。本例中，表格的外边框线为蓝色双线，内边框线为黑色的单实细线。设置表格边线框线的操作步骤如下：

步骤1　选定A2:L26单元格区域，这时A2:L26单元格区域呈反相显示。

115

步骤 2 在"开始"|"单元格"功能区中选择"格式"按钮下的"设置单元格格式"命令，如图 1-3-35 所示，弹出"设置单元格格式"对话框。或者右击，弹出快捷菜单，在快捷菜单中选择"设置单元格格式"命令。

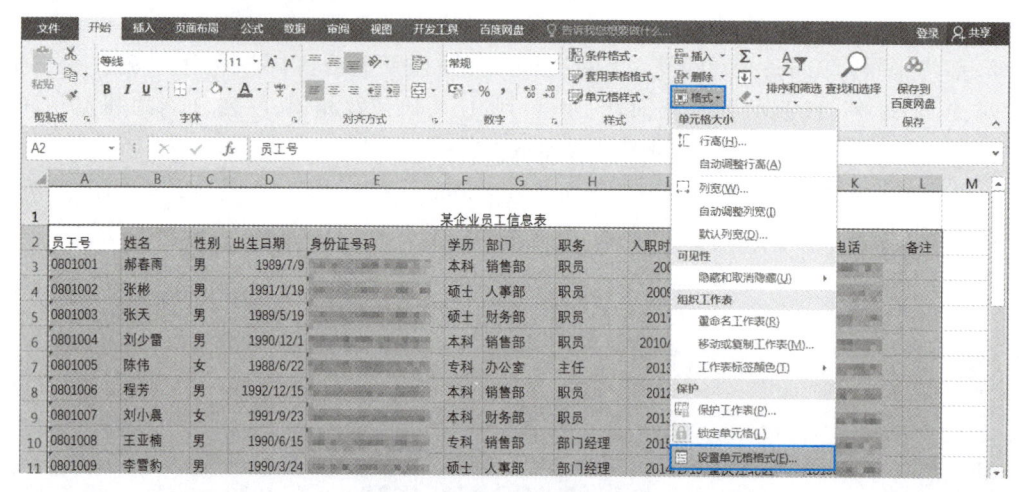

图 1-3-35 "设置单元格格式"命令

步骤 3 设置外边框线。在"设置单元格格式"对话框中，单击"边框"选项卡，然后在"边框"选项卡的线条"样式"列表框中选择双线型样式，在线条"颜色"下拉列表中选择"蓝色"，再单击"预置"框架中的"外边框"按钮，如图 1-3-36 所示。

图 1-3-36 设置外边框线

步骤 4 设置内边框线。在线条"样式"列表框中选择单实细线样式，在线条"颜色"下拉列表中选择黑色，再单击"预置"框架中的"内部"按钮，单击"确定"按钮，如图 1-3-37 所示。

图 1-3-37　设置内边框线

(5) 设置列标题底纹

表格列标题的底纹为"25％灰色"的颜色,具体操作步骤如下:

步骤 1　选定 A2:L2 单元格区域,右击,在快捷菜单中选择"设置单元格格式"命令,弹出"设置单元格格式"对话框。

步骤 2　在"设置单元格格式"对话框中单击"填充"选项卡,在"图案样式"下拉列表中选择第一行第四个图案,即"25％灰色",如图 1-3-38 所示,单击"确定"按钮。

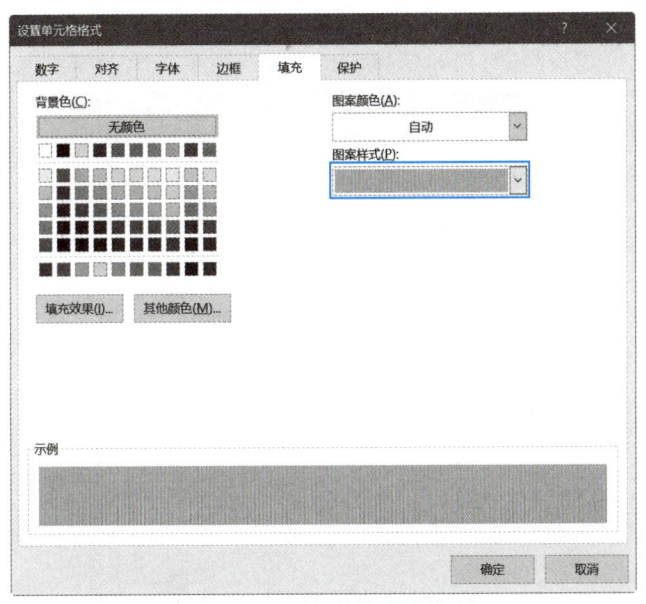

图 1-3-38　设置列标题底纹

(6) 设置工作表字体

工作表中字体设置操作步骤如下：

步骤 1　单击 A1 单元格，单击"开始"|"字体"功能区右下角的对话框启动器按钮" "或者在"开始"|"单元格"|"格式"下拉列表中选择"设置单元格格式"命令，弹出"设置单元格格式"对话框。

步骤 2　在"设置单元格格式"对话框中单击"字体"选项卡，在"字体"选项卡的"字体"列表框中选择"宋体"，在"字形"列表框中选择"加粗"，在"字号"列表框中选择"28"，单击"颜色"下拉按钮，从下拉列表中选择"深红色"，单击"下划线"下拉按钮，从下拉列表中选择"单下划线"，如图 1-3-39 所示。单击"确定"按钮，就完成了标题的字体设置。

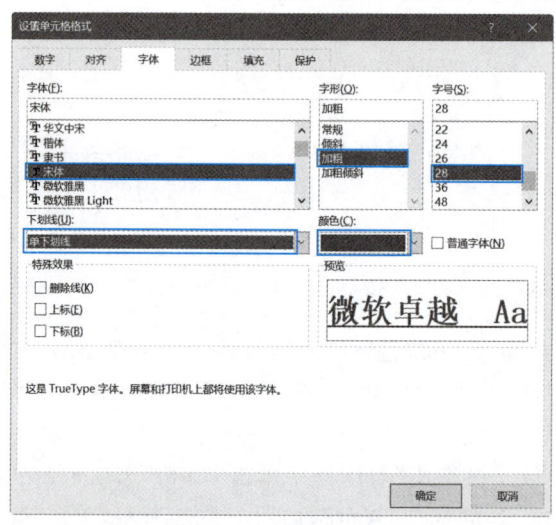

图 1-3-39　设置标题字体

步骤 3　重复上述步骤，对列标题和正文部分按图 1-3-40 设置其文字格式。

图 1-3-40　设置列标题和正文字体

步骤 4 设置字体后,"家庭地址"的列宽不够,按前面的方法,将其列宽设置为 15 磅。

(7)设置单元格的对齐方式

表格正文的对齐要求除员工的家庭地址的水平对齐不同以外,其他各部分的对齐要求相同。设置对齐的方法是,先将表格的正文对齐方式设置成水平居中、垂直居中、自动换行,然后再将员工的家庭地址部分的水平方向设置成左对齐。其操作步骤如下:

步骤 1 选定 A2:L26 单元格区域,在"开始"|"单元格"|"格式"下拉列表中选择"设置单元格格式"命令,在弹出的"设置单元格格式"对话框中,单击"对齐"选项卡,单击"水平对齐"下拉按钮,从下拉列表中选择"居中",单击"垂直对齐"下拉按钮,从下拉列表中选择"居中",在"文本控制"框架中,勾选"自动换行"复选框,单击"确定"按钮。如图 1-3-41 所示。

图 1-3-41 设置文本对齐方式

步骤 2 选定表格区域 J3:J26,按前面的步骤,将 J3:J26 区域的水平对齐方式设置成"靠左(缩进)",完成表格对齐方式的设置。如图 1-3-42 所示。

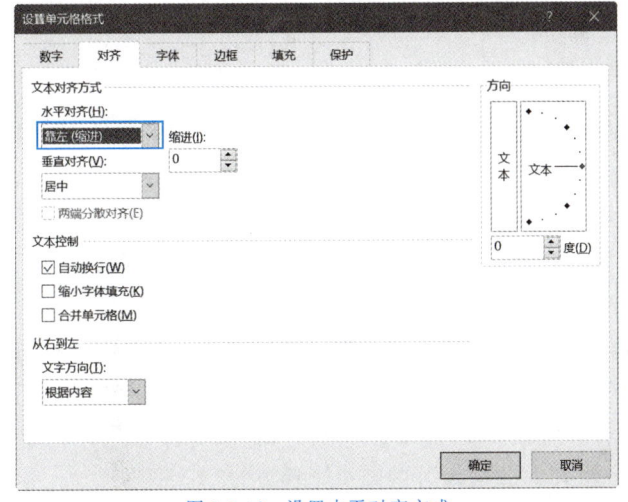

图 1-3-42 设置水平对齐方式

5. 打印工作表

(1) 设置打印纸张大小和页面输出方向

步骤 1 单击"页面布局"|"页面设置"功能区右下角的对话框启动器按钮,系统会弹出"页面设置"对话框。

步骤 2 在"页面"选项卡中,单击"方向"框架中的"横向"单选按钮,单击"纸张大小"下拉按钮,从下拉列表中选择"A4",如图 1-3-43 所示。

(2) 设置页边距

步骤 1 在"页面设置"对话框中,单击"页边距"选项卡。在"页边距"选项卡中,"上""下""左""右""页眉""页脚"五个数值框分别用于显示和设置页眉、页脚及页边距的大小,其单位默认为厘米。

步骤 2 在"上""下"数值框中分别输入数字"2"和"1.5",在"左""右"数值框中均输入数字"1",页眉、页脚采用默认值,勾选"居中方式"框架中的"水平"复选框,如图 1-3-44 所示。

图 1-3-43 "页面设置"对话框　　　　图 1-3-44 设置页边距

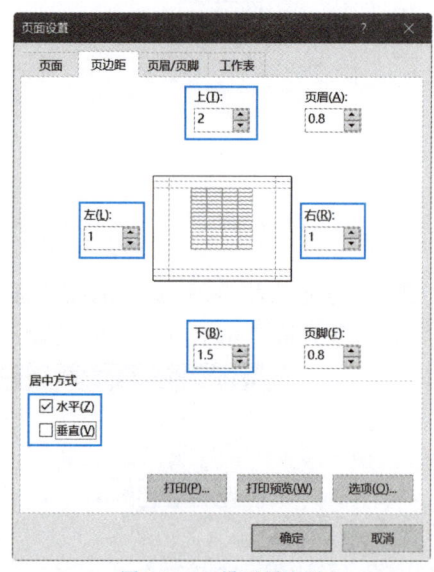

(3) 设置页眉和页脚

步骤 1 设置页眉。单击"插入"|"文本"|"页眉和页脚"按钮。如图 1-3-45 所示,光标闪烁的地方即可录入页眉内容,可以选择系统预置的页眉和页脚内容,也可以自己设定内容。Excel 2016 将页眉分为了"左""中""右"三部分,在"左"部分输入"制表人:柏天","中"部分输入"某企业员工信息表",如图 1-3-46 所示。

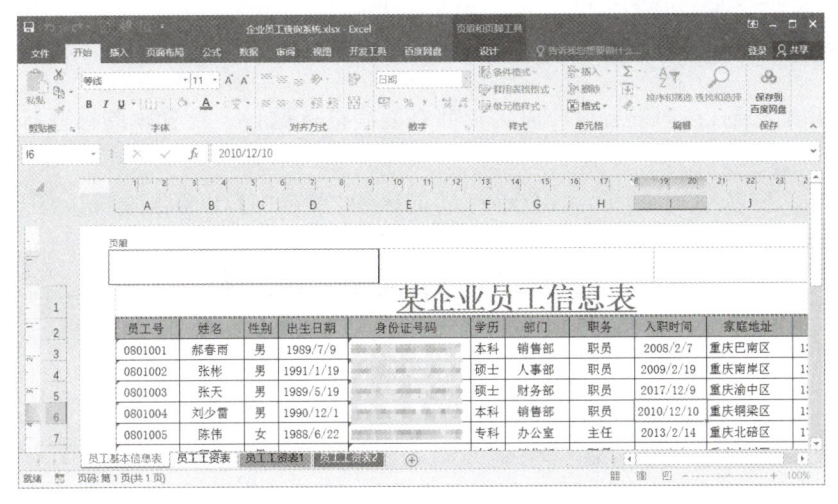

图 1-3-45 页面设置

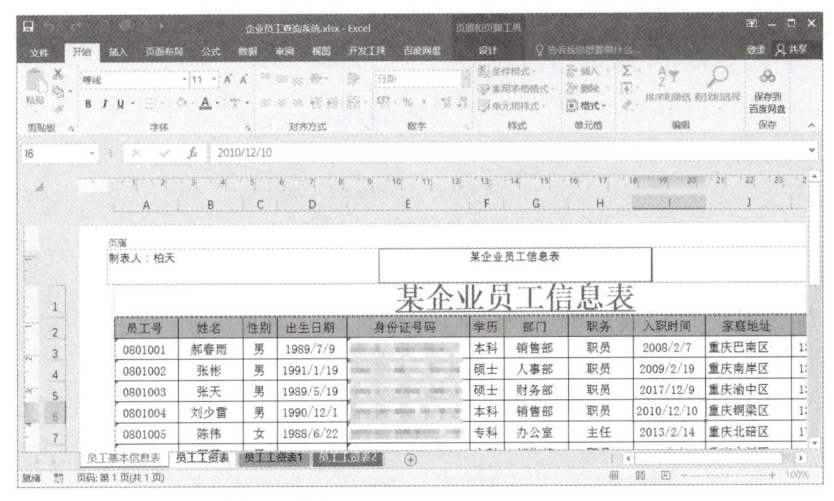

图 1-3-46 编辑页眉

步骤 2 设置页脚。在"页眉和页脚工具"|"设计"|"导航"功能区中单击"转至页脚"按钮,系统将页脚也分为了"左""中""右"三部分,在"中"部分插入页码,选择"页眉和页脚"功能区中"页脚"下拉列表中的"第 1 页,共 2 页"选项,如图 1-3-47 所示。

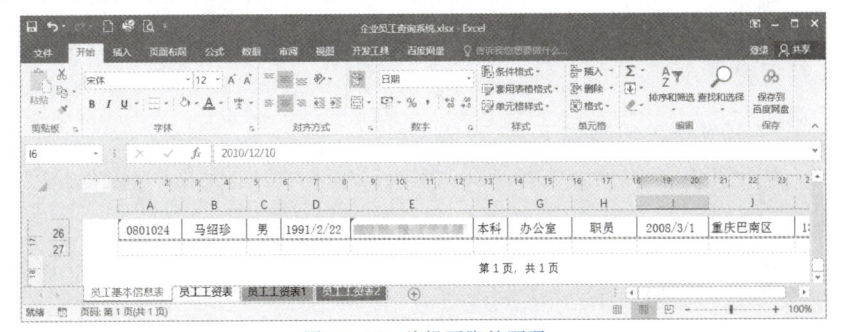

图 1-3-47 编辑页脚的页码

(4)设置打印工作表顶端标题行

设置顶端标题行,即设置打印时每页都有的表格标题行。设置顶端标题行的操作步骤如下:

步骤1 在"页面布局"|"页面设置"功能区中,单击"打印标题"按钮,打开"页面设置"对话框中的"工作表"选项卡。如图 1-3-48 所示。

图 1-3-48 "页面设置"对话框

步骤2 在"工作表"选项卡中,单击"顶端标题行"编辑区右侧的"拾取"按钮" "。系统会弹出"页面设置-顶端标题行:"对话框。

步骤3 单击工作表第一行的行标"1",按住鼠标拖至第二行,这时"页面设置-顶端标题行:"对话框的编辑区中就会显示"$1:$2",表示顶端标题行已被拾取,如图 1-3-49 所示。

图 1-3-49 拾取顶端标题行

步骤4 在"页面设置-顶端标题行:"对话框中,单击"拾取"按钮" ",返回"页面设置"对话框,单击"确定"按钮完成设置(打印出来每页都有相同的标题行)。

(5)设置打印区域

设置打印区域的操作步骤如下:

步骤1 选定待打印的单元格区域 A1:L26。单击 A1 单元格,当鼠标呈空心十字状时,按住鼠标左键往右下方拖动,拖至 L26 单元格时释放鼠标。

步骤2 在"页面布局"|"页面设置"功能区"打印区域"下拉列表中选择"设置打印区域"命令,完成设置。如图 1-3-50 所示。

项目3　设计与制作企业员工查询系统

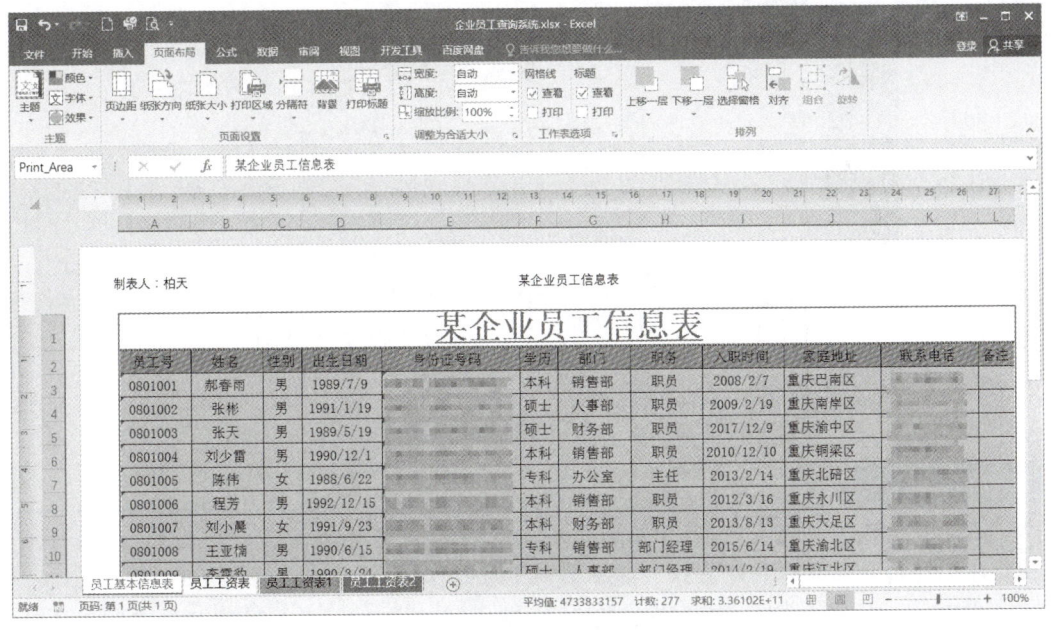

图1-3-50　设置打印区域

（6）打印预览

打印预览即查看当前设置后的打印效果，方法有：

①选择"页面布局"|"页面设置"功能区右下角的对话框启动器按钮，弹出"页面设置"对话框，其中的四个选项卡中均有"打印预览"按钮，在任意一个选项卡中单击"打印预览"按钮查看当前设置后的打印效果。如图1-3-51所示。

②通过快速访问工具栏中的"打印预览和打印"按钮" "查看当前设置后的打印效果。

根据打印预览效果，调整第一行的行高至合适大小。

图1-3-51　页面设置打印预览

（7）打印工作表

打印工作表的操作步骤如下：

选择"文件"|"打印"命令，系统会弹出如图1-3-52所示界面，该界面中可以设置打印的相关参数。此处我们选择默认参数，在实际使用时可根据需要进行调整。

123

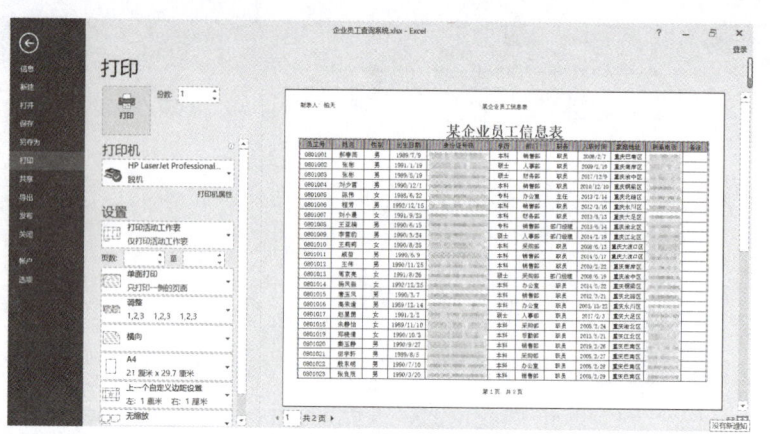

图 1-3-52 打印工作表界面

> **知识小贴士**

当工作表内数据过多时，为了更好地查看数据，Excel 提供了冻结窗格的功能，用来保证一部分窗口内容能始终显示。具体操作步骤如下：

步骤1 选择"视图"|"工作簿视图"功能区中"普通"按钮，将当前视图调整为普通视图，否则"窗口"功能区中的"冻结窗格"按钮呈灰色，该功能无法使用，如图 1-3-53 所示。

图 1-3-53 工作簿视图调整

步骤2 根据查看内容，指定活动单元格位置，选择"冻结窗格"下拉列表中的"冻结拆分窗格"，即可查看到指定单元格所在行列的内容；而"冻结首行"和"冻结首列"表示始终能查看到首行和首列的内容，如图 1-3-54 所示。

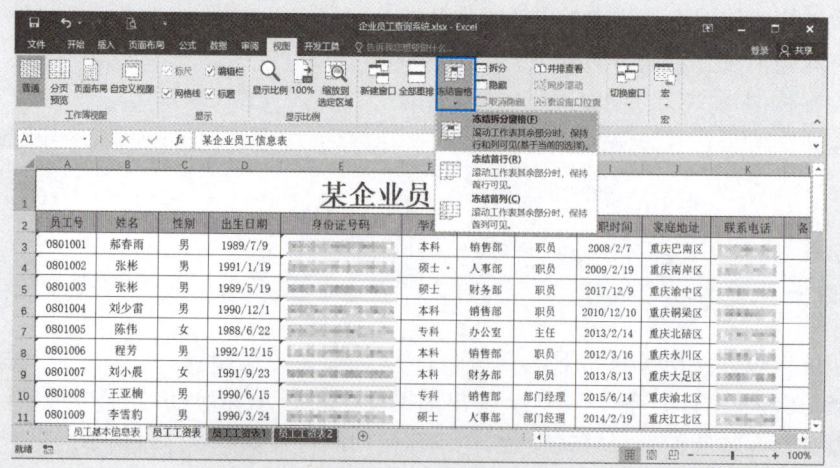

图 1-3-54 冻结窗格

步骤3 要撤销冻结窗格，则重复上述操作即可。

任务 3-2　制作企业员工工资表

每个月结束,企业都要制作员工工资表,工资表主要由基本工资、岗位工资、学历工资、绩效工资等方面组成。其具体要求如下:
(1)创建"员工基本工资"工作表。
(2)录入相关信息。
(3)对工作中的数据进行计算与统计。
(4)创建"企业员工资查询系统"工作表,并设置查询选项。
完成企业员工工资表制作的具体操作步骤如下:

1. 创建工作表

(1)启动 Excel 2016

操作步骤如下:
步骤 1　单击"开始"|"Excel 2016"命令,启动 Excel 2016。
步骤 2　在 Excel 2016 工作窗口中,选择"文件"|"打开"命令,在"打开"对话框中选择前一任务完成的工作簿,即"D:\企业员工管理"下的"企业员工查询系统"工作簿,单击"确定"按钮打开工作簿。

(2)增加工作表

打开工作簿后,根据任务要求,必须增加一个工作表。操作步骤如下:
单击工作表标签旁的"插入工作表"按钮插入一个新工作表"Sheet1",并拖动至"员工基本信息表"前。

(3)重命名工作表标签

移动鼠标至工作表"Sheet1"标签处并双击,进入重命名编辑状态,或右击,在弹出的快捷菜单中执行"重命名"命令,此时标签"Sheet1"被激活为编辑状态,输入"员工基本工资表",完成重命名。

2. 录入基础数据

步骤 1　根据任务进行数据录入,录入并设置工作表标题"某企业员工工资表(月份)"为宋体、22 号,将 A1:R1 单元格区域合并后居中,根据样表,将 A2:A3 合并,B2:B3 合并,C2:K2 合并,L2:Q2 合并。依次录入 A2:R3 各列标题,均为默认字体和大小,将单元格区域 A2:R27 加边框线,调整单元格大小,如图 1-3-55 所示。
步骤 2　在第 30 行起输入如图 1-3-56 所示信息,并设置边框线。
步骤 3　依次录入各表中相同信息的"员工号""姓名"信息,并调整至合适列宽,A2:R27 单元格区域水平和垂直都为居中对齐,如图 1-3-57 所示。

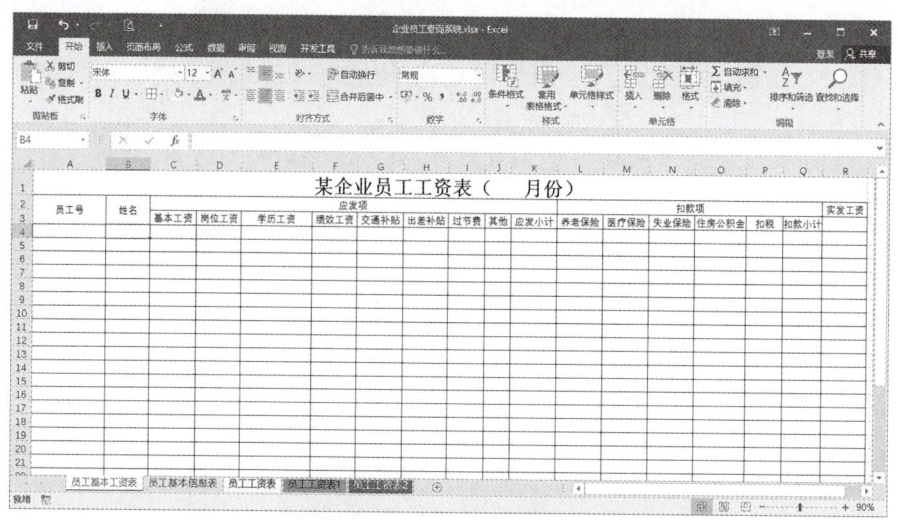

图 1-3-55 设置单元格格式

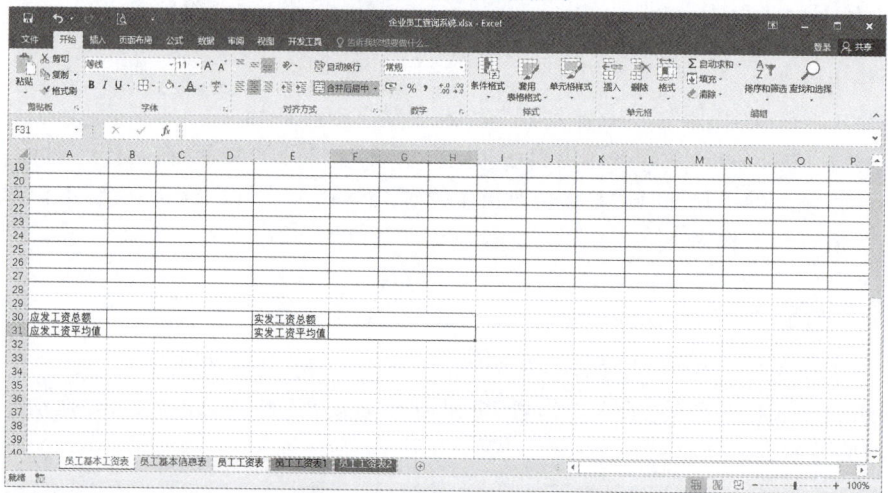

图 1-3-56 在单元格中录入信息

图 1-3-57 录入信息后的工作表

3. 工作表中数据的计算与统计

(1)录入员工基本工资

手动录入每位员工的基本工资、岗位工资、学历工资等，如图 1-3-58 所示。

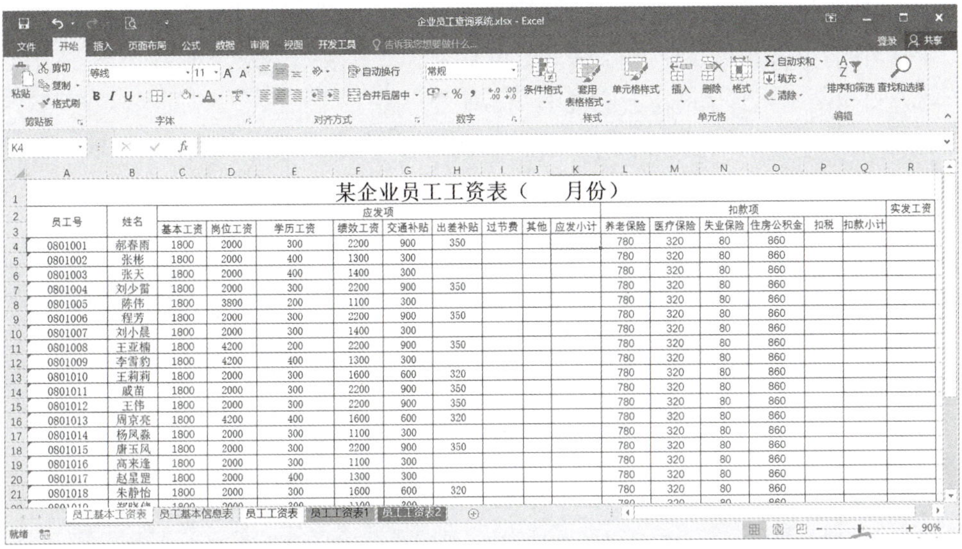

某企业员工工资表（ 月份）

员工号	姓名	应发项：基本工资	岗位工资	学历工资	绩效工资	交通补贴	出差补贴	过节费	其他	应发小计	扣款项：养老保险	医疗保险	失业保险	住房公积金	扣税	扣款小计	实发工资
0801001	郝春雨	1800	2000	300	2200	900	350				780	320	80	860			
0801002	张彬	1800	2000	400	1300	300					780	320	80	860			
0801003	张天	1800	2000	400	1400	300					780	320	80	860			
0801004	刘少雷	1800	2000	300	2200	900	350				780	320	80	860			
0801005	陈伟	1800	3800	200	1100	300					780	320	80	860			
0801006	程芳	1800	2000	300	2200	900	350				780	320	80	860			
0801007	刘小晨	1800	2000	300	1400	300					780	320	80	860			
0801008	王亚楠	1800	4200	200	2200	900	350				780	320	80	860			
0801009	李雪豹	1800	4200	400	1300	300					780	320	80	860			
0801010	王莉莉	1800	2000	300	1600	600	320				780	320	80	860			
0801011	戚苗	1800	2000	300	2200	900	350				780	320	80	860			
0801012	王伟	1800	2000	300	2200	900	350				780	320	80	860			
0801013	周京亮	1800	4200	400	1600	600	320				780	320	80	860			
0801014	杨凤淼	1800	2000	300	1100	300					780	320	80	860			
0801015	唐玉风	1800	2000	300	2200	900	350				780	320	80	860			
0801016	高来逢	1800	2000	300	1100	300					780	320	80	860			
0801017	赵星罡	1800	2000	400	1300	300					780	320	80	860			
0801018	朱静怡	1800	2000	300	1600	600	320				780	320	80	860			

图 1-3-58 录入数据

(2)计算“应发小计”

选中单元格 K4，输入公式“=SUM(C4:J4)”，按 Enter 键后拖动 K4 单元格填充柄至目的单元格 K27，完成所有员工的“应发项”中的“应发小计”填充，如图 1-3-59 所示。

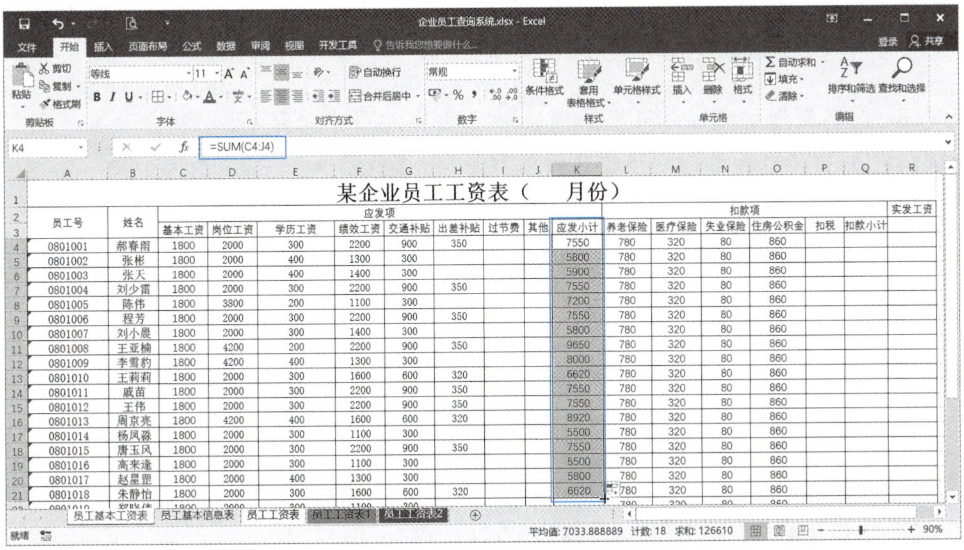

=SUM(C4:J4)

某企业员工工资表（ 月份）

员工号	姓名	应发项：基本工资	岗位工资	学历工资	绩效工资	交通补贴	出差补贴	过节费	其他	应发小计	扣款项：养老保险	医疗保险	失业保险	住房公积金	扣税	扣款小计	实发工资
0801001	郝春雨	1800	2000	300	2200	900	350			7550	780	320	80	860			
0801002	张彬	1800	2000	400	1300	300				5800	780	320	80	860			
0801003	张天	1800	2000	400	1400	300				5900	780	320	80	860			
0801004	刘少雷	1800	2000	300	2200	900	350			7550	780	320	80	860			
0801005	陈伟	1800	3800	200	1100	300				7200	780	320	80	860			
0801006	程芳	1800	2000	300	2200	900	350			7550	780	320	80	860			
0801007	刘小晨	1800	2000	300	1400	300				5800	780	320	80	860			
0801008	王亚楠	1800	4200	200	2200	900	350			9650	780	320	80	860			
0801009	李雪豹	1800	4200	400	1300	300				8000	780	320	80	860			
0801010	王莉莉	1800	2000	300	1600	600	320			6620	780	320	80	860			
0801011	戚苗	1800	2000	300	2200	900	350			7550	780	320	80	860			
0801012	王伟	1800	2000	300	2200	900	350			7550	780	320	80	860			
0801013	周京亮	1800	4200	400	1600	600	320			8920	780	320	80	860			
0801014	杨凤淼	1800	2000	300	1100	300				5500	780	320	80	860			
0801015	唐玉风	1800	2000	300	2200	900	350			7550	780	320	80	860			
0801016	高来逢	1800	2000	300	1100	300				5500	780	320	80	860			
0801017	赵星罡	1800	2000	400	1300	300				5800	780	320	80	860			
0801018	朱静怡	1800	2000	300	1600	600	320			6620	780	320	80	860			

平均值: 7033.888889 计数: 18 求和: 126610

图 1-3-59 计算“应发小计”

> **知识小贴士**

Excel 中单元格地址的引用

Excel 中单元格的地址有三种引用方式：相对引用、绝对引用、混合引用。

相对引用：Excel 默认的单元格引用为相对引用，如 A1、B1、C1 等。相对引用指当公式在进行复制或移动时会根据单元格的变化，公式中单元格也相对发生变化。

绝对引用：在单元格地址前加"$"符号即为绝对引用，如 $A$1、$B$1、$C$1 等。绝对引用的单元格不随公式位置变化而变化。

例：在图 1-3-59 中，计算"应发小计"时如果在 K4 单元格中输入公式"=SUM($C$4:$J$4)"，然后再拖动填充柄自动填充，结果所有员工的"应发小计"都是"7550"，如图 1-3-60 所示。说明从 K5 到 K27 单元格都是引用了 K4 单元格的数据进行计算的。

图 1-3-60　单元格绝对地址引用

混合引用：是指单元格引用地址的一部分为绝对引用地址，另一部分为相对引用地址，如 A$1、$B1。如果"$"符号在行号前，表示该行位置是"绝对不变"的，处于锁定状态；如果"$"符号在列号前，表示该列位置是"绝对不变"的，处于锁定状态。

（3）计算"扣款项"中的"扣款小计"

① 计算"扣税"

根据个人所得税税率，可利用 Excel 的 IF 函数计算扣税额，IF 函数根据指定的条件来判断其"真"(True)、"假"(False)，再根据逻辑计算的真假值，返回相应的内容。其语法格式为：

IF(logical_test, value_if_true, value_if_false)

- logical_test：任何一个可以判断为 True 或 False 的数值或表达式。
- value_if_true：当 logical_test 为 True 的返回值。
- value_if_false：当 logical_test 为 False 的返回值。

利用公式和函数查询"扣税"

项目3　设计与制作企业员工查询系统

操作步骤如下：

步骤1　单击P4单元格，输入公式：

"=IF(K4＜5000,0,IF(K4＜8000,(K4－5000)*0.05,IF(K4＜=10000,(K4－5000)*0.1)))"，表示计算P4单元格工资应缴纳的税款，按Enter键结束，完成第一位员工的扣税计算，如图1-3-61所示。

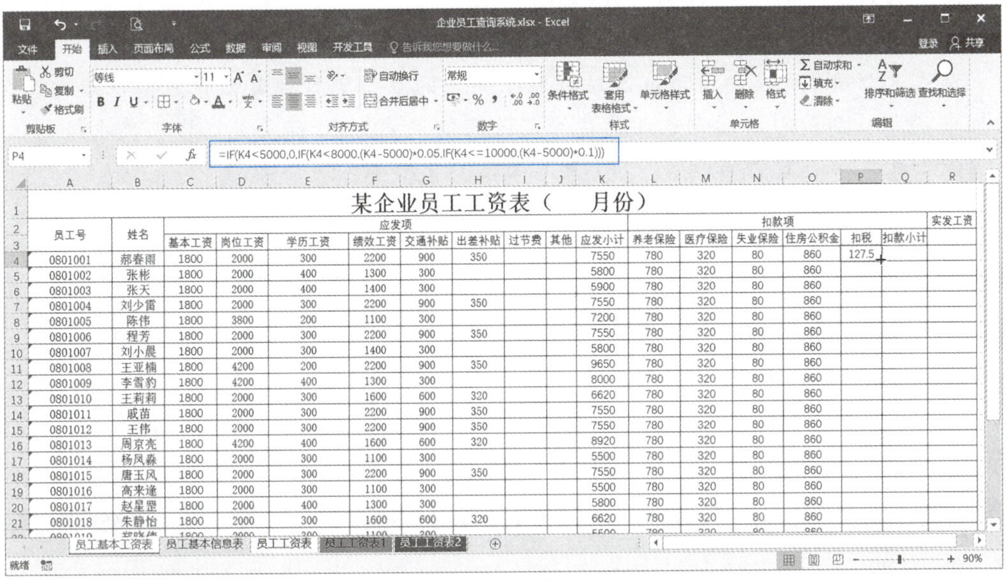

图1-3-61　利用函数计算扣税

步骤2　利用Excel自动填充功能计算出其他员工扣税金额，如图1-3-62所示。

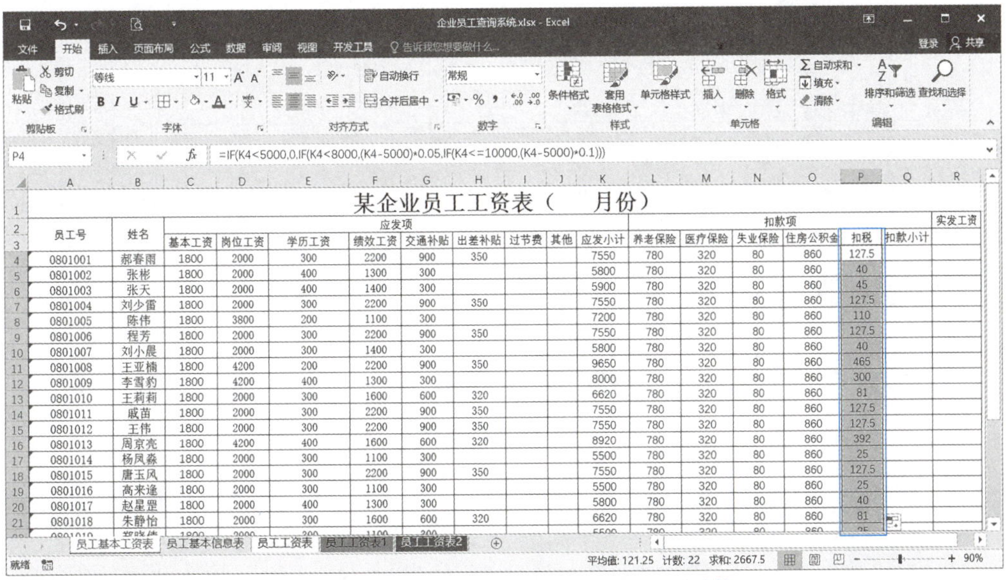

图1-3-62　利用单元格自动填充功能完成扣税计算

129

知识小贴士

公式的运算符

Excel 2016 的运算符包含算术运算符、关系运算符、连接运算符和引用运算符。

这四类运算符的优先级从高到低依次为引用运算符、算术运算符、连接运算符、关系运算符。当优先级相同时，按照自左向右规则计算。

公式的创建

公式是利用单元格的引用地址对存放在其中的数值进行计算的等式。一般由三部分组成：等号、运算数、运算符。运算数可以是数值常量，也可以是单元格或单元格区域，甚至是 Excel 2016 提供的函数。用户可以通过以下步骤创建公式：

a.选中输入公式的单元格。

b.输入“＝”。

c.在单元格或者编辑栏中输入公式具体内容。

d.按 Enter 键，完成公式的输入。

②计算“扣款项”中的“扣款小计”

选中单元格 Q4，输入公式“＝SUM(L4:P4)”，并拖动 Q4 单元格填充柄至 Q27 单元格，完成“扣款项”中的“扣款小计”的计算，如图 1-3-63 所示。

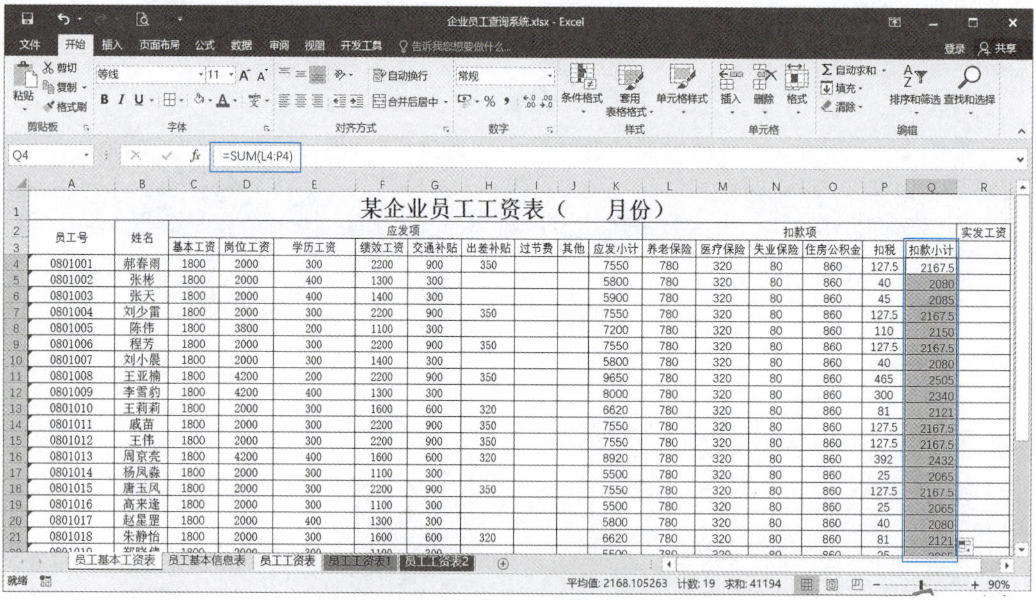

某企业员工工资表（　　月份）

员工号	姓名	应发项									扣款项						实发工资
		基本工资	岗位工资	学历工资	绩效工资	交通补贴	出差补贴	过节费	其他	应发小计	养老保险	医疗保险	失业保险	住房公积金	扣税	扣款小计	
0801001	郝春雨	1800	2000	300	2200	900	350			7550	780	320	80	860	127.5	2167.5	
0801002	张彬	1800	2000	400	1300	300				5800	780	320	80	860	40	2080	
0801003	张天	1800	2000	400	1400	300				5900	780	320	80	860	45	2085	
0801004	刘少雷	1800	2000	300	2200	900	350			7550	780	320	80	860	127.5	2167.5	
0801005	陈伟	1800	3800	200	1100	300				7200	780	320	80	860	110	2150	
0801006	程芳	1800	2000	300	2200	900	350			7550	780	320	80	860	127.5	2167.5	
0801007	刘小晨	1800	2000	300	1400	300				5800	780	320	80	860	40	2080	
0801008	王亚楠	1800	4200	200	2200	900	350			9650	780	320	80	860	465	2505	
0801009	李雪豹	1800	4200	400	1300	300				8000	780	320	80	860	300	2340	
0801010	王莉莉	1800	2000	300	1600	600	320			6620	780	320	80	860	81	2121	
0801011	戚苗	1800	2000	300	2200	900	350			7550	780	320	80	860	127.5	2167.5	
0801012	王伟	1800	2000	300	2200	900	350			7550	780	320	80	860	127.5	2167.5	
0801013	周京亮	1800	4200	400	1600	600	320			8920	780	320	80	860	392	2432	
0801014	杨凤淼	1800	2000	300	1100	300				5500	780	320	80	860	25	2065	
0801015	唐玉凤	1800	2000	300	2200	900	350			7550	780	320	80	860	127.5	2167.5	
0801016	高来逢	1800	2000	300	1100	300				5500	780	320	80	860	25	2065	
0801017	赵星罡	1800	2000	400	1300	300				5800	780	320	80	860	40	2080	
0801018	朱静怡	1800	2000	300	1600	600	320			6620	780	320	80	860	81	2121	

图 1-3-63　计算“扣款项”中的“扣款小计”

(4)计算“实发工资”

合并 R2:R3 单元格。选择 R4 单元格，录入公式“＝K4－Q4”，并拖动 R4 填充柄到 R27 单元格，完成“实发工资”的计算，如图 1-3-64 所示。

项目3　设计与制作企业员工查询系统

图1-3-64　计算"实发工资"

(5) 计算员工基本工资表内的各项总额、平均值等

①计算"应发工资总额""实发工资总额"

选定B30单元格,单击"公式"|"函数库"|"插入函数"按钮,打开"函数参数"对话框,选择求和函数"SUM",单击"确定"按钮后打开函数参数对话框,单击"Number1"右侧的"拾取"按钮,选中K4:K27单元格区域,如图1-3-65所示。单击"确定"按钮完成计算,如图1-3-66所示。

图1-3-65　SUM"函数参数"对话框

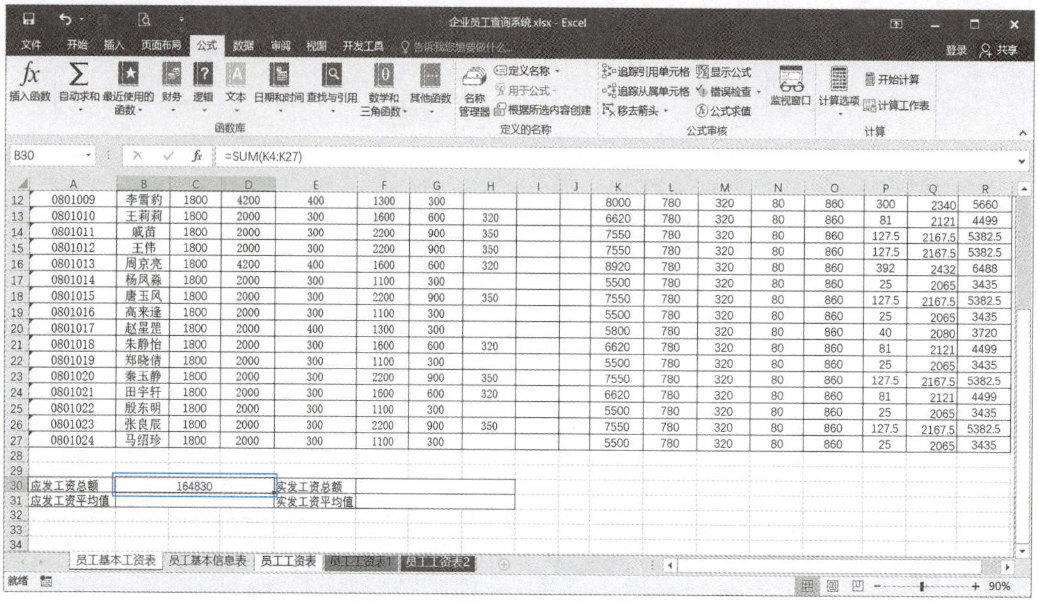

图 1-3-66　利用 SUM 函数计算结果

参照上述操作方法计算出"实发工资总额"。其中,"实发工资总额"中"Number1"拾取"R4:R27"。

②计算"应发工资平均值""实发工资平均值"

选中 B31 单元格,单击编辑栏左侧的"插入函数"按钮"f_x",系统打开"插入函数"对话框,选择函数"AVERAGE",单击"确定"按钮,再单击"Number1"右侧的"拾取"按钮,选中"K4:K27",再次单击"拾取"按钮返回到"函数参数"对话框,单击"确定"按钮完成"应发工资平均值"的计算,按照上述方法完成"实发工资平均值"的计算,完成计算后结果如图 1-3-67 所示。

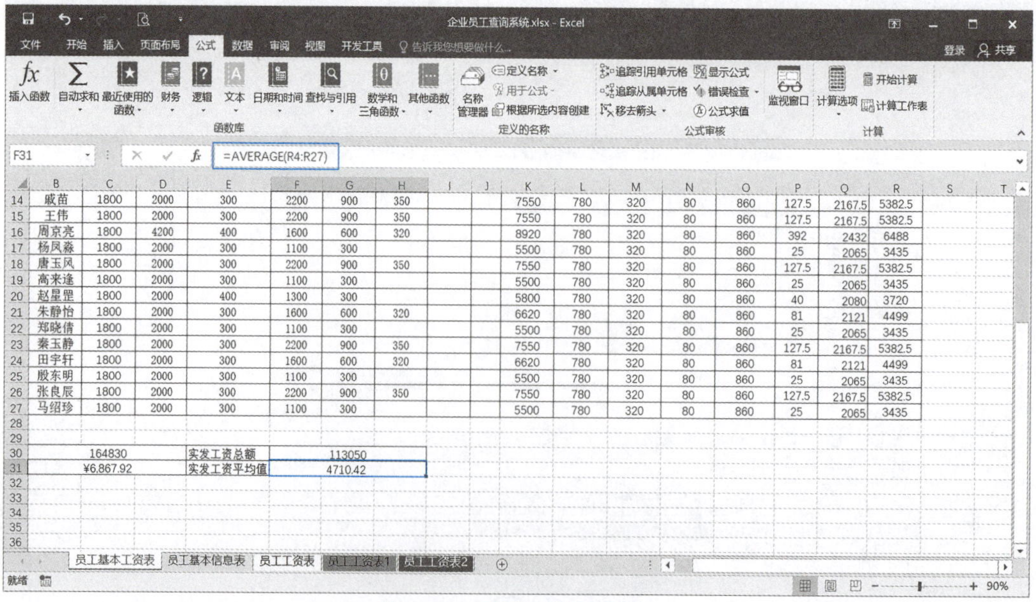

图 1-3-67　利用函数计算结果

> **知识小贴士**

（1）Excel 2016 除了有求和、求平均值函数外，还提供了求最大值、求最小值函数。

① 求最大值函数 MAX()

函数的格式为：MAX(number1, number2……)

功能是返回给定参数表中的最大值。

② 求最小值函数 MIN()

函数的格式为：MIN(number1, number2……)

功能是返回给定参数表中的最小值。

（2）在 Excel 2016 中，系统提供了排位函数 RANK.EQ，可实现名次排列，它的语法格式为：

RANK.EQ(number, ref, order)

number：为需要找到排名的数字。

ref：为数字列表数组或对数字列表的引用。ref 中的非数值型参数将被忽略。

order：为一数字，指明排序的方式，0 或忽略表示降序，非零值表示升序。

名次 Rank 函数

现对"实发工资"进行降序排列。操作如下：

步骤1 增加"实发工资名次"列，设置并调节单元格大小。

步骤2 在 S4 单元格中输入公式"=RANK.EQ(R4,$R$4:$R$27,0)"并按 Enter 键，所返回值则为当前实发工资名次。或单击编辑栏左侧的"插入函数"按钮"fx"，系统打开"插入函数"对话框，选择函数"RANK.EQ"，单击"确定"按钮。在弹出的"函数参数"对话框中根据要求填写相应参数，如图 1-3-68 所示。

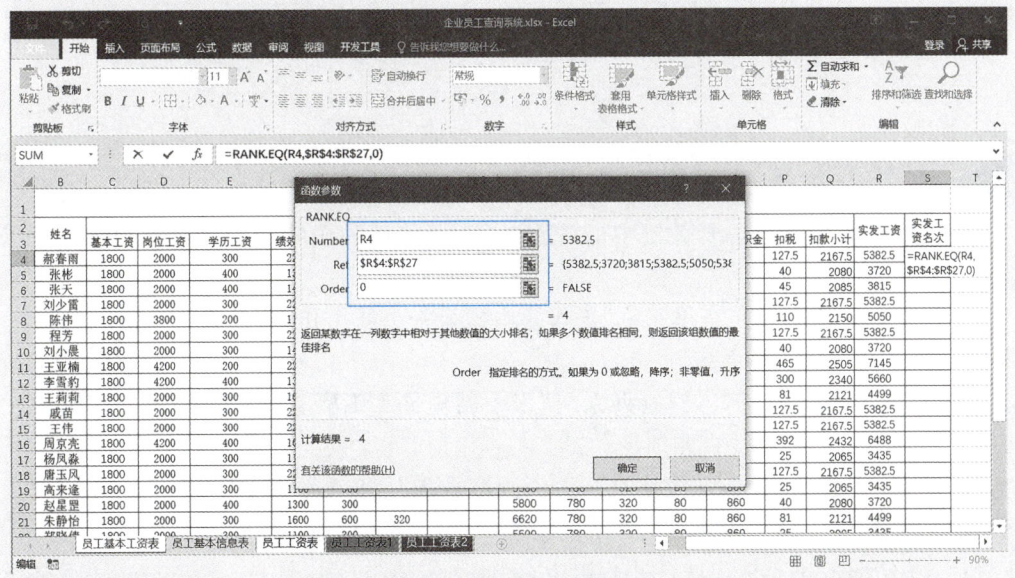

图 1-3-68 利用函数计算排名

步骤3 单击 S4 单元格，利用 Excel 自动填充功能计算出其他员工实发工资名次。

(3)在 Excel 2016 中,系统提供了条件统计函数 COUNTIF,用于计算某个区域中给定条件的单元格数目。它的语法格式为:

COUNTIF(range,criteria)

range:要计算其中所需非空单元格数目的区域。

criteria:以数字、文本或表达式方式定义的条件。

下面利用该函数进行销售部人员信息的统计,操作步骤如下:

步骤1 打开"企业员工查询系统"工作簿,选择"员工基本信息表"工作表。

步骤2 单击单元格 G27,输入公式"=COUNTIF(G3:G26,"销售部")",它表示计算"员工基本信息表"中 G3:G26 单元格区域中数据为"销售部"的单元格个数,按 Enter 键,显示结果"9",如图 1-3-69 所示。

图 1-3-69 统计结果

4. 设置企业员工工资查询界面

要完成以员工号为主要关键字的查询功能,所使用的函数为 IF 和 VLOOKUP 函数。具体步骤如下:

步骤1 在"企业员工查询系统"工作簿中插入一个新工作表,并重命名为"企业员工工资查询系统"。

步骤2 在"企业员工工资查询系统"表中制作员工工资查询系统的查询界面,如图 1-3-70 所示。详细步骤如下:

制作企业员工工资查询系统

①在 A1 单元格中输入"企业员工工资查询系统",将 A1:H1 单元格区域合并后居中,字体为宋体、24 号、加粗;在 C3 单元格中输入"请输入员工号:",将 C3:D3 单元格区域合并后居中,字体为宋体、11 号、红色;将 E3:F3 单元格区域合并后居中,单元格格式设置为"文本"格式。选中 C3:F3,设置边框为双线、蓝色。

②在相应单元格输入"员工号""姓名""性别""出生日期""身份证号码""职务""学历"

"部门""家庭地址""联系电话",对齐方式为"文本右对齐",字体为宋体、11号。出生日期右侧C8单元格格式设置为"长日期"格式,身份证号码右侧C9单元格格式设置为"文本"格式。

图1-3-70 企业员工工资查询系统的查询界面

③其余查询栏目内容参照图1-3-70设置。

步骤3 使用IF和VLOOKUP函数实现数据的查询。详细步骤如下:

①查询员工号。在C5单元格中输入公式:"=IF($E$3="","",VLOOKUP($E$3,员工基本信息表!$A$3:$L$26,1,0))",首先判断E3是否为空,也就是关键字是否为空,如果不为空则到对应的员工基本信息表中查询员工的"员工号"。

> **知识小贴士**
>
> VLOOKUP函数,语法格式如下:
> VLOOKUP(lookup_value,table_array,col_index_num,range_lookup)
> - lookup_value:表示指定的数值。
> - table_array:表格或数据清单。
> - col_index_num:返回值在表中的列数值,首列为1。
> - range_lookup:0表示模糊查询,非0表示精确查询。

②查询姓名。在C6单元格中输入公式:"=IF($E$3="","",VLOOKUP($E$3,员工基本信息表!$A$3:$L$26,2,0))"。

③按照如上方法完成"性别""出生日期""身份证号码""职务""学历""部门""家庭地址""联系电话"的查询。

④各项工资数据的查询。

在 B14 单元格中输入公式：

"＝IF(＄E＄3＝"","",VLOOKUP(＄E＄3,员工基本工资表!＄A＄4:＄S＄27,3,0))",查询该员工基本工资。

在 B15 单元格中输入公式：

"＝IF(＄E＄3＝"","",VLOOKUP(＄E＄3,员工基本工资表!＄A＄4:＄S＄27,4,0))",查询该员工岗位工资。

参照以上公式,完成其他栏目工资查询,并保存工作簿。

例如在 E3 单元格中输入员工号"0801001",则查询出该员工的各项信息,如图 1-3-71 所示。

图 1-3-71　查询某员工相关信息

任务 3-3　制作企业员工销售表

为了解目前各销售部门销售情况,和对销售情况进行分析、比较,现对员工销售表进行管理和分析,包括排序、筛选、分类汇总和数据透视,并对结果进行分析总结和后续改进工作。

其具体要求如下：

(1)创建相关工作表。

(2)编辑"员工销售表"工作表。

(3)对工作表进行排序、筛选、分类汇总。

(4)创建图表。

(5)创建数据透视表。

(6)设置数据保护。

具体操作步骤如下：

1. 创建相关工作表

(1)创建名为"员工销售表"的工作表。

在"企业员工查询系统"工作簿中插入一个新工作表,并重命名为"员工销售表"。

(2)重复操作,创建"员工销售排序"、"自动筛选"、"高级筛选"、"汇总"等工作表,如图 1-3-72 所示。

图 1-3-72　插入工作表

2. 编辑"员工销售表"工作表

"员工销售表"工作表与"员工基本信息表"工作表中的许多内容一样,如员工号、姓名、性别、商品、总额等,可通过复制的方式录入数据。操作步骤如下:

(1)录入标题行

打开"员工销售表"工作表,将 A1:H1 单元格区域合并后居中,并输入标题行内容"某企业第一季度销售额"。

(2)依次录入各项信息

步骤 1　在"员工基本信息表"工作表中,选定 A2:C26 单元格区域,右击,在弹出的快捷菜单中,单击"复制"命令,或者按 Ctrl+C 快捷键完成复制命令。

步骤 2　在"员工销售表"工作表中,选中 A2 单元格,右击,在弹出的快捷菜单中选择"粘贴选项"命令下方第二项"值",完成选择性粘贴,即只粘贴原工作表中的"员工号"和"姓名"等的数据而不粘贴格式,如图 1-3-73 所示。

图 1-3-73　粘贴选项值

步骤 3　在单元格 D2、E2、F2、G2、H2 中分别输入"商品""第一月销售额""第二月销售额""第三月销售额""总额"。手动录入"商品""第一月销售额""第二月销售额""第三月销售额"下方的数据。

步骤 4 在 H3 单元格中输入公式"＝SUM(E3:G3)",按 Enter 键,再用填充柄将公式填充至 H26 单元格,计算每位员工的第一季度销售额总额。如图 1-3-74 所示。

图 1-3-74 利用函数计算总额

(3) 设置"员工销售表"工作表格式

将"员工销售表"工作表格式设置为套用表格格式"表样式浅色 16"格式,操作步骤如下:

步骤 1 选中 A2:H26 单元格区域,在"开始"|"样式"功能区中单击"套用表格格式"下拉列表中的"浅色"栏下的"表样式浅色 16",如图 1-3-75 所示。

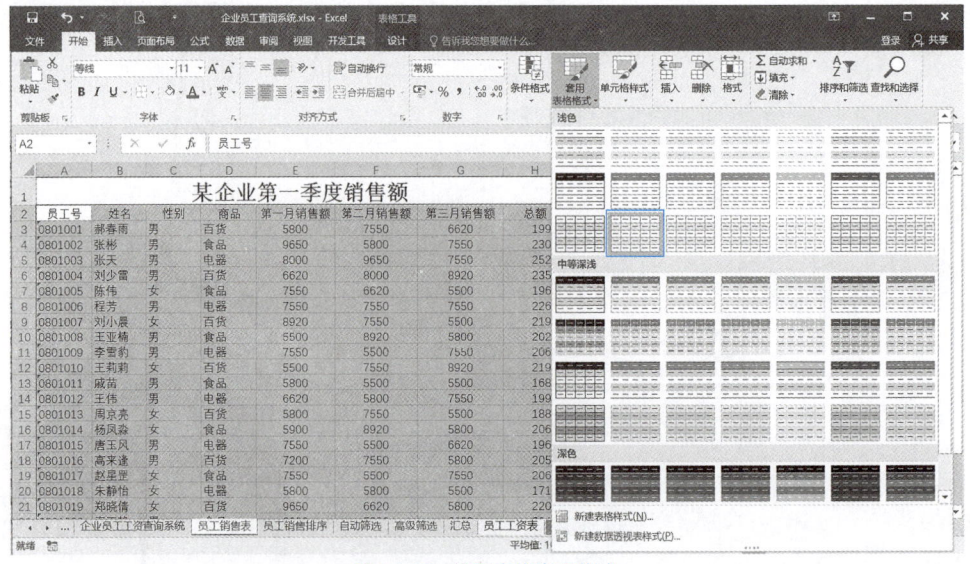

图 1-3-75 设置表格套用格式

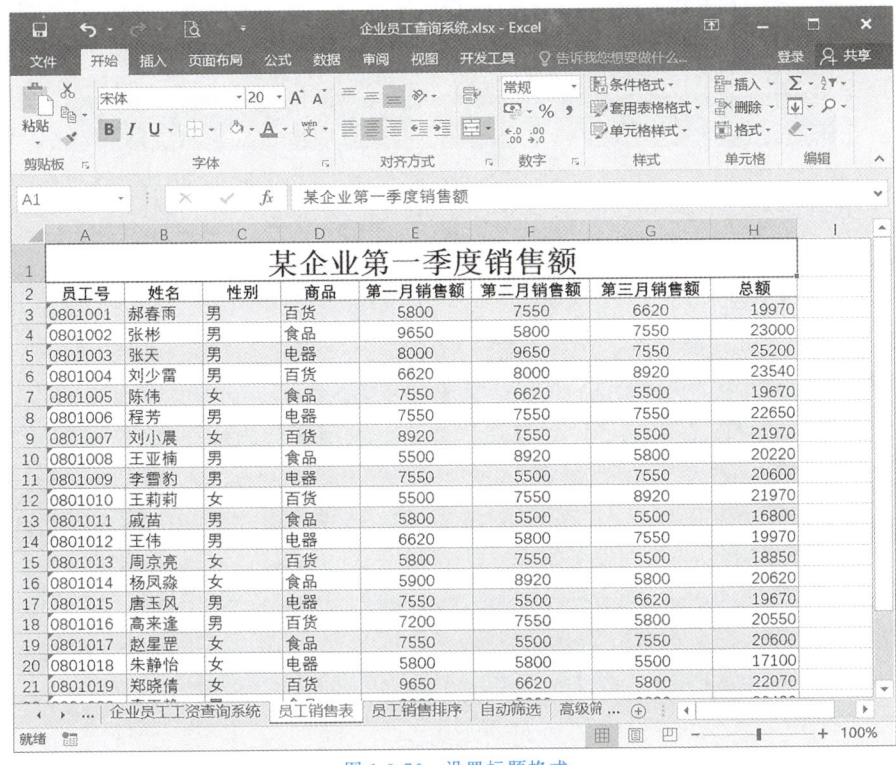

步骤 2 将工作表标题设置为宋体、20号、加粗,完成后效果如图 1-3-76 所示。

图 1-3-76 设置标题格式

> **知识小贴士**
>
> Excel 工作表套用格式后会转换到数据自动筛选格式,取消勾选"表格工具"|"设计"|"表格样式选项"功能区中"筛选按钮",如图 1-3-77 所示,工作表数据即可转换到普通数据模式。

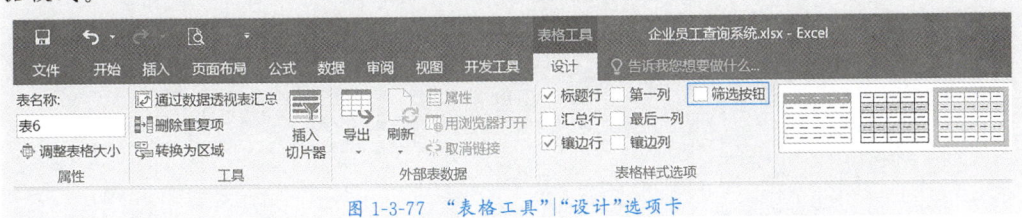

图 1-3-77 "表格工具"|"设计"选项卡

3. 设置数据排序

(1) 简单排序

要求对"总额"字段设置升序排列。

步骤 1 将"员工销售表"工作表内容复制并粘贴到"员工销售排序"工作表内。

步骤 2 选中"总额"列中的任一数据单元格,选择"数据"|"排序和筛

Excel 排序

139

选"|"排序"命令,打开"排序"对话框。

步骤3 在"排序"对话框"主要关键字"下拉列表中选择"总额",在"次序"下拉列表中选择"升序",如图1-3-78所示。

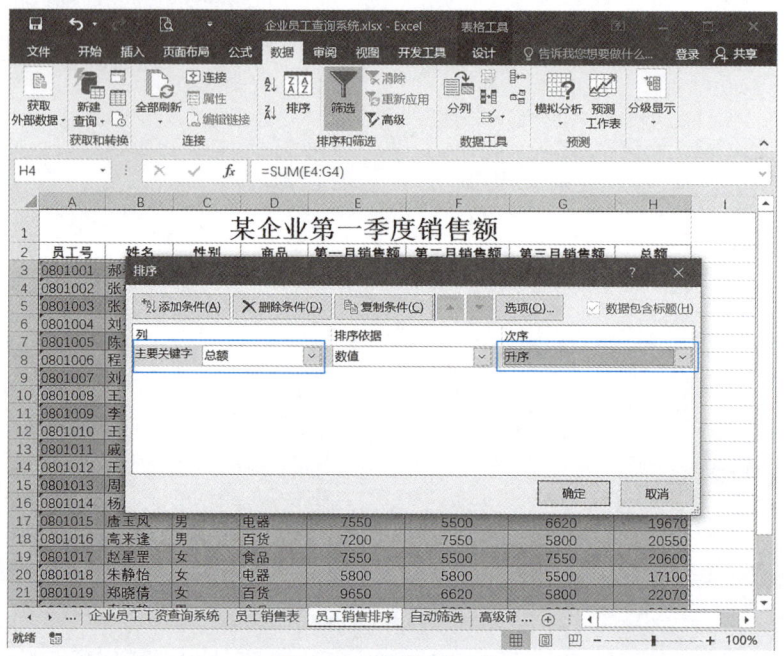

图1-3-78 设置排序条件

步骤4 单击"确定"按钮,完成"总额"的升序排列。此时每位员工的相关记录作为一个整体移动到相应的行,如图1-3-79所示。

图1-3-79 简单排序结果

(2)复杂条件排序

在"排序"对话框"主要关键字"中将"总额"字段设置为升序,如果"总额"相同,单击"添加条件"按钮,在次要关键字中按"第一月销售额"字段降序排列,如图 1-3-80 所示,完成后效果如图 1-3-81 所示。

图 1-3-80　设置复杂条件排序的条件

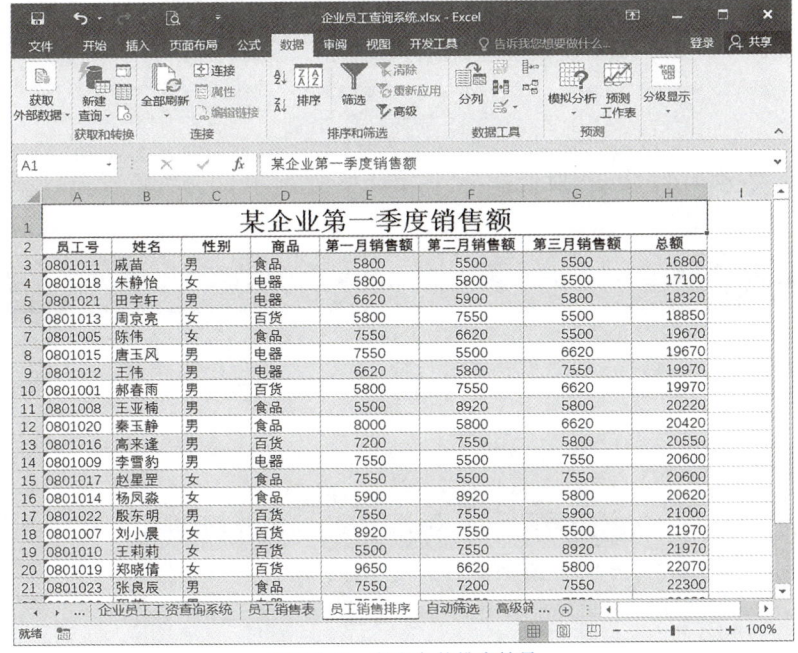

图 1-3-81　复杂条件排序结果

4. 设置条件格式

对"员工销售排序"工作表中数据超过 7000 的数据进行特别标记。操作步骤如下:

步骤 1　单击"员工销售排序"工作表,选中"第一月销售额""第二月销售额""第三月销售额"这些列中的数据单元格,选择"开始"|"样式"功能区"条件格式"下拉列表中"突出显示单元格规则"的"大于"命令,如图 1-3-82 所示。

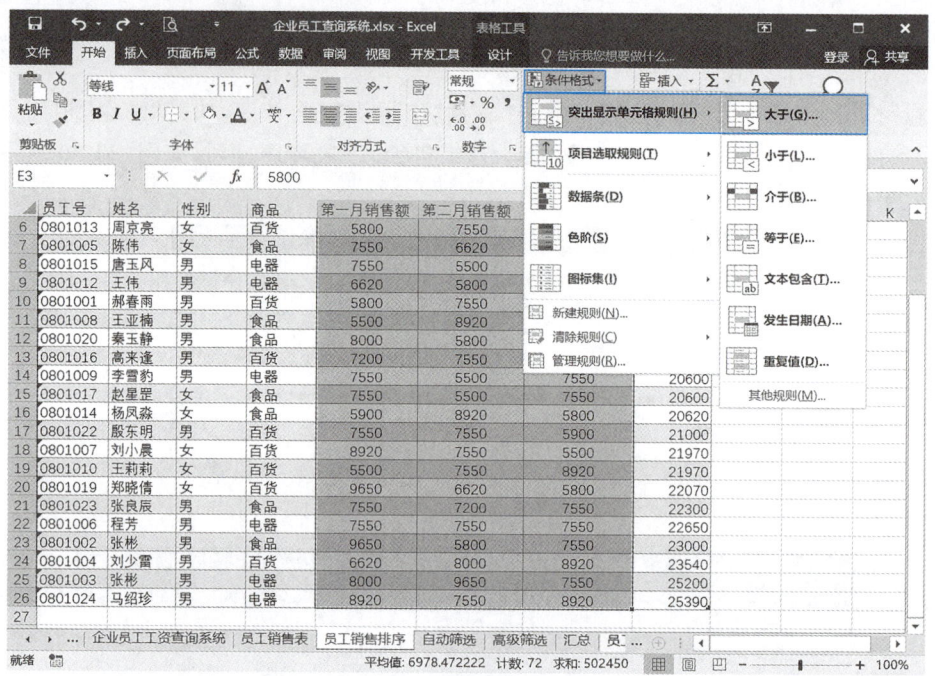

图 1-3-82　单元格条件格式设置

步骤 2　在弹出的"大于"对话框中,将单元格值设为"7000",设置为"浅红填充色深红色文本",如图 1-3-83 所示。

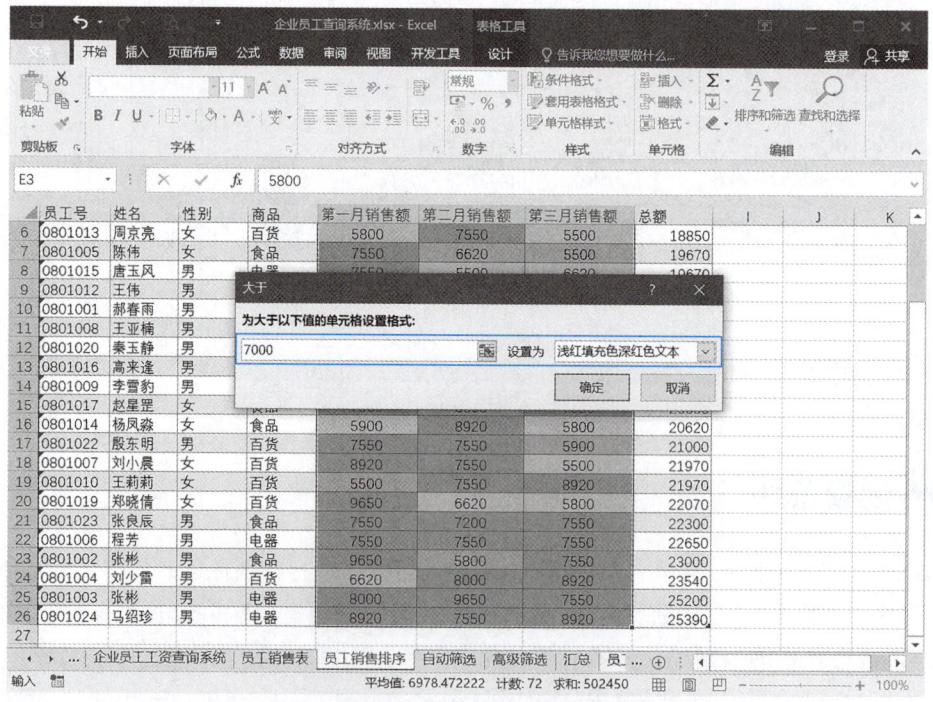

图 1-3-83　单元格条件格式设置对话框

步骤 3　完成设置后单击"确定"按钮,效果如图 1-3-84 所示。

项目3　设计与制作企业员工查询系统

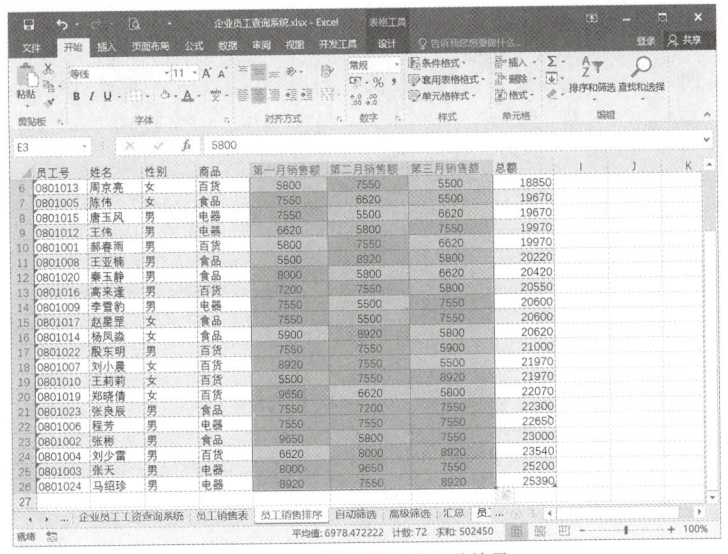

图1-3-84　条件设置后显示效果

5. 设置数据筛选

（1）自动筛选

筛选出"总额＞23000"的数据记录，操作步骤如下：

步骤1　将"员工销售表"工作表内容复制到"自动筛选"工作表中，并保留原有格式。

步骤2　选中数据表内容，单击"数据"｜"排序与筛选"｜"筛选"按钮。

步骤3　单击"总额"字段旁的下拉按钮，在弹出的下拉列表内选择"数字筛选"下级菜单中的"自定义筛选"，在弹出的"自定义自动筛选方式"对话框中，设置"总额"为"大于"，在后面的文本框中输入"23000"，如图1-3-85所示。

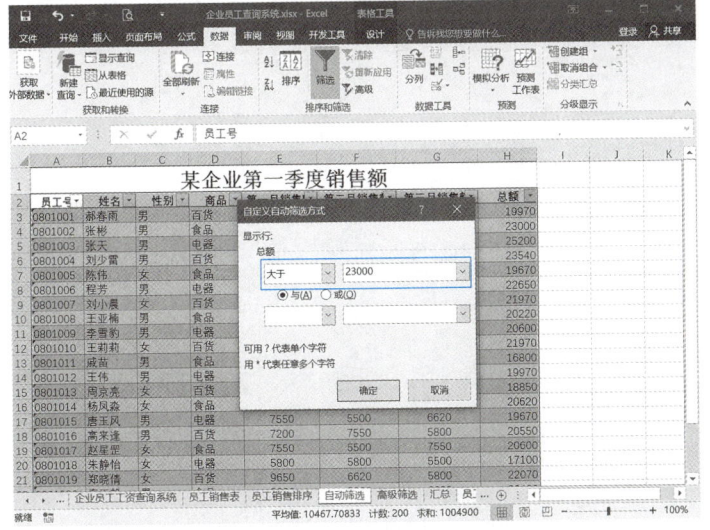

图1-3-85　设置自定义自动筛选

Excel筛选

143

步骤 4　单击"确定"按钮,完成自动筛选。自动筛选结果如图 1-3-86 所示。

图 1-3-86　自动筛选结果

(2) 高级筛选

当有多个条件时,需要进行高级筛选,可以将筛选的结果复制到其他位置,同时选择不重复的记录,以便得到唯一结果。但在设置筛选条件的时候,需要注意几个事项:

①筛选条件的设置需要对字段名进行复制。

②如果条件为两个或两个以上,需要确定条件之间的关系。若条件之间关系为同时满足,条件必须写在一行上,若条件之间关系为或的关系,条件需要在不同行上。具体操作步骤如下:

步骤 1　将"员工销售表"工作表内容复制到"高级筛选"工作表中,如图 1-3-87 所示。在"表格工具"|"设计"|"表格样式选项"工作组中取消"筛选按钮"。

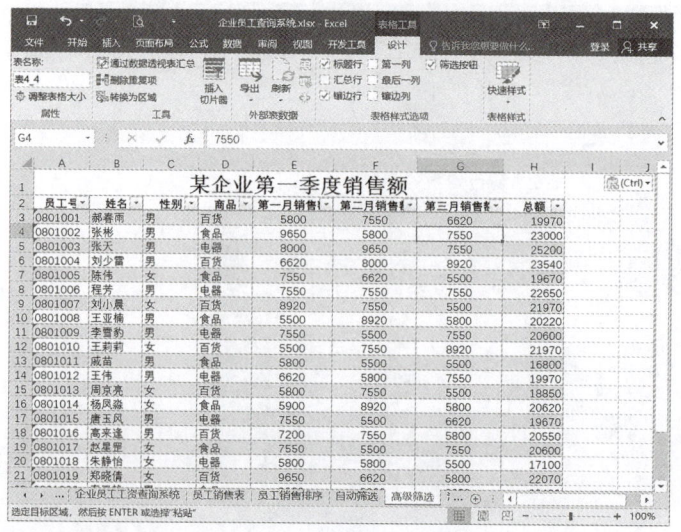

图 1-3-87　高级筛选原始数据

步骤 2 在 E28:G29 单元格区域中录入筛选条件,"第一月销售额＞7000","第二月销售额＞7500","第三月销售额＞6000",如图 1-3-88 所示。

图 1-3-88　录入高级筛选条件

步骤 3 单击"数据"|"排序和筛选"功能区"高级"按钮" ",在弹出的"高级筛选"对话框中,选择"在原有区域显示筛选结果",在"列表区域"右侧文本框内输入"＄Ａ＄2:＄Ｈ＄26",在"条件区域"右侧文本框内输入"＄E＄28:＄G＄29",如图 1-3-89 所示。

步骤 4 单击"高级筛选"对话框的"确定"按钮完成筛选,如图 1-3-90 所示。

图 1-3-89　"高级筛选"对话框

图 1-3-90　高级筛选结果

6. 设置数据分类汇总

打开"企业员工查询系统"工作簿中"汇总"工作表,将"员工销售表"工作表中的内容复制并粘贴到"汇总"工作表中,并保留原有格式(表格工具仍需取消"筛选按钮")。按商品类别分别统计第一月销售额、第二月销售额、第三月销售额的销售总额。操作步骤如下:

步骤 1 选中 A2:H26 单元格区域,单击"数据"|"排序和筛选"|"排序"按钮,在排序对话框中"主要关键字"选择"商品",次序选择"升序",如图 1-3-91 所示。

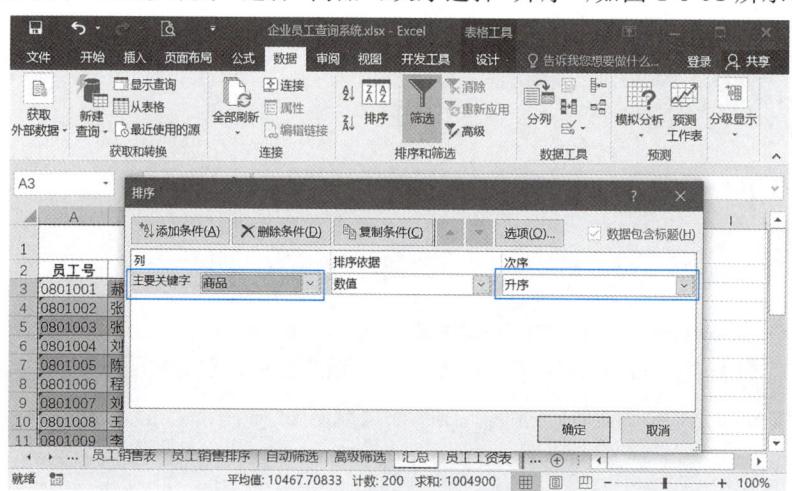

图 1-3-91 数据排序设置

Excel 分类汇总

步骤 2 在图 1-3-91 所示的"排序"对话框设置完成后,单击"确定"按钮,表中数据按商品名称"升序"排序,如图 1-3-92 所示。

图 1-3-92 按"商品"排序后的汇总表

步骤 3 选中表格中任一单元格,在"表格工具"|"设计"|"工具"功能区中单击"转换为区域"按钮,如图 1-3-93 所示。

图 1-3-93 设置转换为区域

> **知识小贴士**
>
> 此步骤是因单元格数据区域套用了表格样式,分类汇总功能无法使用,对未进行表格样式的表格数据进行分类汇总,该步骤略过。

步骤 4 选中 A2:H26 单元格区域,单击"数据"|"分级显示"|"分类汇总"按钮,打开"分类汇总"对话框,如图 1-3-94 所示。

图 1-3-94 分类汇总设置

步骤 4 参照图 1-3-94 所示,设置分类字段为商品,汇总方式为求和,选定汇总项为第一月销售额、第二月销售额、第三月销售额。设置完成后单击"确定"按钮,完成分类汇总,如图 1-3-95 所示。

信息技术基础

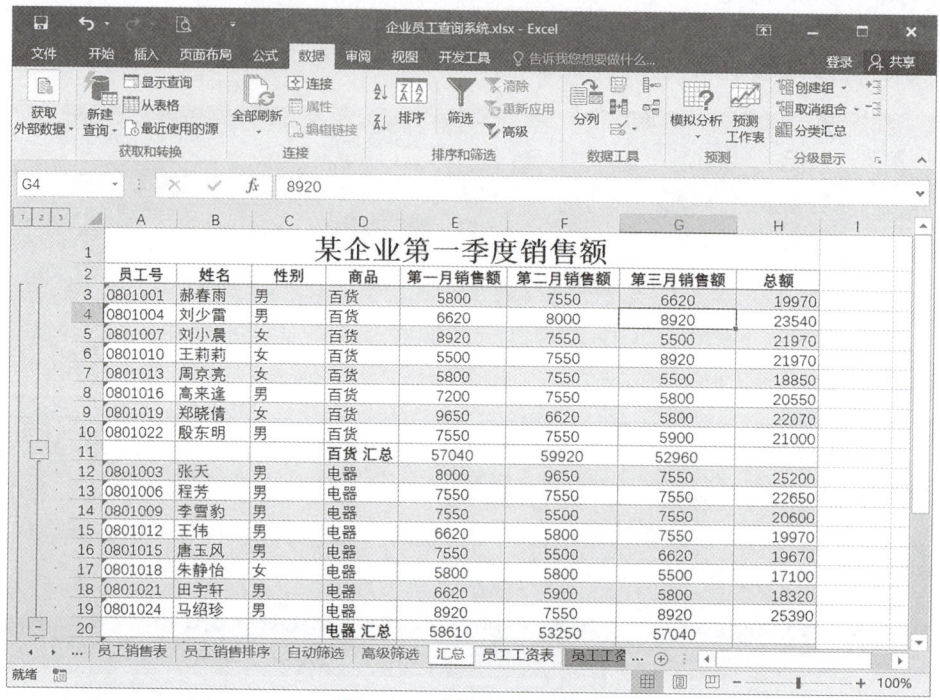

图 1-3-95 分类汇总显示结果

> **知识小贴士**
>
> （1）在分类汇总前，必须对汇总的数据进行排序，以确保汇总的有效性。
>
> （2）分类汇总完成后，可单击通过单击"数据"|"分级显示"|"隐藏明细"按钮"—"隐藏明细数据，如图 1-3-96 所示。单击按钮"—"显示明细数据。

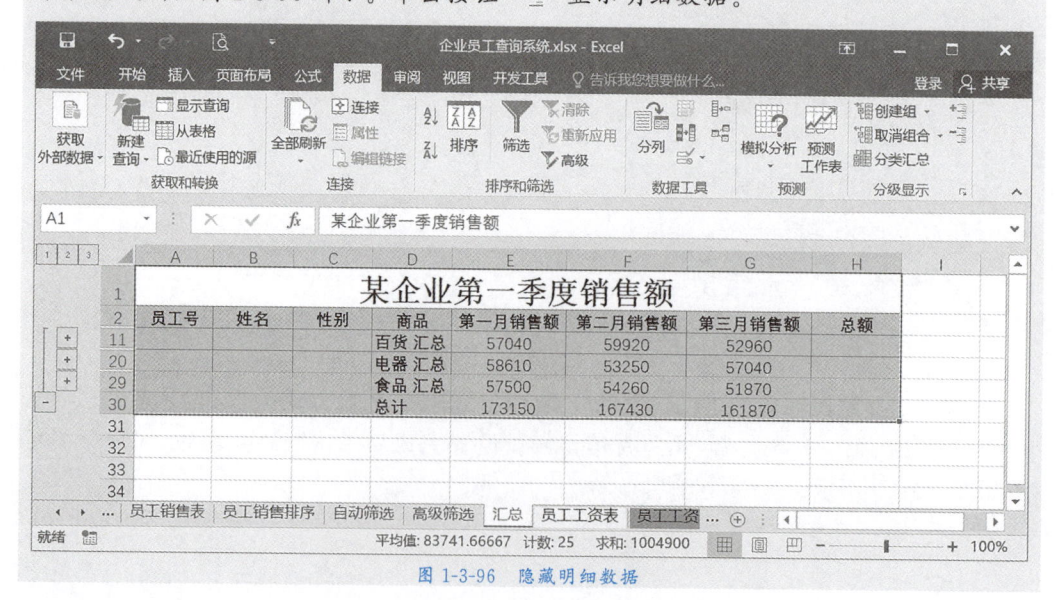

图 1-3-96 隐藏明细数据

7. 创建图表

要求对汇总后的商品(百货、电器、食品)制作柱形图,具体操作步骤如下:

(1)制作柱形图

步骤1 打开"汇总"工作表。

步骤2 选中"商品""第一月销售额""第二月销售额""第三月销售额"数据,单击"插入"|"图表"功能区"插入柱形图或条形图"按钮,在下拉列表中选择"簇状柱形图",如图 1-3-97 所示。生成图表,如图 1-3-98 所示。

Excel 插入图表

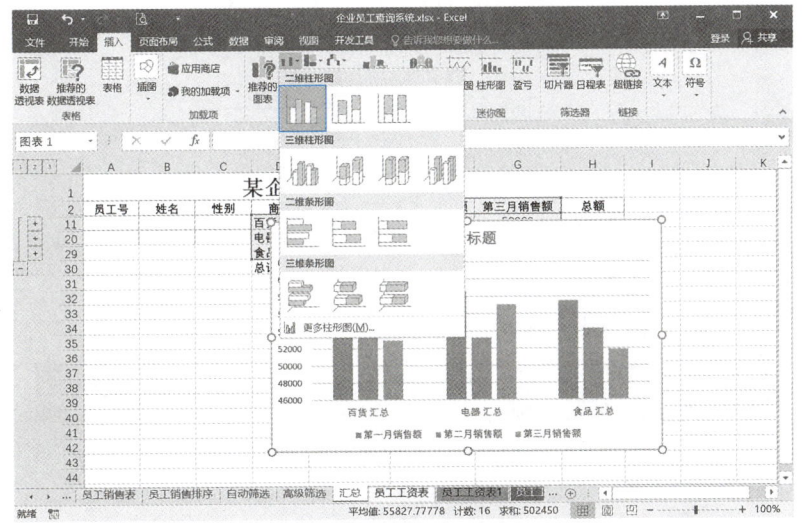

图 1-3-97 选择图表类型

图 1-3-98 簇状柱形图

步骤 3 选中图表后,选择"图表工具"|"设计"|"图表样式"功能区中的"样式 1",在"图表工具"|"设计"|"图表布局"|"添加图表元素"|"图表标题"中选择"图表上方",如图 1-3-99 所示。图表出现闪烁光标后,可将原有标题文字删除,并录入"第一季度销售额"。

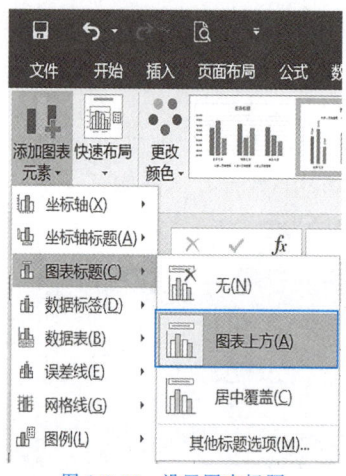

图 1-3-99 设置图表标题

步骤 4 在图 1-3-99 所示窗口中选择"添加图表元素"|"坐标轴标题"|"主要横坐标轴"设置为"商品","主要纵坐标轴"设置为"销售量",如图 1-3-100 所示。

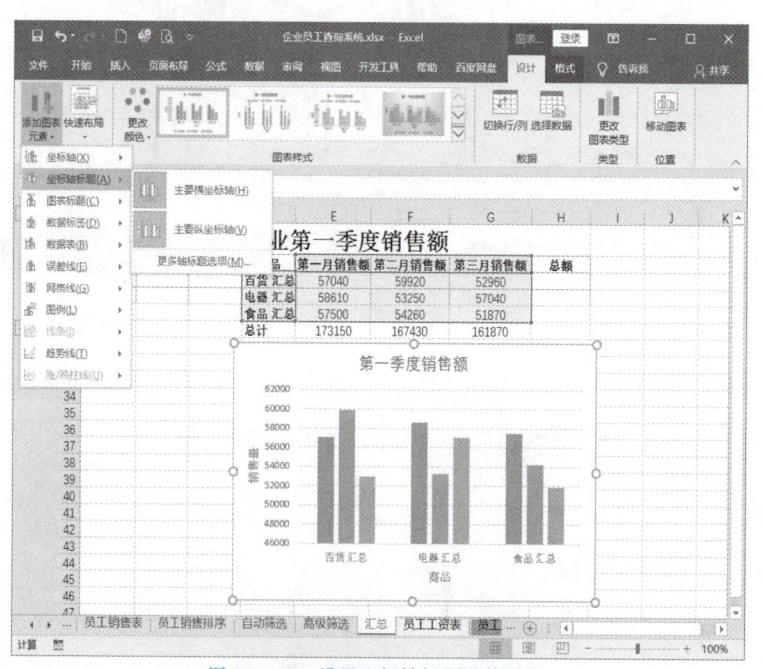

图 1-3-100 设置坐标轴标题后的图表

步骤 5 选择"添加图表元素"|"图例"|"右侧"。图表设置完成后如图 1-3-101 所示。

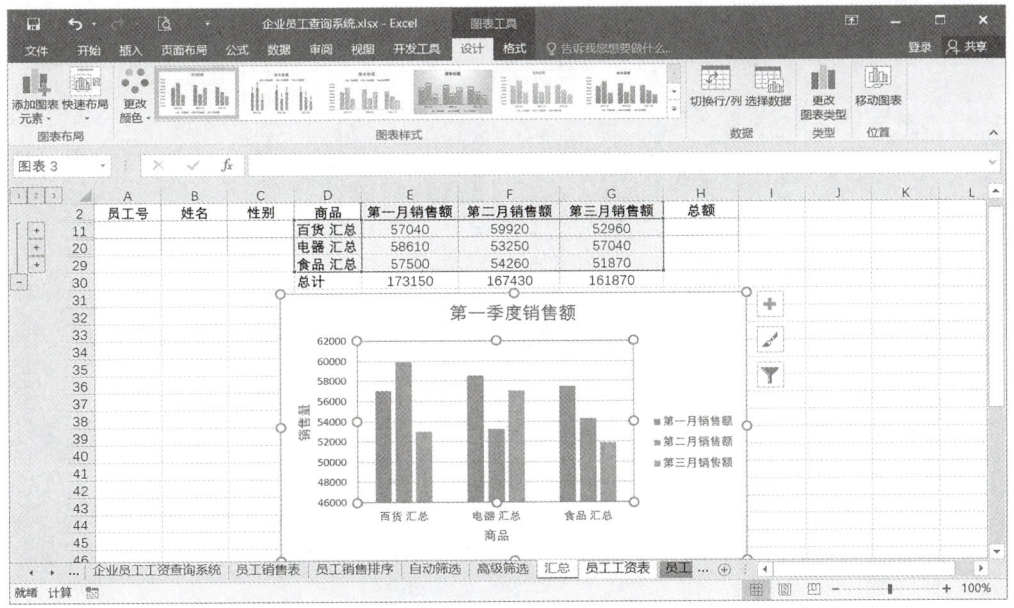

项目3 设计与制作企业员工查询系统

图 1-3-101 设置图例后的图表

(2)设计图表格式

步骤1 选中标题,将标题"第一季度销售额"设为20号、黑体、加粗、红色,在"图表工具"|"格式"|"形状样式"|"形状填充"|"纹理"中选择"羊皮纸",如图1-3-102所示。

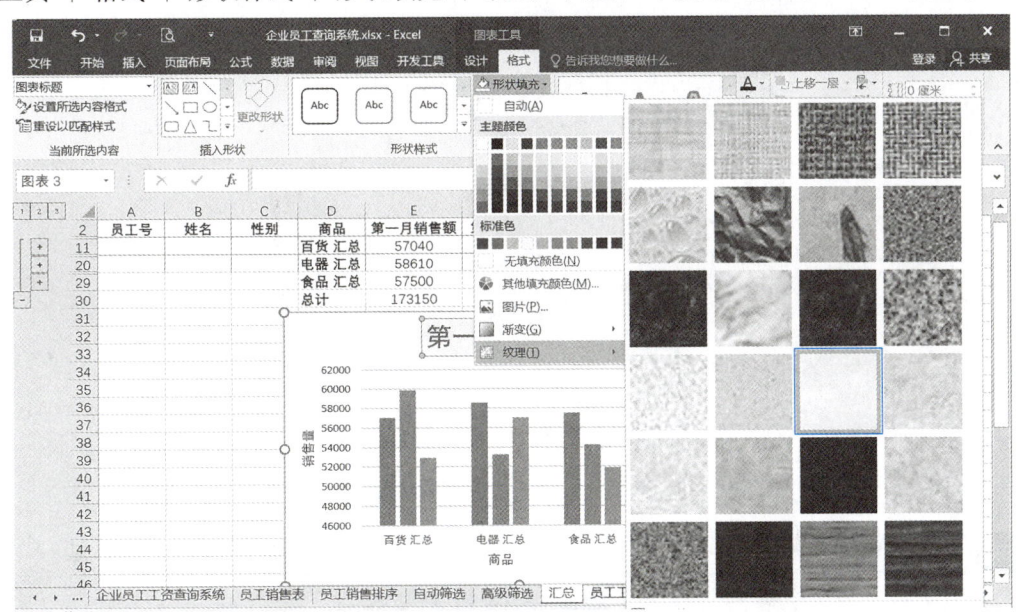

图 1-3-102 纹理设置

步骤2 单击选中图表柱形图区域,在"图表工具"|"格式"|"形状样式"|"形状填充"|"渐变"中选择"从中心",如图1-3-103所示。在"纹理"中选择"新闻纸"。设置完成后如图1-3-104所示。

151

信息技术基础

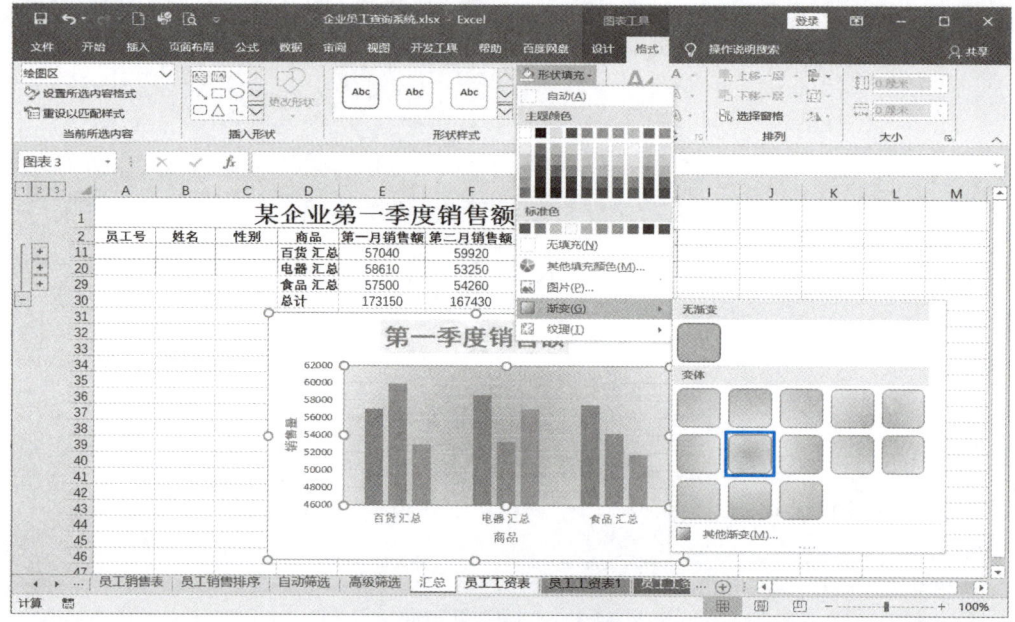

图 1-3-103　图表渐变设置

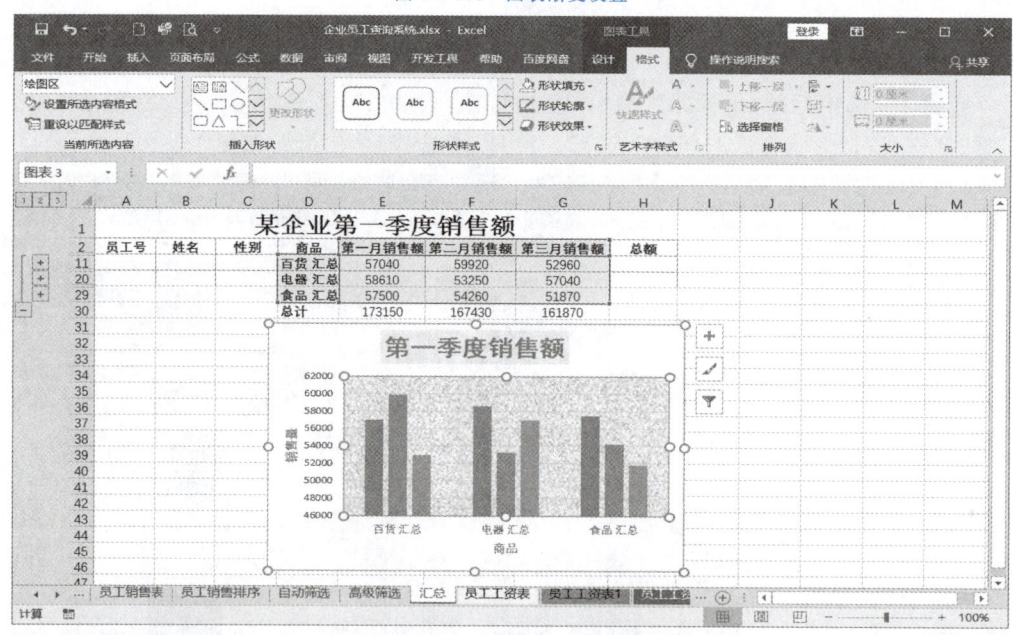

图 1-3-104　设计后的图表样式

知识小贴士

Excel 2016 图表

上述操作利用了 Excel 2016 的数据图表功能,它和用图形的方式来表现工作表中数据与数据之间的关系,使数据分析更加直观。下面对图表进行介绍。

(1)常用图表类型

①柱形图。柱形图用于比较一个或多个数据系列相交于类别轴上的数值大小。

②条形图。条形图是翻转为水平状态的柱形图。

③折线图。折线图是将数据点以折线连接,显示出数据在某一段时间内的变化趋势。

④饼图。饼图显示每一数值相对于总数值及占比,无 X、Y 轴。

⑤散点图(X,Y)。散点图(X,Y)可比较成对的数值,常用于科学计算。

⑥面积图。面积图显示每一数值相对于总数值所占大小随时间或类别而变化的趋势线。

(2)图表的基本组成

①图表区。整个图表及其包含的元素所在的区域称为图表区。

②绘图区。在二维图表中,绘图区是以坐标轴为界并包含全部数据系列的区域;在三维图表中,绘图区以坐标轴为界,包含数据系列、分类名称、刻度线和坐标轴标题。

③图表标题。图表的文本标题,自动与坐标轴对齐或在图表顶端居中。

④数据分类。数据分类是图表上的一组相关数据点,取自工作表的一行或一列。图表中的每个数据系列以不同的颜色和图案加以区别,在同一图表上可以绘制多个数据系列。

⑤数据标记。数据标记是图表中的条形面积、圆点、扇形或其他类似符号,来自工作表单元格的某一数据点或数值。图表中所有相关的数据标记构成了数据系列。

⑥数据标志。根据不同的图表类型,数据标志可以表示数值、数据系列名称和百分比等。

⑦坐标轴。坐标轴为图表提供计量和比较的参考线,一般包含 X 轴和 Y 轴。

⑧刻度线。刻度线是坐标轴上的短度量线,用于区分图表上的数据分类值或数据系列。

⑨网格线。网络线是图表中从坐标轴刻度线延伸开来并贯穿于整个绘图区的可选线条系列。

⑩图例。图例包括图例项和图例项标示的方框,用于标示图表中的数据系列。

8. 创建数据透视表

分类汇总适合按一个字段进行分类,然后再对若干个字段进行汇总的情况。如果按多个字段分类并汇总,分类汇总就难以实现了,如何解决这类问题呢?在 Excel 2016 中,系统提供了"数据透视表"的功能解决此类问题。

利用"数据透视表"对"员工销售表"工作表中的数据按"商品"统计"第一月销售额""第二月销售额""第三月销售额"数据,具体步骤如下:

步骤 1 选择"企业员工查询系统"工作簿中"员工销售表"工作表数据区域中的任一单元格。

步骤 2 单击"插入"|"表格"功能区中"数据透视表"按钮,打开"创建数据透视表"对话框,如图 1-3-105 所示。

数据透视表

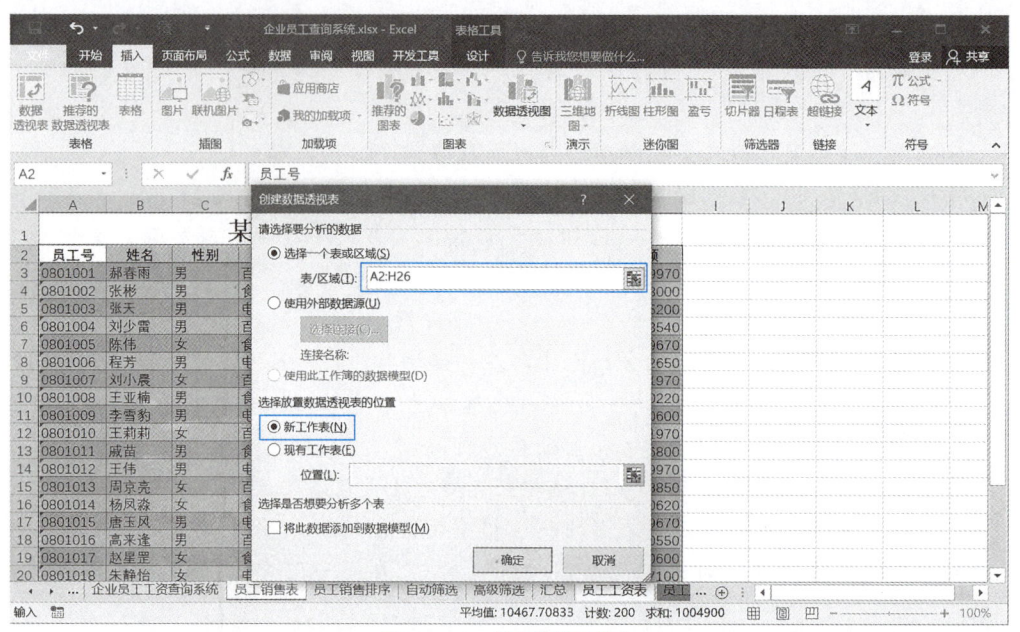

图 1-3-105　创建数据透视表

步骤 3　在"创建数据透视表"对话框中单击"表/区域"右侧的"拾取"按钮" "，选择数据表数据区域，也可直接在"表/区域"右侧的文本框中输入"A2：H26"。设置"选择放置数据透视表的位置"为"新建工作表"。单击"确定"按钮，系统将在"企业员工查询系统"工作簿中新建一个"Sheet1"工作表，如图 1-3-106 所示。

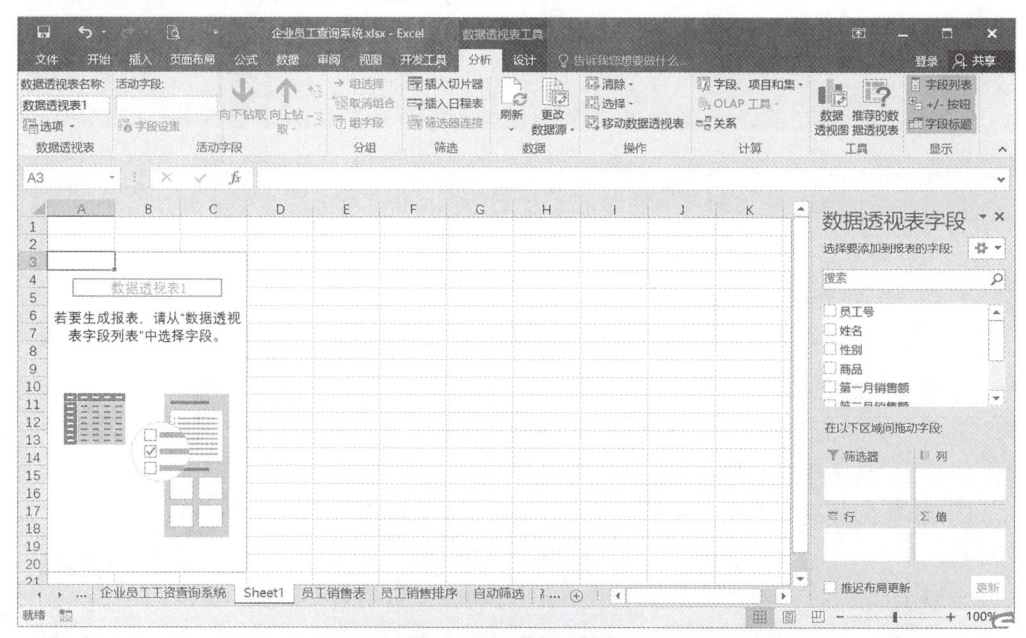

图 1-3-106　数据透视表

步骤 4　将"Sheet1"工作表重命名为"数据透视表"，将"数据透视表字段"列表中的"员工号"字段拖至"在以下区域间拖动字段"处的"筛选器"下方，将"商品"字段拖至"行"

下方,将"第一月销售额""第二月销售额""第三月销售额"字段拖至"值"下方,得到数据透视表结果,如图1-3-107所示。

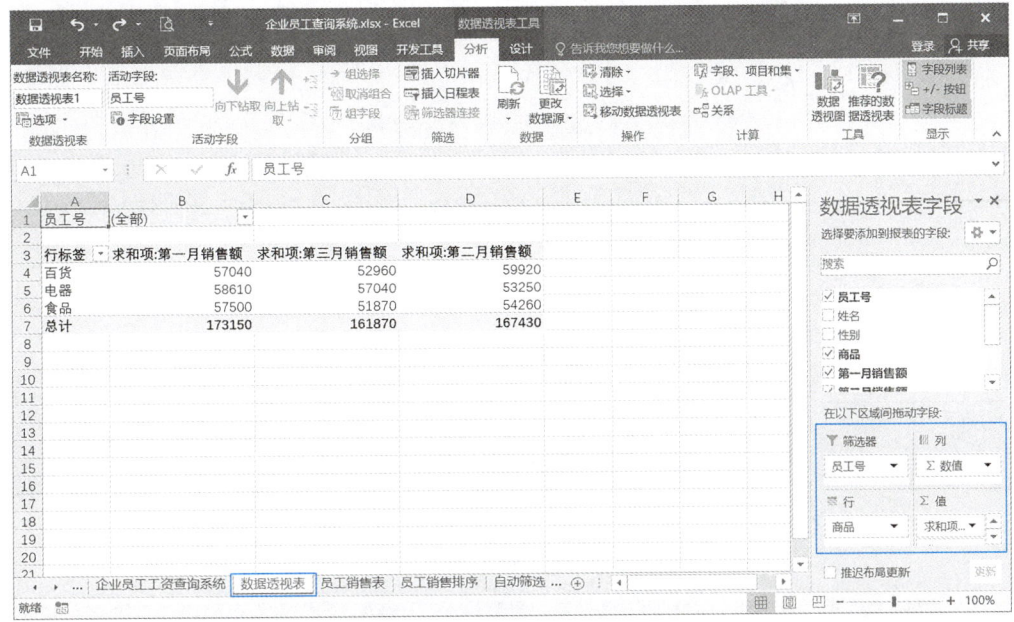

图1-3-107 数据透视表结果显示

步骤5 单击"值"区域下方的"求和项:第一月销售额",在菜单中选择"值字段设置",如图1-3-108所示。在弹出的"值字段设置"对话框中选择"计算类型"为"平均值",如图1-3-109所示。单击"确定"按钮完成设置,如图1-3-110所示。

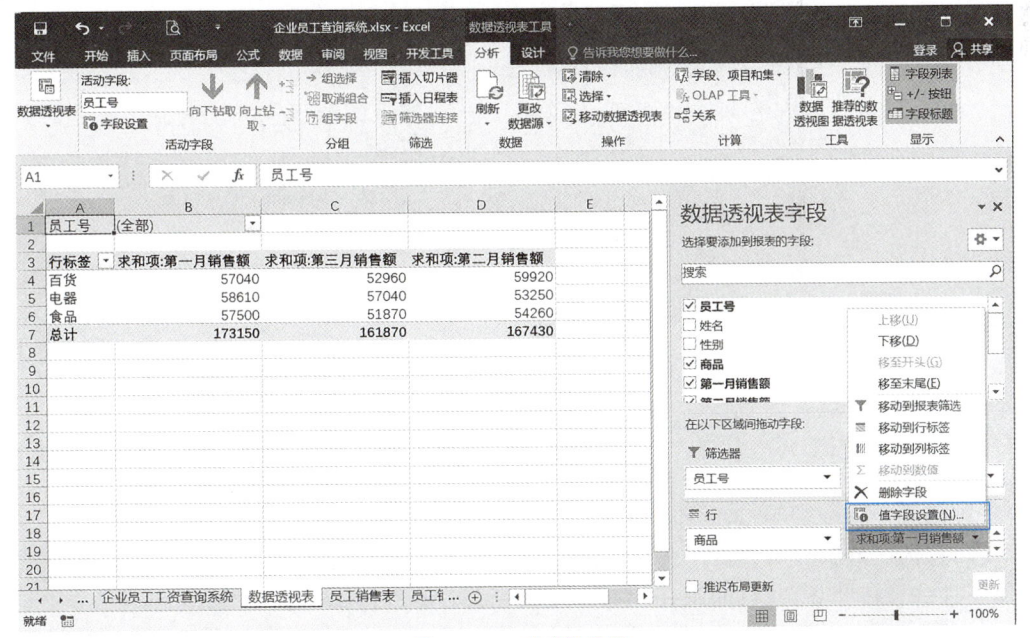

图1-3-108 值字段设置

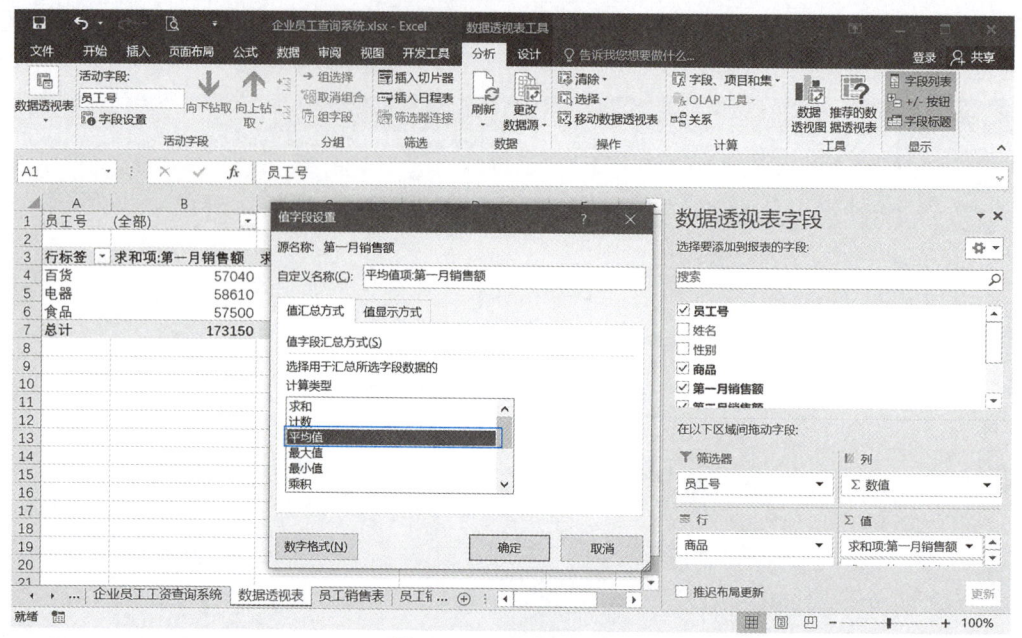

图 1-3-109 设置计算类型

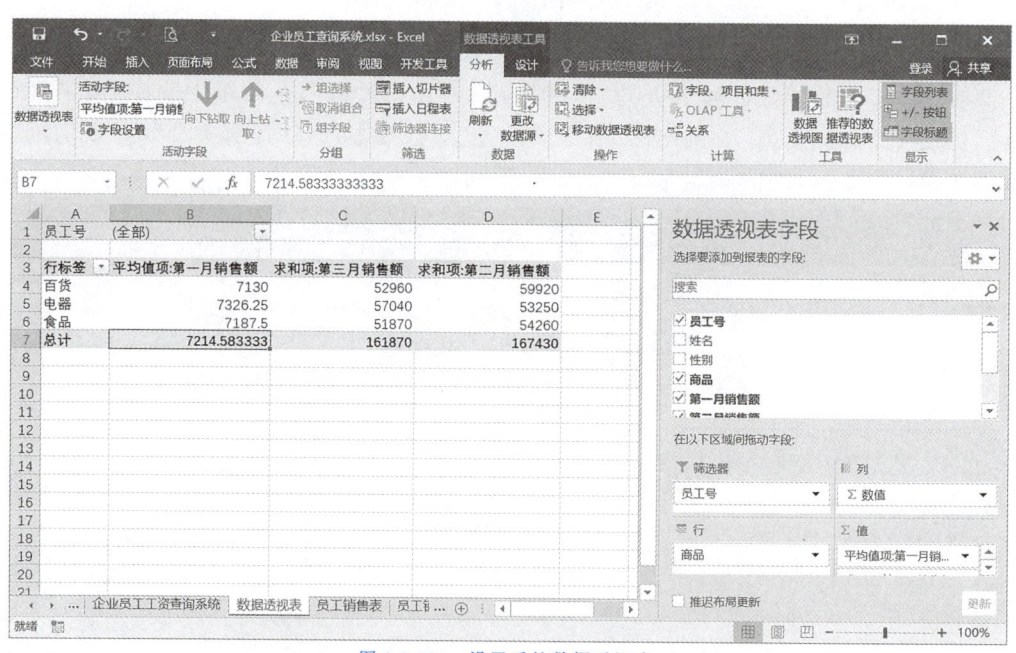

图 1-3-110 设置后的数据透视表

步骤 7 单击 B1 单元格处的下拉按钮,可以选择员工号,如选择"0801001",则在行标签和数据区域中显示该员工销售的商品名称"百货"和"第一月销售额""第二月销售额""第三月销售额""总计"数据,如图 1-3-111 所示。

项目3　设计与制作企业员工查询系统

图 1-3-111　数据透视表结果显示

9. 数据安全与保护

(1) 设置工作表保护

设置工作表"员工基本信息表"为保护状态的操作步骤如下：

步骤1　选择"企业员工查询系统"工作簿中"员工基本信息表"工作表，在"员工基本信息表"工作表中单击"审阅"|"更改"功能区中的"保护工作表"按钮，打开"保护工作表"对话框。如图 1-3-112 所示。

图 1-3-112　"保护工作表"对话框

157

步骤 2　在"保护工作表"对话框中的"取消工作表保护时使用的密码"栏内输入密码"123456",如图 1-3-113 所示,密码为隐藏显示,单击"确定"按钮。

步骤 3　系统提示"再次输入密码",则再次输入相同的密码,确认无误后,工作表保护生效,数据在未解密前不能修改。

"保护工作表及锁定的单元格内容"为默认勾选,"允许此工作表的所有用户进行"列表框中的默认选项为前两项,用户可根据需求自定义进行调整。

图 1-3-113　设置保护工作表密码

知识小贴士

若需取消工作表的保护状态,则单击"审阅"|"更改"功能区中"撤销工作表保护"按钮,然后输入密码即可。

(2) 设置工作簿保护

设置工作簿"企业员工查询系统"为保护状态的操作步骤如下:

步骤 1　单击"审阅"|"更改"功能区中的"保护工作簿"按钮,打开"保护结构和窗口"对话框,如图 1-3-114 所示。

图 1-3-114　保护工作簿

步骤 2　在"保护结构和窗口"对话框的密码栏中输入密码"123456",同样为隐藏显示,默认勾选保护工作簿"结构"选项,单击"确定"按钮,系统提示重新输入密码,再次输入相同的密码,确认无误单击"确定"按钮即可,如图 1-3-115 所示。

图 1-3-115　"保护结构和窗口"对话框

项目3　设计与制作企业员工查询系统

知识小贴士

若需取消工作簿保护状态,则单击"审阅"|"更改"功能区中"保护工作簿"按钮,就会弹出"撤销工作簿保护"对话框,然后输入密码即可。

巩固与提高

1.某学院利用 Excel 2016 设计制作了课程考试质量分析表,如图 1-3-116 所示,请完成以下任务:

	A	B	C	D	E	F	G	H	I	J	K
1											
2			2019—2020学年第一学期课程考试质量分析表								
3		课程信息						学生成绩			
4	授课教师工号		授课教师姓名		职称		学号	姓名	平时成绩	卷面成绩	综合成绩
5	所在院系										
6	课程名称				课程编号						
7	课程学时		考试形式								
8	授课专业		授课班级								
9	考试成绩分布										
10		卷面成绩			综合成绩						
11	分数	人数	百分比	分数	人数	百分比					
12	100~90			100~90							
13	89~80			89~80							
14	79~70			79~70							
15	69~60			69~60							
16	59~0			59~0							
17	最高分			最高分							
18	最低分			最低分							
19	平均分			平均分							
20			卷面成绩分析								
21											
22											
23											
24											
25											
26											

图 1-3-116　某学院课程考试质量分析表

(1)依照图示,创建制作该表;

(2)完成上述任务后,设置工作表保护,密码为"123456"。

2.某超市用 Excel 2016 制作商品销售小票,如图 1-3-117 所示。请利用公式计算每样商品的应付金额、小计、折扣金额小计、付款金额和找回金额。

	A	B	C	D	E
4	某超市商品销售小票				
5	日期: 2020-8-10				
6	商品名称	单价	数量	折扣	应付金额
7	饮料	¥3.00	20	0.9	
8	文具	¥8.00	12	0.75	
9	儿童玩具	¥13.00	20	0.8	
10	硬面笔记本	¥8.00	30	0.95	
11	签字笔	¥3.00	30	0.9	
12	篮球	¥80.00	5	0.8	
13	小计				
14	折扣金额小计				
15	付款金额				
16	找回金额				
17	谢谢惠顾,欢迎下次光临				

图 1-3-117　某超市商品销售小票

159

3.根据 Excel 2016 提供的 SUMIF 函数(其主要功能:计算符合指定条件的单元格区域内的数值和,使用格式:SUMIF(range,criteria,sum_range),参数说明:range 代表条件判断的单元格区域;criteria 为指定条件表达式;sum_range 代表需要计算的数值所在的单元格区域),求出图 1-3-118 所示班级所有男生和女生的各单科总分。

	A	B	C	D	E	F
1	0801班第一学期期末考试成绩表					
2	学号	姓名	性别	计算机应用基础	大学英语1	高等数学
3	0801001	刘小晨	女	89	91	92
4	0801002	王亚楠	男	92	83	79
5	0801003	李雪豹	男	91	94	96
6	0801004	王莉莉	女	83	86	82
7	0801005	戚苗	男	94	92	91
8	0801006	王伟	男	86	79	83
9	0801007	周京亮	女	92	96	94
10	0801008	杨凤淼	女	79	82	86
11	0801009	唐玉风	男	96	94	92
12	0801010	高来逢	男	82	86	79
13	所有男生单科总分					
14	所有女生单科总分					
15						

图 1-3-118 统计男生和女生的各单科总分

习题练习

一、单项选择题

二、操作题

1.新建一个 Excel 2016 工作簿,在 Sheet1 工作表中录入以下内容:

	A	B	C	D	E	F
1	万华公司职工工资表					
2	姓名	职称	基本工资	奖金	补贴	工资总额
3	宋俊平	工程师	2285	2300	150	
4	韩明静	高工	2490	3000	250	
5	胡敏	高工	2580	3200	350	
6	郭力峰	工程师	2390	2400	200	
7	伍云召	高工	2500	2508	250	
8	方心雨	技术员	2300	2300	150	
9	戴冰	工程师	2450	2800	250	
10	王景灏	工程师	2280	2200	130	
11	刘希敏	高工	2360	2400	150	
12	陈立新	高工	2612	4500	350	
13	赵永强	工程师	2485	3800	250	
14	林芳萍	高工	2378	2100	170	
15	吴道临	工程师	2658	4000	400	
16	郑文杰	高工	2283	1805	80	
17	何建华	技术员	2432	2400	150	

完成以上表格数据录入后,再按如下要求进行操作:

(1)将标题 A1:F1 单元格区域设置为合并后居中,字体设置为方正舒体,加粗,18 磅;将其他字体设置为华文仿宋,12 磅,水平、垂直均为居中。

(2)将除标题以外的所有数据添加内部、外部边框,外边框为黑色双实线边框,内边框为黑色细线边框。

(3)利用函数计算每名职工的工资总额。

(4)利用条件格式将大于6 000元的工资总额设置为"浅红填充色深红色文本"。

(5)把该文件保存到桌面,文件名为"Excel练习题1.xlsx",即可关闭该文档。

2.新建一个Excel 2016工作簿,在Sheet1工作表中录入以下内容:

	A	B	C	D	E	F	G	H	I
1					商品销售统计表				
2	产品名称	1月	2月	3月	4月	5月	6月	销售趋势	销售总额
3	电视	188	201	156	222	242	211		
4	洗衣机	135	152	227	178	214	141		
5	冰箱	156	222	242	152	227	214		
6	空调	227	178	214	222	242	227		
7	热水器	201	156	178	178	214	242		
8	饮水机	152	227	152	135	152	214		

完成以上表格数据录入后,再按如下要求进行操作:

(1)设置外边框为粗线,内部为细线。

(2)在"销售趋势"列中,根据1~6月的销售额插入"柱形图"迷你图,并显示"高点"和"低点"。

(3)利用公式计算"销售总额"。

(4)将工作表重命名为"上半年销售情况",根据"产品名称"和"销售总额"数据创建"三维簇状柱形图"。

(5)把该文件保存到桌面,文件名为"Excel练习题2.xlsx",即可关闭该文档。

项目 4
设计与制作公司简介演示文稿

项目分析

柏天所在的实习公司准备不久之后扩展新的业务,为了让客户更好地了解自己的公司,经理要求柏天制作一份公司简介演示文稿,以便在与客户交流和对外宣传中,采用演示文稿来展示公司的风采。演示文稿内容包括公司简介、公司文化、公司组织结构图、公司目标、产品展示、公司业绩等。

按以上要求,柏天必须掌握如下技能:

1. 会创建演示文稿,能打开、修改、保存演示文稿;
2. 会在演示文稿中添加幻灯片,能根据需要合理地选择幻灯片版式;
3. 能根据需要在幻灯片中插入文字、表格、图片、图表、艺术字、自选图形等对象,并能合理地设置所插入对象的格式;
4. 能对演示文稿中的幻灯片进行复制、移动和删除等操作;
5. 能给幻灯片中的对象设置超链接,会设置和修改幻灯片中的项目符号;
6. 会应用母版、主题、配色方案等美化幻灯片,并能合理地设置幻灯片的背景;
7. 会设置幻灯片的动画效果,能设置幻灯片的切换效果;
8. 能合理地进行演示文稿的打印设置,会打印演示文稿。

项目职业素养

以公司简介、经营项目等素材为切入点,通过公司简介的设计与制作,学生将养成遵守法律法规和诚信意识,建立积极向上的健康人格,加深对社会主义核心价值观的本质和内涵的理解。

预备知识

PowerPoint 2016 是 Microsoft Office 2016 中的一个组件。PowerPoint 主要用于幻灯片的制作和演示,使人们利用计算机可以方便地进行学术交流、产品演示、工作汇报以及情况介绍等。PowerPoint 幻灯片页面中允许包含的元素有文字、表格、图形图像、音视频及动画等,这些元素可以进行选择、组合、添加、删除、复制、移动、设置动画等编辑操作。因此,PowerPoint 是信息社会中人们进行信息发布、学术交流、产品介绍等交流的有效工具。本项目公司简介演示文稿的设计与制作用 PowerPoint 2016 版本完成。

任务 4-1　制作公司简介模板

要制作幻灯片,首先需要创建模板。而制作一个优秀的模板,就必须创建母版。所谓"母版",是一种特殊的幻灯片,它包含幻灯片文本和页脚(如日期、时间、幻灯片编号)等占位符,这些占位符控制了幻灯片的字体、字号、颜色(包括背景色)、阴影和项目符号样式等版式要素,效果如图 1-4-1 所示。

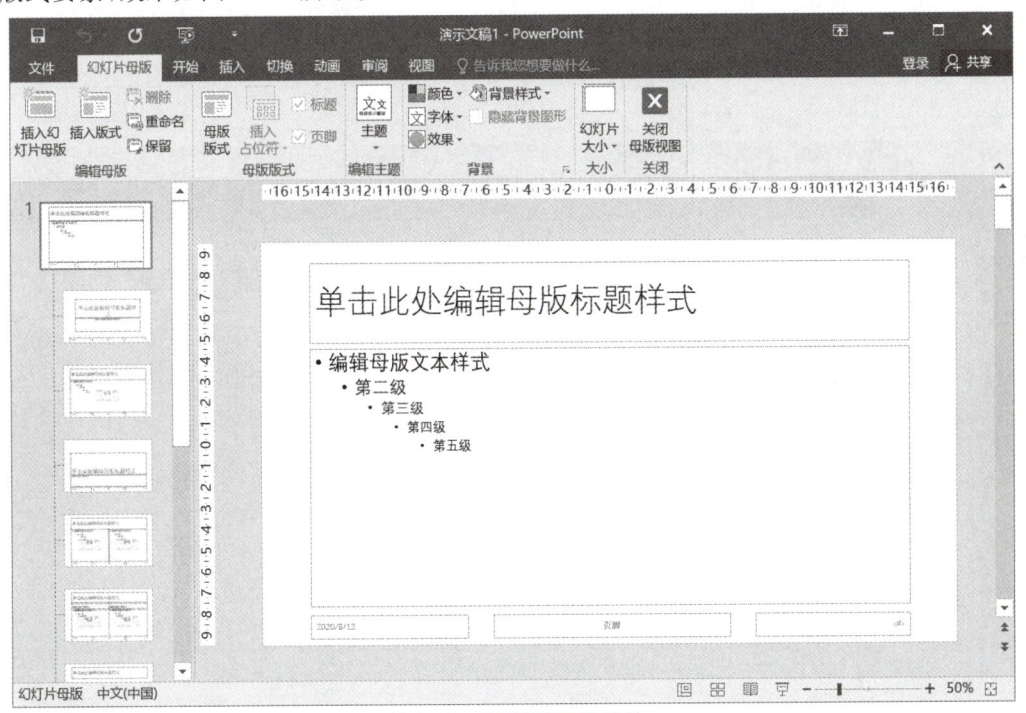

图 1-4-1　公司简介母版效果

1. 新建公司简介演示文稿

(1)启动 PowerPoint 2016

在桌面上单击"开始"|"PowerPoint 2016"命令,即可启动 PowerPoint 2016,如

图 1-4-2 所示。

图 1-4-2 启动 PowerPoint 2016

启动 PowerPoint 2016 后，就会默认新建一个名称为"演示文稿 n"的文件，界面说明如图 1-4-3 所示。

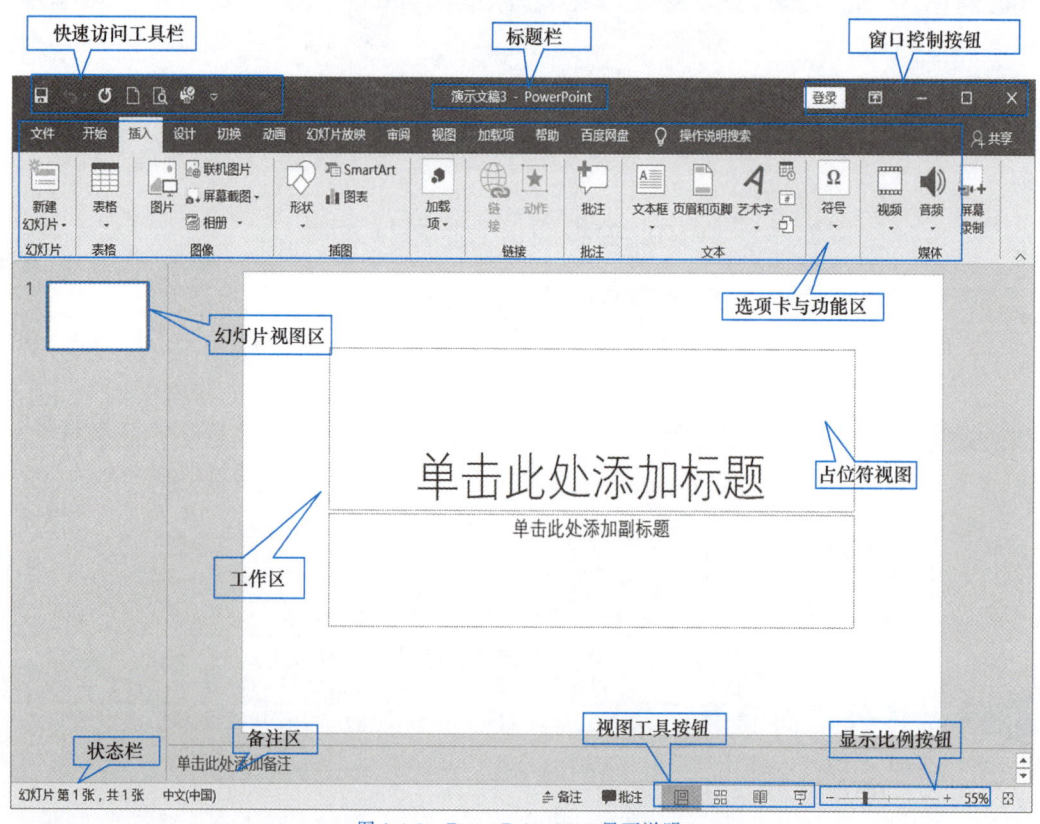

图 1-4-3 PowerPoint 2016 界面说明

从图 1-4-3 可以看出，PowerPoint 2016 的工作窗口主要由快速访问工具栏、选项卡与功能区、工作区、幻灯片视图区、备注区、视图工具按钮、显示比例按钮等部分组成。各部分的作用如下：

①选项卡与功能区

PowerPoint 2016 中有"文件""开始""插入"等九个选项卡（参考图 1-4-3），单击不同的选项卡，功能区中会显示不同的图标按钮或者下拉列表等，单击这些图标按钮可对幻灯片进行不同的编辑操作。

②工作区

在工作区编辑幻灯片，制作出一张张图文并茂的幻灯片。

③幻灯片视图区

在本区中，通过"大纲视图"或"幻灯片视图"可以快速查看整个演示文稿中的任意一张幻灯片。

④视图工具按钮

视图工具按钮位于工作区的右下角，分别为"普通视图""幻灯片浏览""阅读视图""幻灯片放映"，用来切换幻灯片的显示方式。

为了防止或减少因特殊情况（死机、停电等）造成的编辑工作损失，最好在编辑文档前先保存好这个文件，执行"文件"|"保存"命令，即可保存该文件。如需对默认的文件名进行重命名，执行"文件"|"另存为"命令，打开"另存为"对话框（图 1-4-4），选定"保存位置"，为演示文稿取好文件名（如"公司简介"），然后单击"保存"按钮，将文档保存。

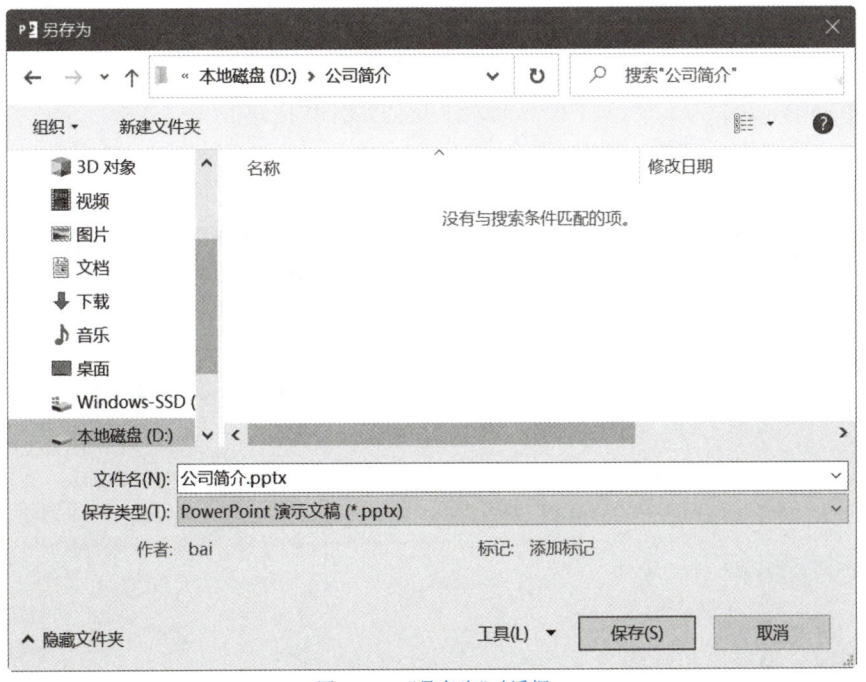

图 1-4-4 "另存为"对话框

知识小贴士

①在编辑过程中,通过按 Ctrl+S 快捷键,随时保存编辑的文稿。

②选择"文件"|"信息"|"保护演示文稿"|"用密码进行加密",如图 1-4-5 所示,在生成的密码框中输入密码,确定后,再保存文档,即可对演示文稿进行加密。

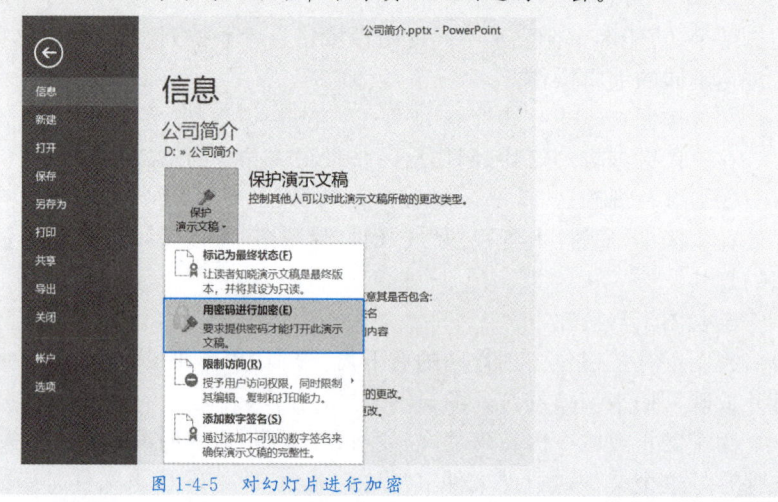

图 1-4-5 对幻灯片进行加密

(2)退出 PowerPoint 2016

当完成了一个任务,不再需要 PowerPoint 2016 时,即可退出。退出 PowerPoint 2016 的方法与退出其他程序大致相同,其方法有:

①单击 PowerPoint 2016 工作界面右上角的"关闭"按钮。

②单击"文件"|"关闭"命令。

③在标题栏上右击,在弹出的快捷菜单中选择"关闭"命令,如图 1-4-6 所示。

图 1-4-6 PowerPoint 2016 "关闭"命令

④使用 Alt+F4 快捷键。

2. 制作模板

公司简介模板制作步骤如下:

步骤1 启动 PowerPoint 2016,单击"视图"|"幻灯片母版"命令,弹出"幻灯片母版"选项卡,同时进入幻灯片母版编辑状态,如图 1-4-7 所示。

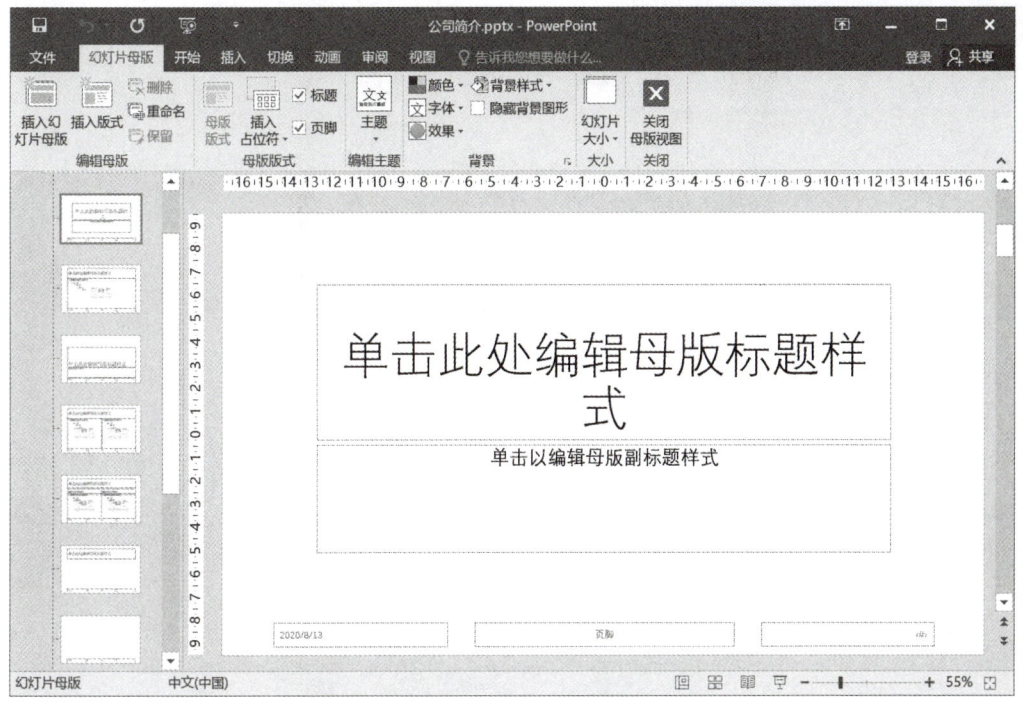

项目4　设计与制作公司简介演示文稿

图 1-4-7　PowerPoint 2016 幻灯片母版界面

> **知识小贴士**
>
> 幻灯片母版中的信息包括字体、占位符、背景以及配色方案。
>
> 占位符是一种带有虚线或阴影边缘的框,绝大部分幻灯片版式中都有这种框,在这些框内可以插入标题及正文或者图表、表格和图片等对象。由于演示文稿的标题文本有大有小,如果用户输入的文本大小超过占位符的大小,PowerPoint 2016 会在输入文本时以减小字号和行间距的方式,使文本适应占位符的大小。
>
> 在幻灯片母版视图下,可看到所有可以输入内容的区域,如标题占位符、副标题占位符以及母版下方的页脚占位符等。这些占位符的位置及属性决定了应用该母版的幻灯片外观属性,当改变了这些占位符的位置、大小及其中文字的外观属性后,所有应用母版的幻灯片的属性也将随之改变。

步骤 2　插入图片,单击"插入"|"图像"功能区"图片"命令,弹出"插入图片"对话框,在计算机中选择需要插入的图片,然后单击"插入"按钮,完成图片的插入。插入图片后,选中该图片,按住鼠标左键不放,将此图片移至幻灯片母版左上方,如图 1-4-8 所示。标题幻灯片母版 Logo 图片插入完成。

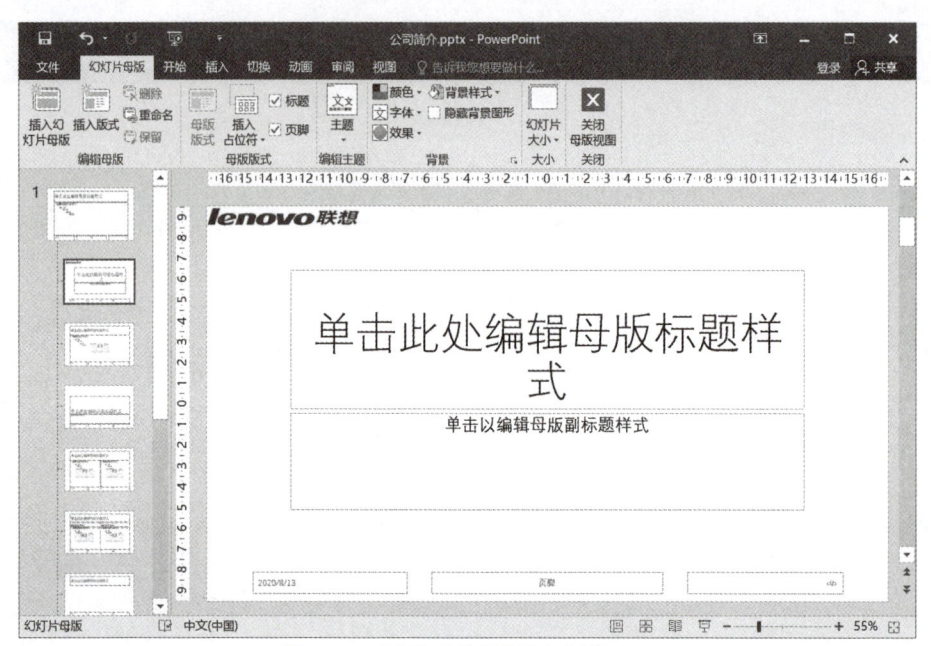

图 1-4-8　在幻灯片母版中插入公司 Logo

知识小贴士

在幻灯片母版视图中,标题幻灯片母版是指幻灯片的第一页,即封面幻灯片。幻灯片母版视图中第一页幻灯片为演示文稿幻灯片内页,即第二页至指定页幻灯片。

步骤 3　按照步骤 2 方法在幻灯片母版视图下第一张内页幻灯片中插入相同的 Logo 图片,并调整大小和位置,如图 1-4-9 所示。

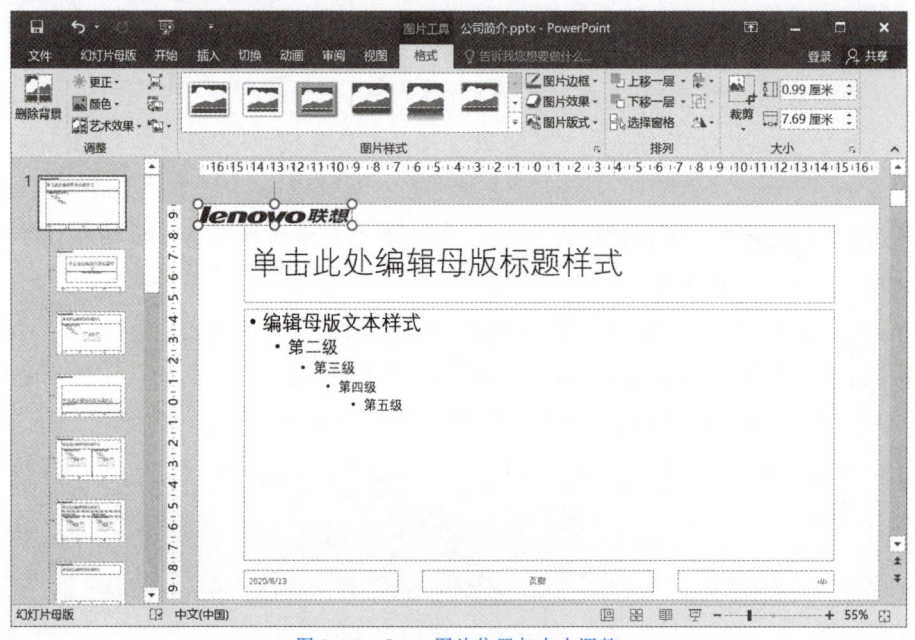

图 1-4-9　Logo 图片位置与大小调整

步骤 4 在幻灯片母版视图下第一张内页幻灯片插入图片"背景 1.jpg""内页背景 2.jpg""内页背景 3.jpg",调整大小和位置,如图 1-4-10 所示。

图 1-4-10 PowerPoint 内页图片的插入

步骤 5 在幻灯片母版视图下的第二页(标题幻灯片)中插入图片"标题幻灯片背景.jpg",用鼠标单击并拖动图片控制点,调整图片大小。右击图片,在弹出的快捷菜单中选择"置于底层"|"置于底层",如图 1-4-11 所示。

图 1-4-11 PowerPoint 标题幻灯片中图片的插入与设置

步骤 6 在母版视图标题幻灯片页中单击主标题占位符边框,设置文字格式,将字体设置为华文中宋、60 号、加粗、黑色,文本居中对齐,效果如图 1-4-12 所示。

图 1-4-12　标题幻灯片字体设置

步骤 7　设置页眉/页脚。在幻灯片母版内页单击"插入"|"文本"|"页眉和页脚"按钮，弹出"页眉和页脚"对话框，勾选"日期和时间"，单击"自动更新"单选按钮，勾选"幻灯片编号""页脚"复选框，在"页脚"下方的文本框中输入"中国联想集团公司"，勾选"标题幻灯片中不显示"复选框，单击"应用"按钮，如图 1-4-13 所示。设置后效果如图 1-4-14 所示。

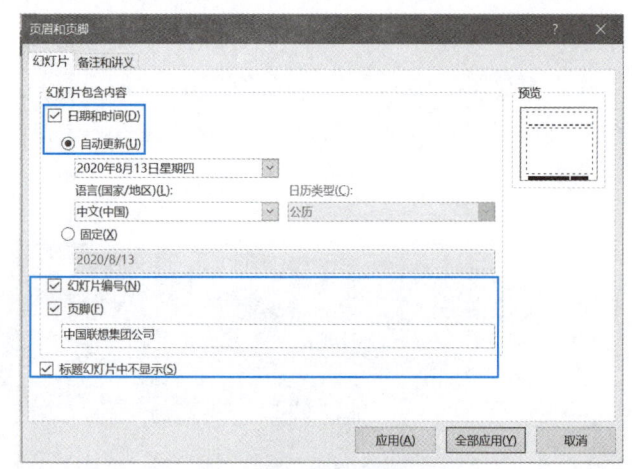

图 1-4-13　幻灯片页眉和页脚设置

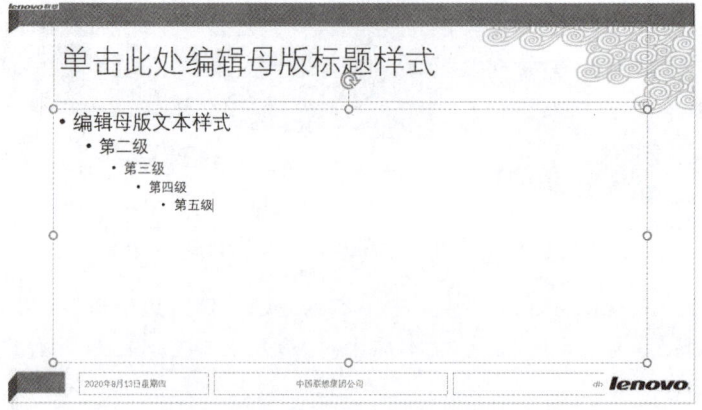

图 1-4-14　幻灯片插入页眉和页脚后效果

步骤 8　设置页脚文本样式。在幻灯片母版内页按住 Ctrl 键依次单击"日期和时间""页脚文本""页码"占位符,再单击"开始"|"字体"功能区中对话框启动器按钮" ",在弹出的"字体"对话框中设置字体为宋体、12 号、红色,如图 1-4-15 所示。

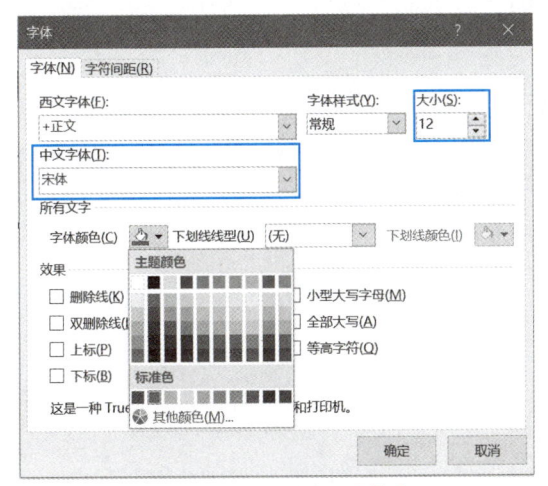

图 1-4-15　设置页脚文本样式

步骤 9　设置完成后,单击"确定"按钮,效果如图 1-4-16 所示。

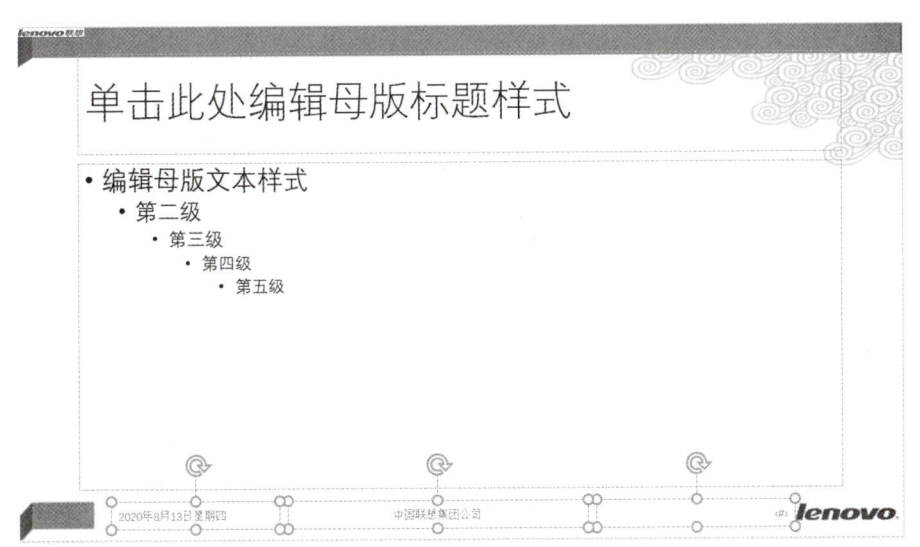

图 1-4-16　设置后的页眉和页脚

步骤 10　设置动作按钮。在幻灯片母版内页单击"插入"|"插图"|"形状"|"动作按钮",选择"动作按钮"组中的第一个按钮,如图 1-4-17 所示。此时鼠标光标变为"十"字状,将其移至幻灯片左下角时按住鼠标左键不放进行拖动,绘制动作按钮。绘制完成后,将自动弹出"操作设置"对话框,保持默认设置不变,单击"确定"按钮,完成该动作按钮的设置,如图 1-4-18 所示。双击此动作按钮,对该动作按钮进行颜色和线条、尺寸与位置的设置,如图 1-4-19 所示。

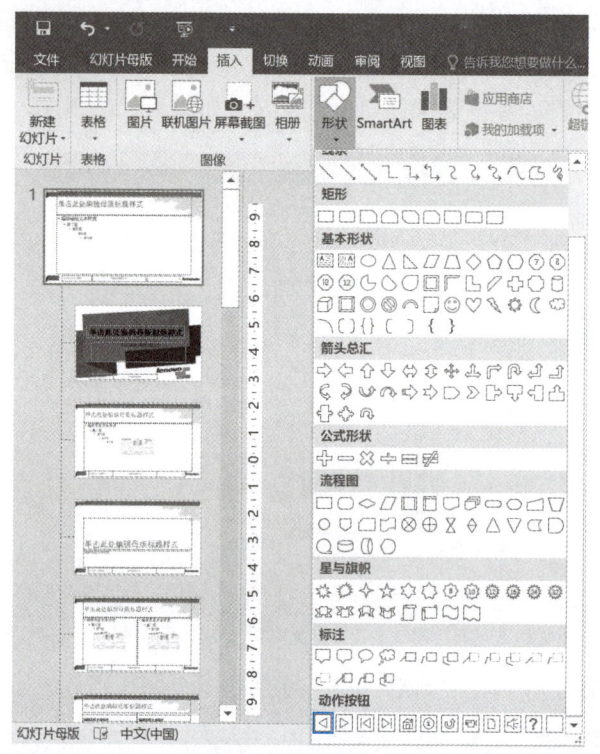

图 1-4-17 插入动作按钮

图 1-4-18 "操作设置"对话框

图 1-4-19 设置动作按钮样式

步骤 11 按照步骤 10 的方法,在幻灯片的左下角绘制"动作按钮:转到开头""动作按钮:前进或下一项""动作按钮:转到结尾",并进行颜色和线条、尺寸与位置的设置,如图 1-4-20 所示。

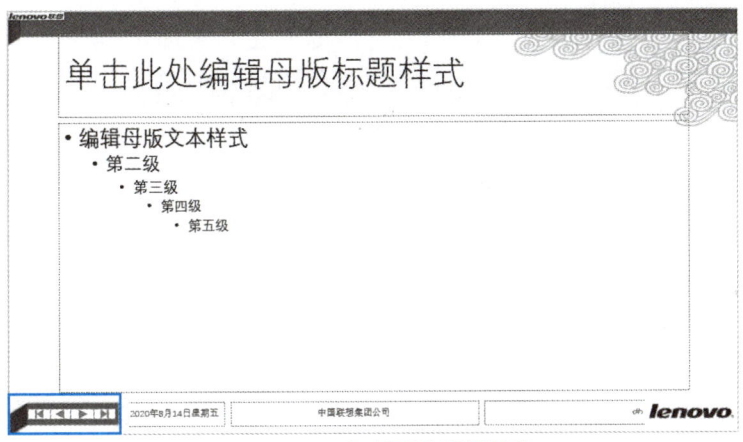

项目4 设计与制作公司简介演示文稿

图 1-4-20 四个动作按钮设置样式

步骤 12 调整好幻灯片母版其他版式的样式,如图 1-4-21 所示。

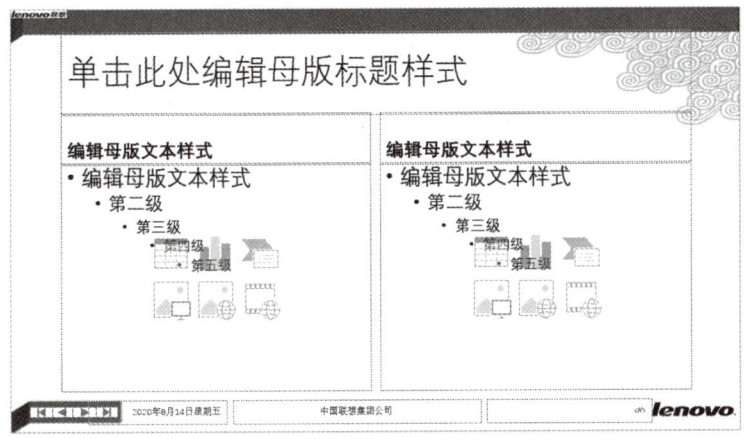

图 1-4-21 幻灯片母版其他版式的设置

步骤 13 单击"文件"|"另存为"命令,弹出"另存为"对话框,选择"保存类型"为"PowerPoint 模板(*.potx)",单击"保存"按钮,完成母版幻灯片模板的保存,如图 1-4-22 所示。

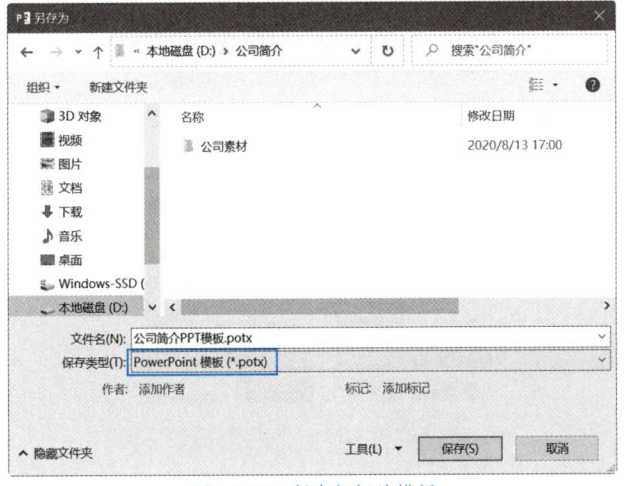

图 1-4-22 保存幻灯片模板

任务 4-2　制作公司简介幻灯片

模板制作完成后,即可使用该模板制作公司简介幻灯片。而一张好的幻灯片,内容不在多,最重要的是幻灯片的内容要丰富多彩,贵在精练,因为一张幻灯片的空间有限,不但要有文字和图片,适当的留白也是十分必要的。公司简介幻灯片主要内容有公司发展里程碑、公司组织结构图、市场状况,效果如图 1-4-23 所示。

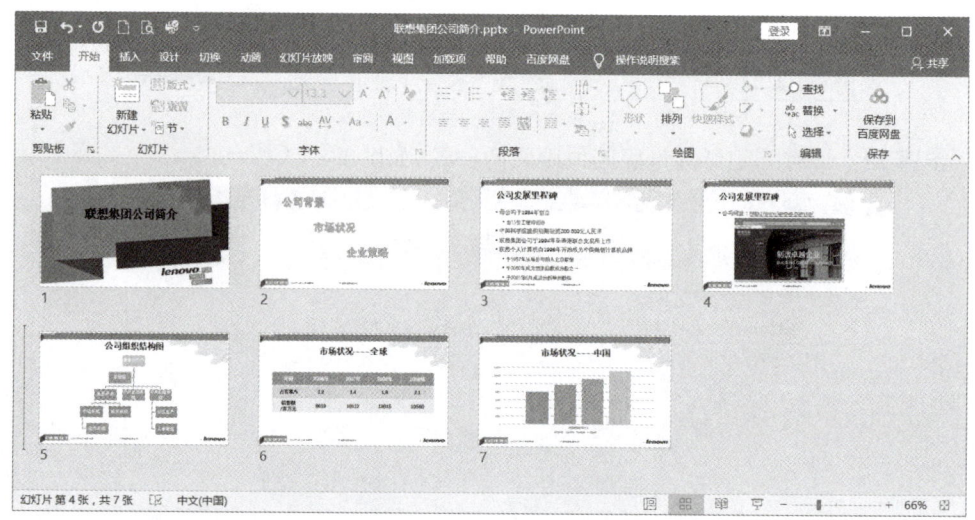

图 1-4-23　公司简介幻灯片效果

公司简介幻灯片具体实现步骤如下:

步骤 1　单击"开始"|"PowerPoint 2016"命令启动 PowerPoint 2016,建立一个名为"演示文稿 1"的演示文稿。

步骤 2　在演示文稿 1 中单击"设计"|"主题"下拉菜单中的"浏览主题",如图 1-4-24 所示。

图 1-4-24　设置幻灯片主题

步骤 3 在"选择主题或主题文档"对话框中找到任务 4-1 所做的"公司简介 PPT 模板",如图 1-4-25 所示。

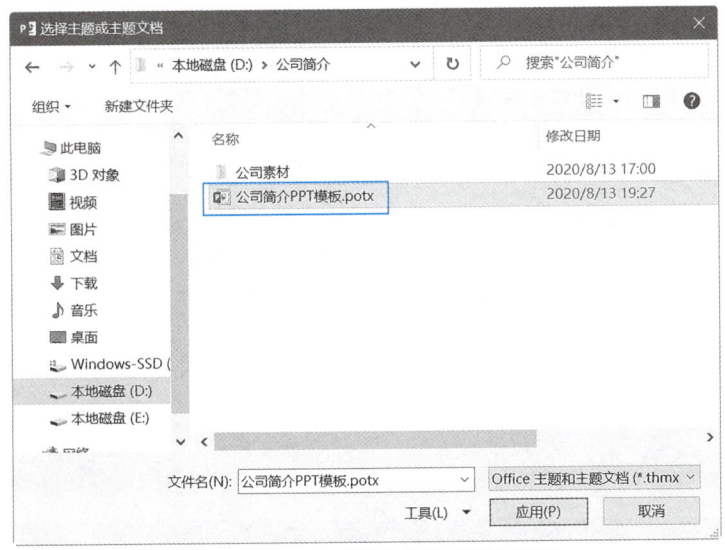

图 1-4-25 "选择主题或主题文档"对话框

步骤 4 在图 1-4-25 所示对话框中单击"应用"按钮,演示文稿 1 将应用任务 4-1 所做的模板,如图 1-4-26 所示。

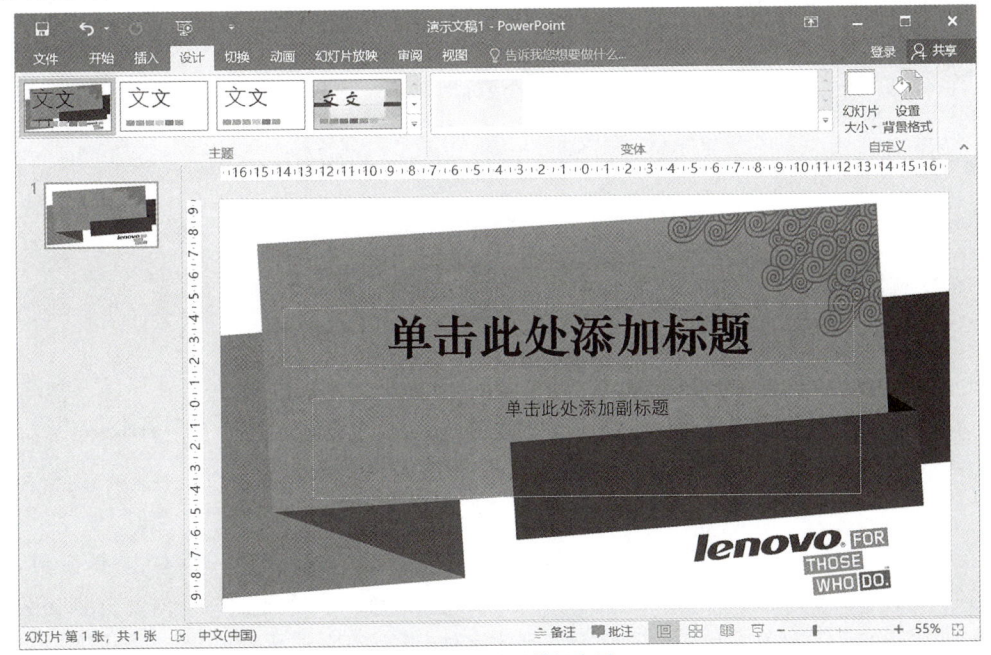

图 1-4-26 公司模板应用

步骤 5 在演示文稿 1 中,单击"单击此处添加标题"占位符,输入"联想集团公司简介",如图 1-4-27 所示。

步骤 6 在演示文稿 1 左侧幻灯片视图区空白处右击，在弹出的快捷菜单中选择"新建幻灯片"，如图 1-4-28 所示。新建多张幻灯片如图 1-4-29 所示。

图 1-4-27 标题录入　　　　图 1-4-28 新建幻灯片

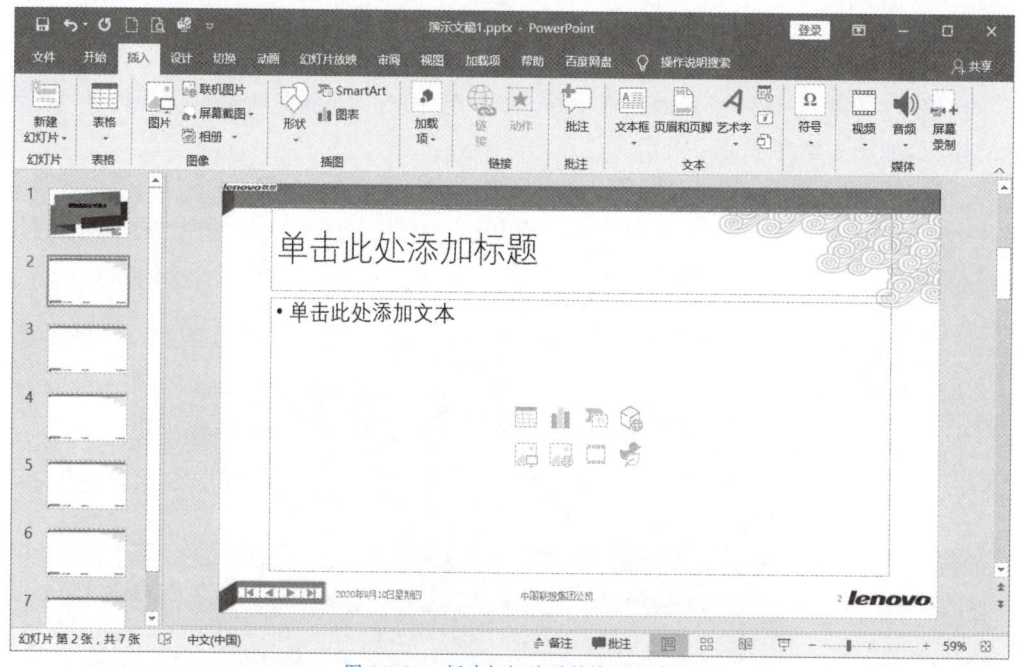

图 1-4-29 新建幻灯片后的演示文稿

步骤 7 在第二张幻灯片中，单击"插入"|"艺术字"，进入艺术字库选择窗口，如图 1-4-30 所示，选择相应的艺术字样式，为此页幻灯片插入三行艺术字（内容分别为公司背景、市场状况、企业策略），并设置好艺术字的字体、颜色等来美化幻灯片，效果如图 1-4-31 所示。

步骤 8 选择第三张幻灯片，单击"开始"|"幻灯片"功能区"版式"中的"标题和内容"版式，如图 1-4-32 所示。在"标题"和"内容"占位符中输入相应文字，如图 1-4-33 所示。

项目4 设计与制作公司简介演示文稿

图 1-4-30 插入艺术字

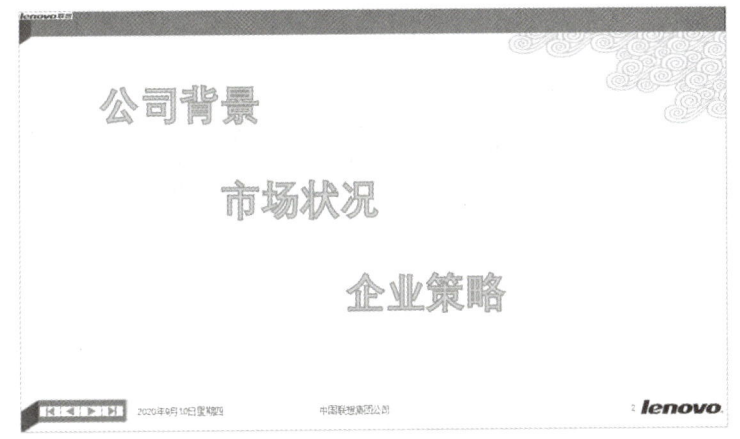

图 1-4-31 艺术字设置效果

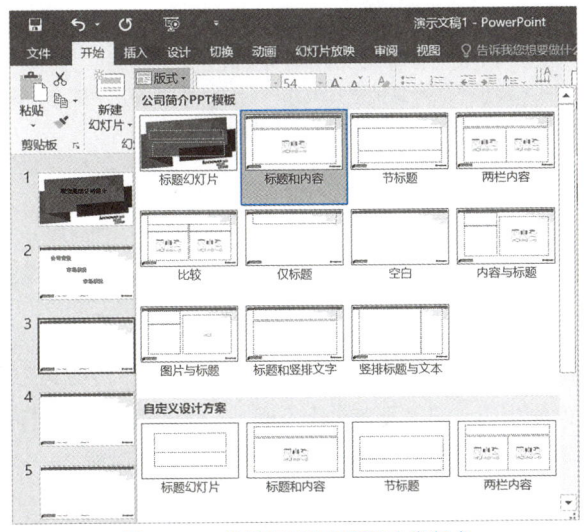

图 1-4-32 设置幻灯片标题和内容版式

177

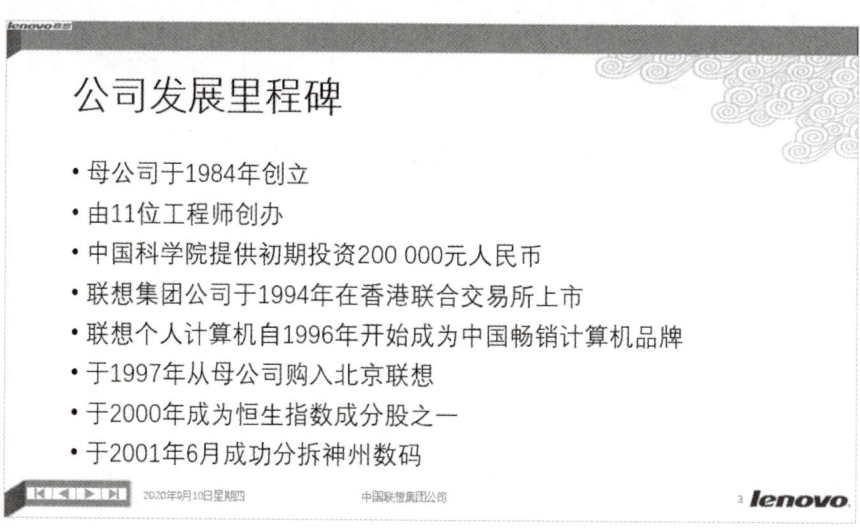

图 1-4-33 幻灯片文字录入

步骤 9 在第三张幻灯片内容中,按住 Ctrl 键用鼠标选中第 2、6、7、8 行,单击"开始"|"段落"功能区"提高列表级别"按钮" ",如图 1-4-34 所示。

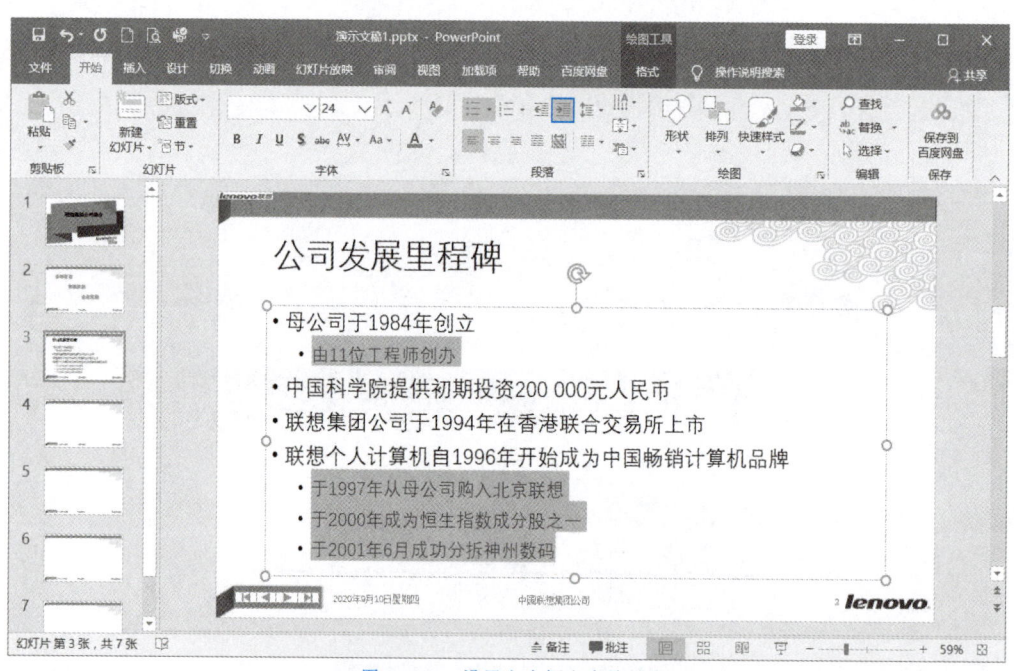

图 1-4-34 设置文本框文字缩进

步骤 10 选中第三张幻灯片内容,单击"开始"|"段落"功能区"行距"按钮" ",在下拉列表中选择"行距选项",弹出"段落"对话框,在对话框中设置行距为"固定值",设置值为"35 磅",如图 1-4-35 所示。单击"确定"按钮即可完成设置。

项目4　设计与制作公司简介演示文稿

图 1-4-35　设置文本框行距

步骤 11　选择第四张幻灯片,使用"标题和内容"版式。在标题占位符中输入文字 "公司发展里程碑"。在内容占位符中输入相应内容,并插入图片。

在内容文本框中选中"http://www.lenovo.com.cn/"后,右击,在弹出的快捷菜单中选择"超链接",打开"插入超链接"对话框,如图 1-4-36 所示。在地址栏中输入公司网址 "http://www.lenovo.com.cn/",为文字添加超链接。同样,选中图片,也可以为图片添加超链接。设置后如图 1-4-37 所示。

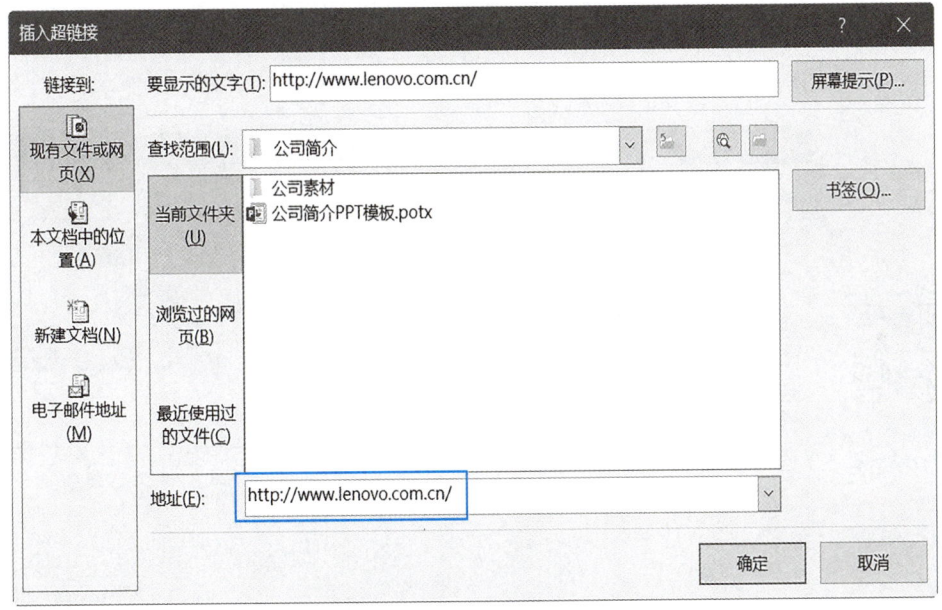

图 1-4-36　设置超链接

179

信息技术基础

图 1-4-37　设置超链接后的效果

> **知识小贴士**
>
> 添加的超链接,既可以是地址,也可以是某个特定的文件,或者演示文稿中的某一页,甚至是邮件,如在图 1-4-36 左侧,选中不同的项目,则可以选择不同的链接方法。在播放时单击链接即可链接到相应文件或者本演示文稿的某一页面。

步骤 12　选择第五张幻灯片,使用"标题和内容"版式,单击"插入"|"插图"功能区中的"SmartArt"按钮,在"选择 SmartArt 图形"对话框中选择组织结构图,如图 1-4-38 所示。

(1)在标题中输入"公司组织结构图"。

(2)系统默认的组织结构图有三层共五个图框,图框中的文字为预设文字,可以修改。

在演示文稿中插入 SmartArt 图

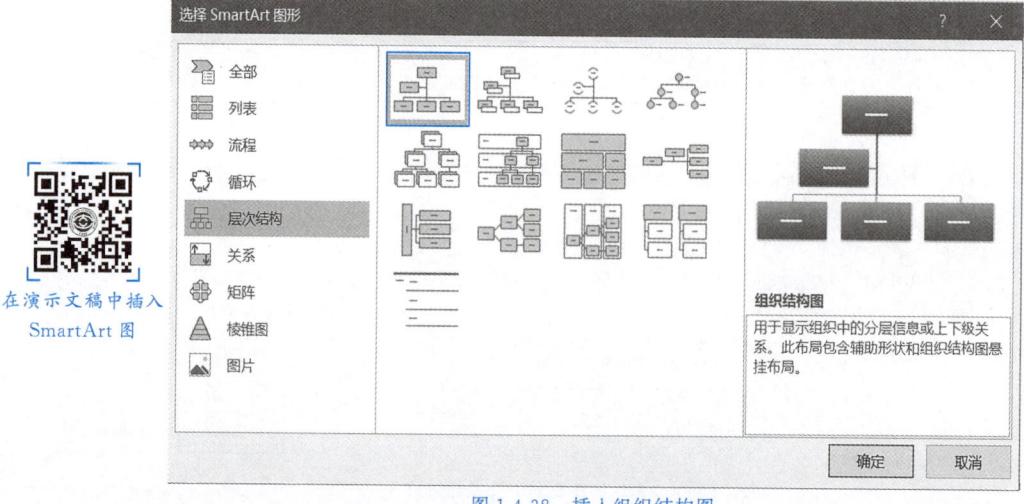

图 1-4-38　插入组织结构图

(3)可以增加结构图,右击某一图框,选择"添加形状",即可分别在该图框上方、下方和前、后方添加相应的图框。如图 1-4-39 所示。

项目4　设计与制作公司简介演示文稿

图 1-4-39　增加结构图

制作完成的组织结构图如图 1-4-40 所示。

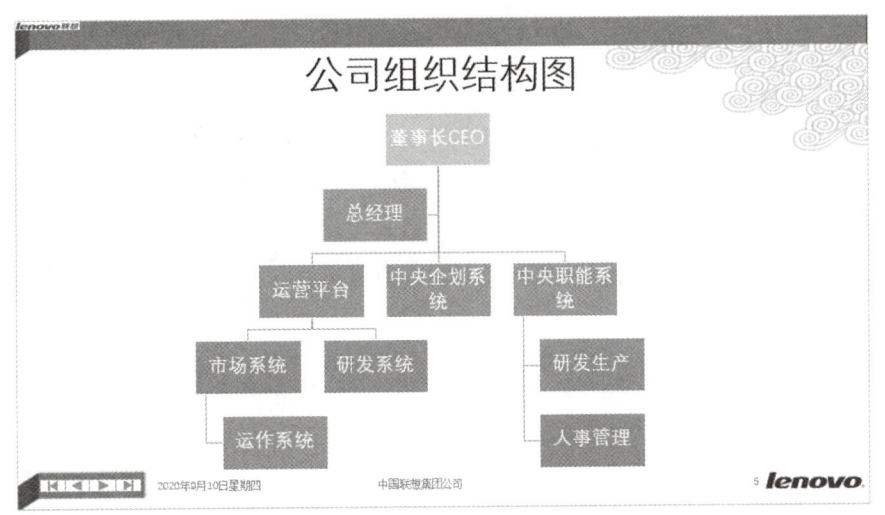

图 1-4-40　组织结构图

知识小贴士

在 Word 中也可以使用"插入"|"SmartArt"的方法插入组织结构图。使用方法和 PowerPoint 组织结构图基本一致。

步骤 13　选中第六张幻灯片,选择"标题和内容"版式。

(1)在标题中输入"市场状况——全球"。

(2)单击"插入"|"表格"|"插入表格"命令,在弹出的对话框中填写表格的列数和行数,输入 5 列 3 行。

(3)在生成的表格中输入数据,如图 1-4-41 所示。

181

图 1-4-41 创建表格

步骤 14 选中第七张幻灯片,选择"标题和内容"版式。

(1)在标题中输入"市场状况——中国"。

(2)单击"插入"|"插图"|"图表"按钮,在弹出的对话框中选择"柱形图"中的"簇状柱形图",如图 1-4-42 所示。单击"确定"按钮,系统自动打开 Excel 程序,在其中填写图表数据,第一行为年份,依次填入"年份""2016 年""2017 年""2018 年""2019 年",在第二行中依次填入"中国销售额/百万元"和相关数据。如图 1-4-43 所示。

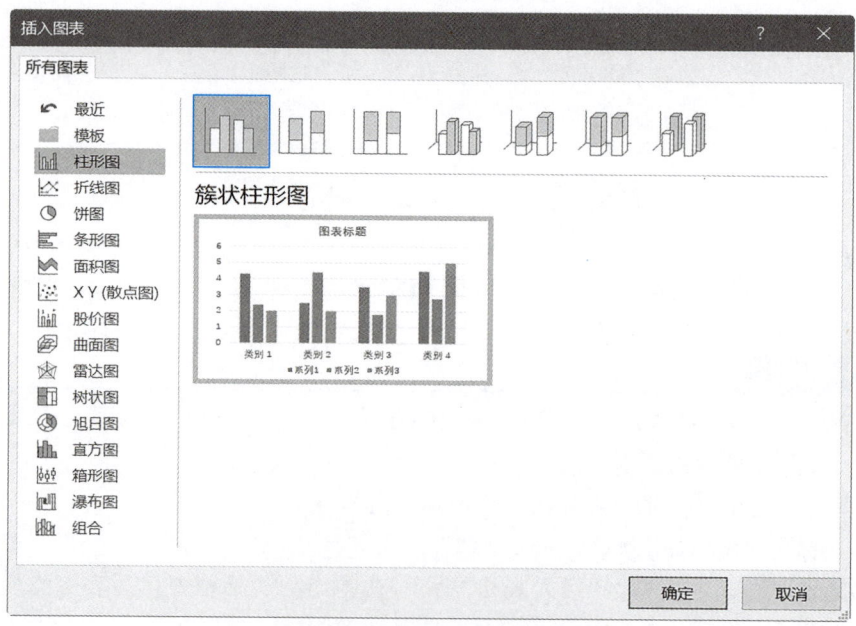

图 1-4-42 "插入图表"对话框

项目4　设计与制作公司简介演示文稿

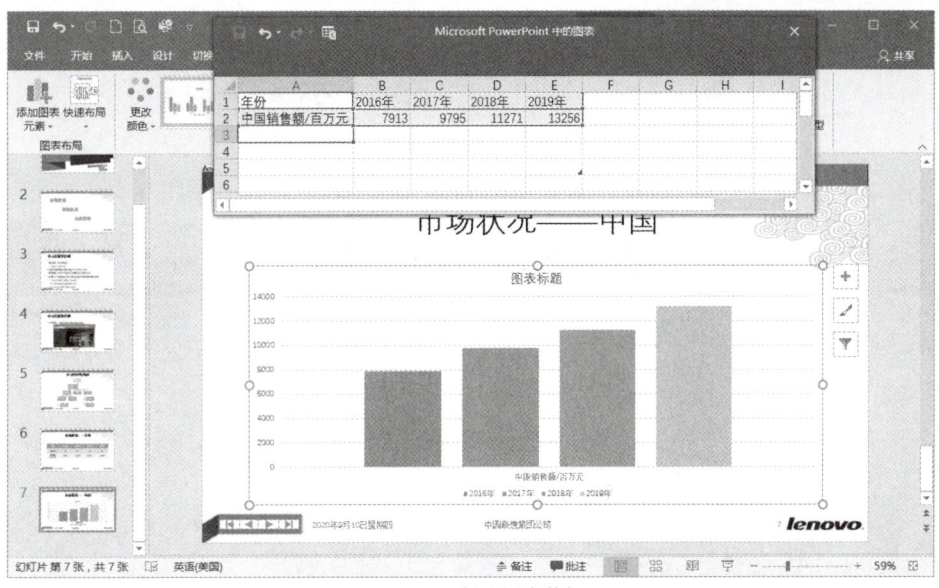

图 1-4-43　插入图表数据

知识小贴士

单击内容占位符中的"▇▇"按钮,也可以插入图表。

(3)关闭数据表。在生成的图表上右击,在弹出的快捷菜单中可以对图表的图表区域格式、图表类型等进行设置。

步骤 15　单击"文件"|"保存",弹出"另存为"对话框,在对话框中指定保存位置,设置文件名后单击"保存"按钮,如图 1-4-44 所示。公司简介演示文稿制作完成。

图 1-4-44　保存公司简介演示文稿

183

任务 4-3　制作产品展示幻灯片

制作产品展示幻灯片，需设计动画效果。产品展示幻灯片效果如图 1-4-45 所示。

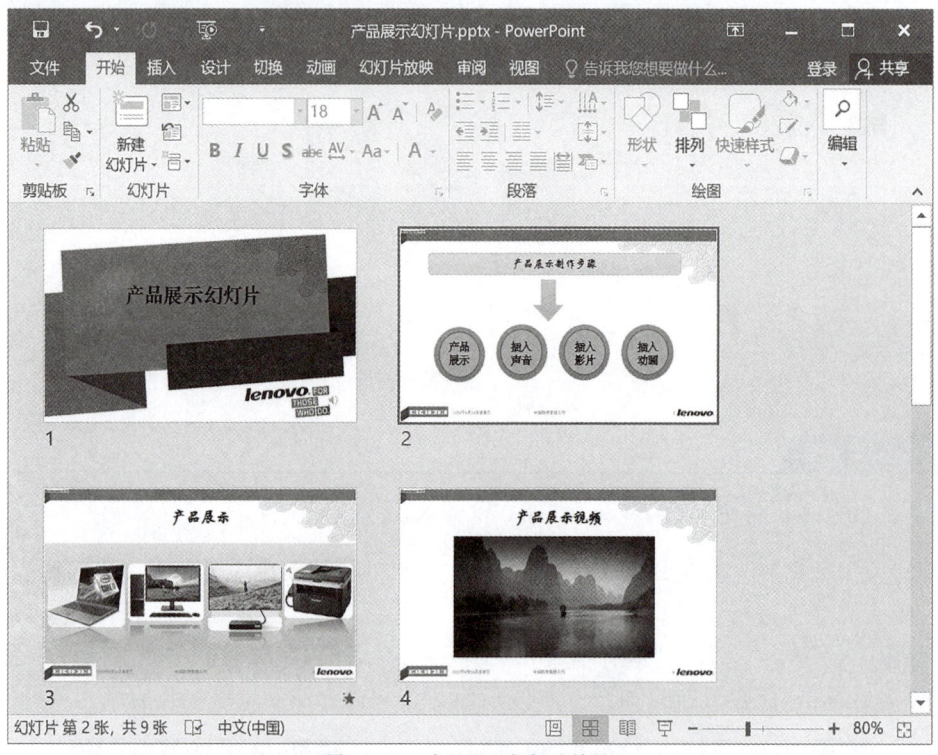

图 1-4-45　产品展示幻灯片效果

产品展示幻灯片具体实现步骤如下：

1. 新建演示文稿

新建"产品展示幻灯片"演示文稿，演示文稿样式引用任务 4-1 制作的模板，具体步骤参照任务 4-2 中步骤 2~4。

2. 产品展示界面制作

步骤 1　绘制圆角矩形

在第二张幻灯片中单击"插入"|"插图"功能区"形状"按钮，在"形状"菜单中双击"圆角矩形"，如图 1-4-46 所示。在页面中插入一个圆角矩形并选中，然后右击图形，选择"编辑文字"，输入"产品展示制作步骤"，字体为华文行楷，字号为 32 号，设置形状样式为"细微效果-金色，强调颜色 4"，如图 1-4-47 所示。

步骤 2　绘制下箭头

单击"插入"|"插图"功能区"形状"按钮，在"形状"菜单中双击下箭头"⬇"，在页面中插

入一个下箭头,在"绘图工具"|"格式"选项卡中,在"形状样式"功能区中选择"中等效果-金色,强调颜色 4",再单击"形状效果"|"三维旋转"|"角度"|"透视:宽松",如图 1-4-48 所示。

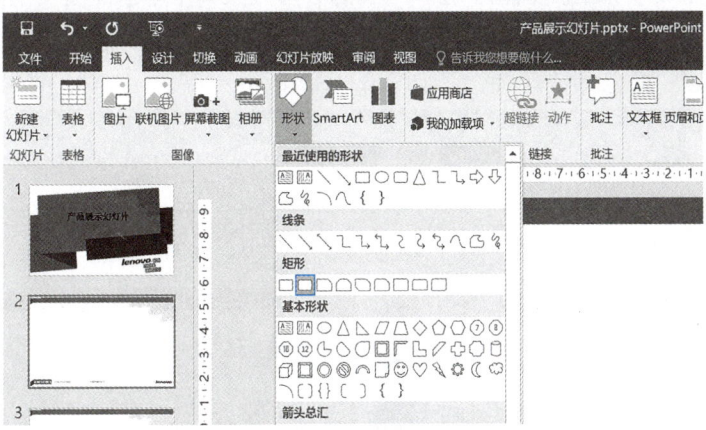

图 1-4-46　插入圆角矩形

图 1-4-47　设置样式后的圆角矩形

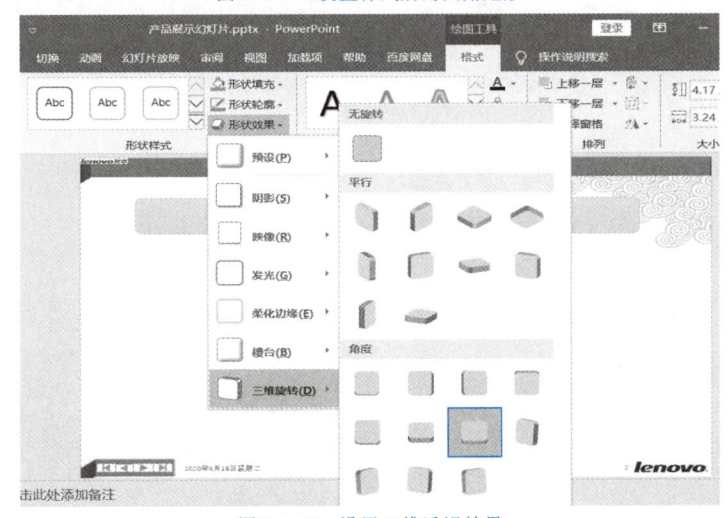

图 1-4-48　设置三维透视效果

步骤 3 绘制圆形按钮

（1）单击"插入"|"插图"功能区"形状"按钮，在形状菜单中单击椭圆"〇"，按住 Shift 键的同时按下鼠标左键拖动鼠标，画一个圆。再选择"绘图工具"|"格式"选项卡，设置形状效果为"中等效果-橙色，强调颜色 2"，如图 1-4-49 所示。

图 1-4-49 设置第一个圆的形状效果

（2）同理，画第二个圆，在"绘图工具"|"格式"选项卡中选中第二个圆，选择"形状填充"|"渐变"|"从右上角"，如图 1-4-50 所示。

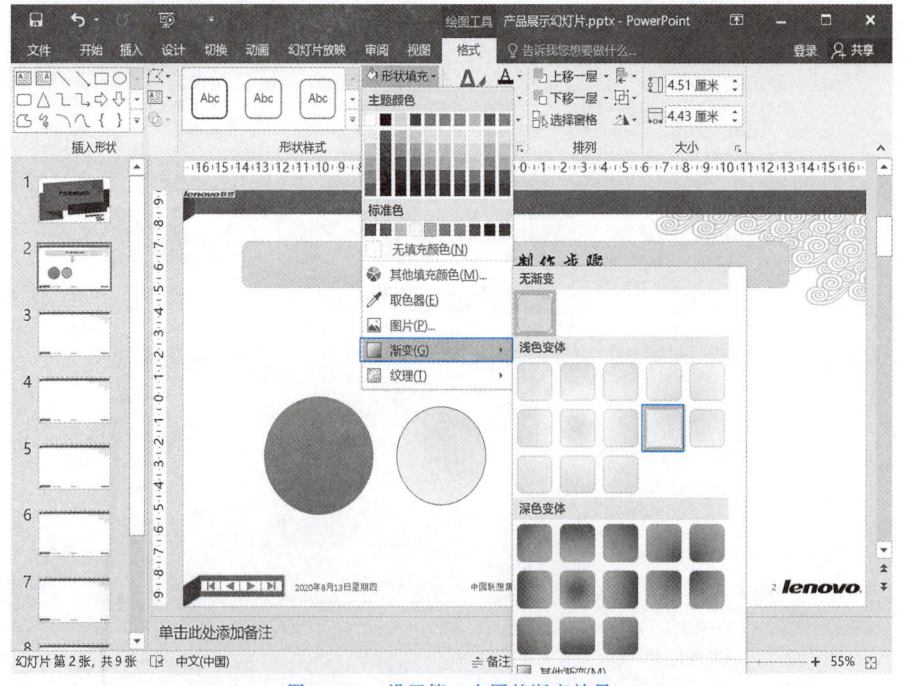

图 1-4-50 设置第二个圆的渐变效果

(3)依次选中所画两个圆,然后选择"对齐"|"水平居中",再选择"对齐"|"上下居中",最后右击,选择"组合"|"组合",效果如图 1-4-51 所示。

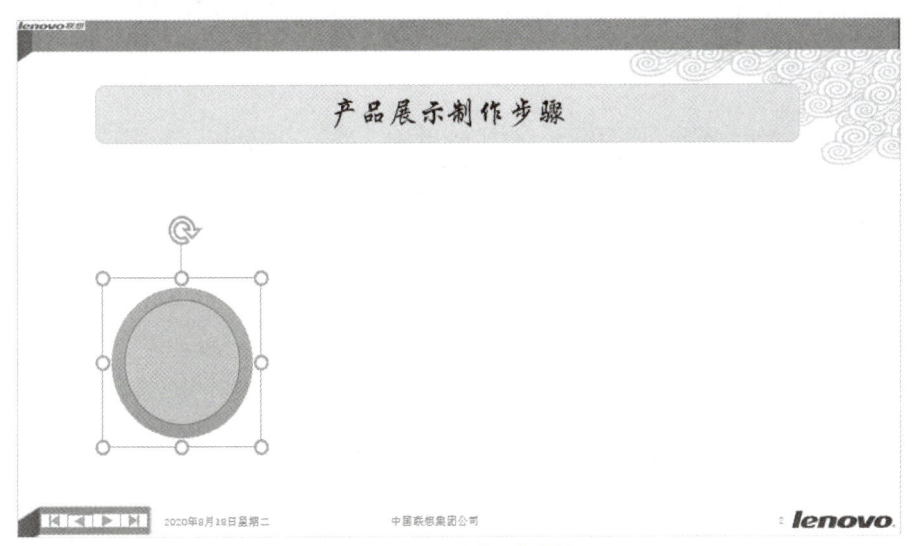

图 1-4-51　图形组合效果

(4)同理,再画三个按钮,然后插入四个文本框,在按钮中分别输入"产品展示""插入声音""插入影片""插入动画",设置字体颜色为黑色,字体为宋体,字号为 32,加粗,效果如图 1-4-52 所示。

图 1-4-52　按钮制作及文本输入

3. 制作产品展示幻灯片

步骤 1　单击第三张幻灯片,设置"仅标题"版式,并在标题中输入"产品展示",然后设置文本字号为 44,华文行楷、加粗,如图 1-4-53 所示。

信息技术基础

图 1-4-53　设置幻灯片版式及标题

步骤 2　设置幻灯片背景。将鼠标移至空白区域，右击，在弹出的快捷菜单中选择"设置背景格式"选项，右侧打开"设置背景格式"面板，在面板中选择"渐变填充"，在"预设渐变"中选择"浅色渐变-个性色 2"，如图 1-4-54 所示。

图 1-4-54　设置幻灯片背景

步骤 3　单击"插入"|"图像"|"图片"按钮，弹出"插入图片"对话框，如图 1-4-55 所示，选择"联想笔记本.jpg"，单击"插入"按钮即可完成图片的插入。

项目4　设计与制作公司简介演示文稿

图 1-4-55　"插入图片"对话框

步骤 4　双击图片,选择图片样式为"映像圆角矩形",如图 1-4-56 所示。

图 1-4-56　选择图片样式

步骤 5　同理,插入另外三张图片,并设置与"联想笔记本.jpg"相同的图片效果,调整图片位置,如图 1-4-57 所示。

189

图 1-4-57　设置图片效果

4. 演示文稿的动态效果设置

步骤 1　设置幻灯片的切换效果

切换是向幻灯片添加视觉效果的一种方式。幻灯片切换效果是在演示期间从一张幻灯片移到下一张幻灯片时在"幻灯片放映"视图中出现的动画效果，它可以控制切换效果的速度，添加声音，甚至还可以对切换效果的属性进行自定义。在"切换"选项卡的"切换到此幻灯片"功能区中，单击要应用于该幻灯片的幻灯片切换效果，如为第三张幻灯片添加"百叶窗"效果，如图 1-4-58 所示。

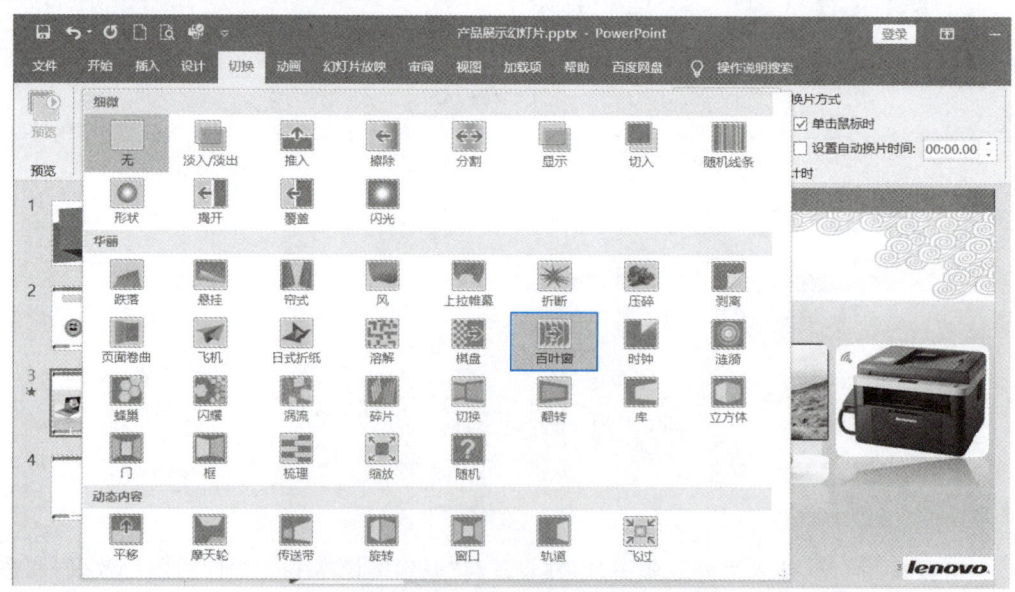

图 1-4-58　幻灯片切换效果列表

步骤 2　设置幻灯片的动画效果

（1）在第三张幻灯片中，选中"产品展示"文本框，然后单击"动画"选项卡，在"动画"功

能区的下拉菜单中,选择"进入"|"擦除"效果,如图 1-4-59 所示。

图 1-4-59　设置文本框动画效果

(2)同时选中四张产品图片(使用 Shift 键配合),然后单击"动画"|"动画"功能区的下拉菜单,选择"进入"|"形状",设置为"效果选项"|"圆形"效果,如图 1-4-60 所示。在"动画窗格"中显示四张图片的动画效果,可以看出第一个动画的"开始"是"单击开始",其他三个动画的"开始"全部是"从上一项开始",也就是说这四张图片的动画效果是一起出现的,如图 1-4-61 所示。

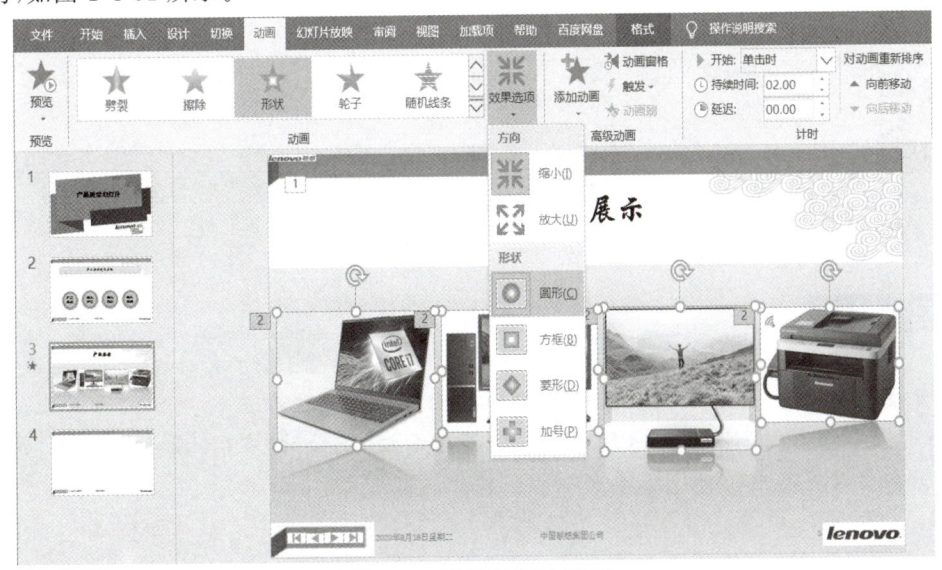

图 1-4-60　设置图片动画效果

图 1-4-61　动画窗格动画设置

5. 在幻灯片中插入多媒体元素

步骤 1　插入声音文件

（1）首先将 mp3 格式的声音文件移动到"产品展示幻灯片"演示文稿素材文件夹中。

（2）然后选择第一张幻灯片，执行"插入"|"媒体"|"音频"命令，选择"PC 上的音频"，弹出"插入音频"对话框，如图 1-4-62 所示，选中音频文件，单击"插入"按钮，即可向幻灯片中插入音频文件。

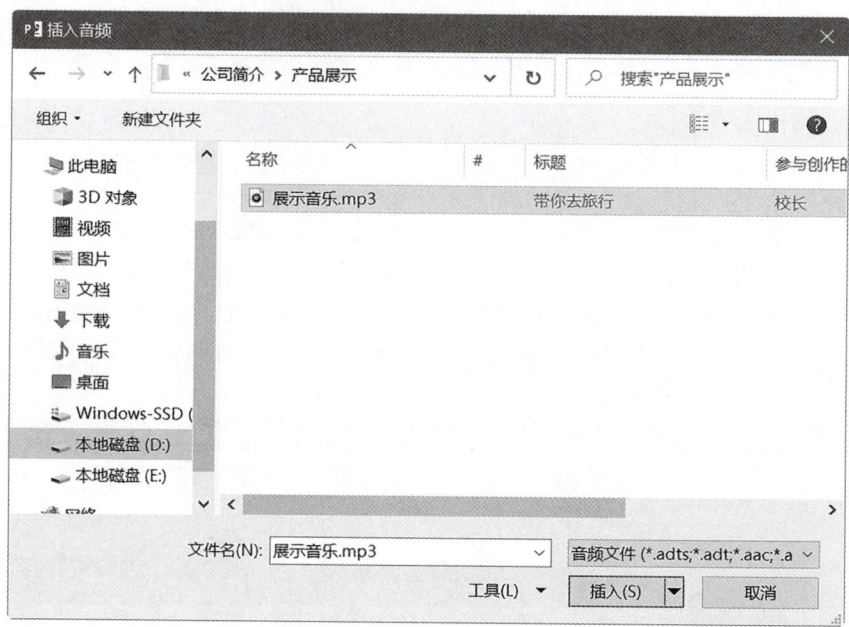

在演示文稿中插入背景音乐

图 1-4-62　"插入音频"对话框

知识小贴士

如果想让上述插入的声音文件在多张幻灯片中连续播放，可以这样设置：在第一张幻灯片中插入声音，选中小喇叭符号，在"动画窗格"中，双击相应的声音文件对象，打开"播放音频"对话框，如图 1-4-63 所示，选中"停止播放"下面的"在'X'张幻灯片后"选项，并根据需要设置其中的"X"值，单击"确定"按钮返回即可。

项目4　设计与制作公司简介演示文稿

图 1-4-63　"播放音频"对话框

步骤 2　插入影片文件

选中第四张幻灯片,执行"插入"|"媒体"|"视频"命令,选择"PC 上的视频",弹出"插入视频文件"对话框,如图 1-4-64 所示,选择要插入的影片文件后单击"插入"按钮。

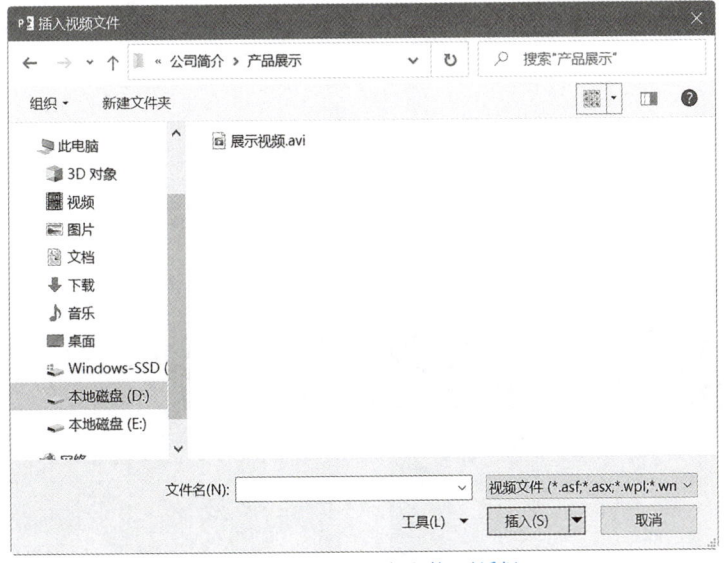

图 1-4-64　"插入视频文件"对话框

知识小贴士

建议将幻灯片与多媒体文件放在同一文件夹下,以方便管理。

193

巩固与提高

1. 制作大学生职业生涯规划模板

效果如图 1-4-65 所示。

图 1-4-65　大学生职业生涯规划模板

2. 制作大学生职业生涯规划演讲稿

设计一个大学生职业生涯规划演示文稿，包括如下内容：

- 个人简介
- 自我认知
- 职业认知
- SWOT 分析
- 行动方案

效果如图 1-4-66～图 1-4-70 所示。

图 1-4-66　个人简介

图 1-4-67　自我认知

项目4　设计与制作公司简介演示文稿

图 1-4-68　职业认知

图 1-4-69　SWOT 分析

图 1-4-70　行动方案

习题练习

一、单项选择题

二、操作题

请用 PowerPoint 2016 制作主题为"我的大学生活"宣传稿（至少十张幻灯片）。将制作完成的演示文稿命名为"我的大学生活"，并保存到计算机桌面上。制作要求如下：

(1)标题用艺术字，其他文字内容、模板、背景等格式自定；

(2)插入自选图形、图片（大学学习、活动照片）等对象；

(3)为各对象（自选图形、图片等）制作动画效果，动画形式自定；

(4)幻灯片切换时自动播放，样式自定；

(5)整个演示文稿设计要突出"我的大学生活"，整个设计风格要协调。

项目 5
利用网络检索毕业论文资料

项目分析

柏天同学即将大学毕业,根据学校的培养方案,他需要完成毕业论文的撰写,为方便、高效地查找论文的选题资料,阅读相关文献等,他决定利用网络资源和中文学术期刊数据库来实现。按以上要求,柏天同学必须掌握以下技能:

1. 了解计算机网络基础知识;
2. 能进行网络连接;
3. 了解信息检索;
4. 能利用中文学术期刊数据库检索资料;
5. 能利用电子邮件发送检索报告。

项目职业素养

通过本项目的学习,学生将树立尊重他人的知识产权,不利用网络从事有损于社会和他人的活动;尊重他人的隐私权,不利用网络攻击、伤害他人;不发布虚假和违背社会发展规律的信息,不发布有损他人利益的信息,不利用网络谋取不正当的商业利益的思想意识。

预备知识

计算机网络,是指将地理位置不同的、具有独立功能的多台计算机及其外部设备,通过通信线路连接起来,在网络操作系统、网络管理软件及网络通信协议的管理和协调下,实现资源共享和信息传递的计算机系统。

任务 5-1　将计算机接入网络

1. 连接网络

（1）网络分类

计算机网络的分类方式有多种，一般是按网络传输媒介、网络覆盖的范围、网络的拓扑结构进行分类。

①按网络传输媒介分类

有线网络：指用户采用同轴电缆、双绞线和光纤等物理传输媒介来连接的网络。

无线网络：指允许用户使用红外线技术及射频技术建立远距离或近距离的无线连接，实现网络资源共享。

无线网络与有线网络最大的不同在于传输媒介的不同。

②按网络覆盖的范围分类

按网络覆盖的范围可将网络分为局域网（LAN）、城域网（MAN）和广域网（WAN）。

局域网是指几千米以内的计算机连接而成的计算机网络。在局域网中，计算机的分布范围比较小，一般为几米到几千米。局域网的特点是，连接范围窄，用户少，配置容易，连接速率高。

城域网是指分布范围在十几千米到几百千米的计算机网络，城域网适用于一个城市、一个地区。

广域网是指远距离计算机所组成的计算机网络。广域网的分布范围一般在一千千米以上。

> **知识小贴士**
>
> 按网络覆盖的范围也可将无线网络分为 WPAN（无线个人局域网）、WLAN（无线局域网）、WMAN（无线城域网）、WWAN（无线广域网）。

③按网络的拓扑结构分类

计算机网络拓扑结构是指网络中各个节点相互连接的形式。网络拓扑结构的描述方法是，把计算机抽象成一个点，把通信线路抽象成线，然后用这些点和线描述计算机的网络结构。根据拓扑结构的形状，可以把计算机网络分为总线型、环型、星型等几种形式，这几种形式的拓扑结构如图 1-5-1 所示。

(a)总线型　　(b)星型　　(c)环型

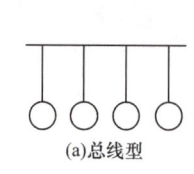

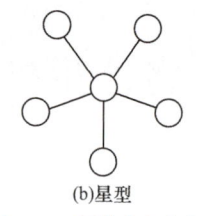

图 1-5-1　网络的拓扑结构

(2)计算机网络的组成

从系统组成来看,计算机网络是由网络硬件系统和网络软件系统构成的。

①网络硬件系统

网络硬件系统是指构成计算机网络的硬件设备,包括网络中的各种计算机、终端及通信设备等。

• 网络中的计算机:计算机网络的主体。根据在网络中的功能和用途不同,网络中的计算机可分为服务器和工作站。

服务器是为网络上工作站提供服务及共享资源的计算机设备,工作站是连接到网络上的计算机,是网络中用户所使用的计算机,又称客户机。

• 终端:本身不具备处理能力,不能直接连接到网络上,只能通过网络上的计算机与网络相连而发挥作用,常见的终端有显示终端、打印终端等。

• 传输介质:在网络设备之间构成物理通路,以便实现信息的交换。常见的传输介质有同轴电缆、双绞线、光纤。

• 网络互联设备:用于实现网络之间的互联,主要有中继器、集线器、路由器、交换机等。

• 网络接入设备:用于实现计算机与计算机网络连接的设备,常见的网络接入设备有网卡、调制解调器等。

网卡又称为网络接口卡,其主要功能是将计算机要传送的数据转换成网络上其他设备能识别的格式,然后通过网络介质传输。

调制解调器,在数据发送端,用来将数字信号转换成模拟信号,以便采用电话线传输信号;在数据接收端,用来将模拟信号转换成数字信号,以便计算机接收和处理数据。

②网络软件系统

网络软件系统主要包括网络操作系统、网络通信协议和各种网络应用软件。

网络操作系统是网络中的计算机与计算机网络之间的接口,它除了具有一般操作系统的功能外,还具有网络通信、网络服务的功能。目前比较常见的网络操作系统有UNIX、Linux、Netware、Windows Server等。

网络通信协议是网络中计算机之间、网络设备与计算机之间、网络设备之间进行通信时,双方所要遵循的通信规则约定,常见的网络通信协议有 IPX/SPX(网际包交换/序列包交换)协议、TCP/IP 协议等。

网络管理软件是指用来对网络运行状况进行信息统计、报告、警告、监控的应用软件。

(3) Internet 基础

Internet 又叫国际互联网,是由多个网络相互连接而组成的一个全球性的计算机网络系统。Internet 上最基本的通信协议是 TCP/IP 协议。

① IP 地址

为保证全网的正确通信,Internet 为联网的每个网络和每台主机都分配一个唯一的地址,称为 IP 地址。

• IPv4 地址

IPv4 地址使用 32 位的二进制地址,其地址由四组八位二进制数(用十进制表示)组成,中间用圆点分隔。每组数字最大为 255,最小为 0,如:172.16.131.78。

IPv4 地址分为 A 类、B 类、C 类、D 类和 E 类,具体划分见表 1-5-1。

表 1-5-1　　　　　　　　　　IPv4 地址划分

类别	范围	子网掩码	私有地址
A	1.0.0.0～126.0.0.0	255.0.0.0	10.0.0.0～10.255.255.255
B	128.0.0.0～191.254.0.0	255.255.0.0	172.16.0.0～172.31.255.255
C	192.0.1.0～223.255.254.0	255.255.255.0	192.168.0.0～192.168.255.255
D	224.0.0.0～239.255.255.255	广播地址	
E	240.0.0.0～255.255.255.255	被保留用于研究,故 Internet 上没有可用的 E 类 IP 地址	

子网掩码是用来指明一个 IP 地址的哪些位标识的是主机所在的子网,以及哪些位标识的是主机的位掩码。子网掩码不能单独存在,它必须结合 IP 地址一起使用。子网掩码只有一个作用,就是将某个 IP 地址划分成网络地址和主机地址两部分。

私有地址:私有 IP 地址是一段保留的 IP 地址。只在局域网中使用,在 Internet 上是不使用的。

• IPv6 地址

IPv4 最大的问题是网络地址资源有限,为解决上网问题,IPv6 应运而生。IPv6 地址为 128 位长,但通常写作 8 组,组和组之间用冒号隔开,每组为 4 个十六进制数(简单估计,IPv6 地址数量是 IPv4 的 2^{96} 倍)。例如:2001:0000:130F:0000:0000:09C0:876A:130B。

为了简化 IPv6 地址的表示,对于 IPv6 地址中的"0"可以有下面的处理方式:

▶每组中的前导"0"可以省略,即上述地址可写为 2001:0:130F:0:0:9C0:876A:130B。

▶如果地址中包含连续两个或多个均为 0 的组,则可以用双冒号"::"来代替,即上述地址可写为 2001:0:130F::9C0:876A:130B,这叫作零压缩法。

在一个 IPv6 地址中只能使用一次双冒号"::",否则当设备将"::"转换为 0 以恢复 128 位地址时,将无法确定"::"所代表的 0 的个数。

IPv6 地址由两部分组成：地址前缀与接口标识。其中，地址前缀相当于 IPv4 地址中的网络号码字段部分，接口标识相当于 IPv4 地址中的主机号码部分。

②域名系统

域名系统又称为 DNS，是互联网的一项核心服务。它用字符型的域名标记互联网中的主机，然后用专门的 DNS 服务器负责解析域名与 IP 地址的对应系统，从而克服用数字化 IP 地址访问主机时，IP 地址难以记忆、使用不便的问题。

域名是分层次的，一般由计算机名、组织机构名、网络名（机构的类别）和顶级域名组成。其一般格式如下：计算机名.组织机构名.网络名.顶级域名。通用顶级域名见表 1-5-2。

表 1-5-2　　　　　　　　　通用顶级域名

地理性域名		机构性域名	
cn：中国	it：意大利	gov：政府部门	mil：军事组织
ru：俄罗斯	jp：日本	com：商业机构	net：网络组织
de：德国	fr：法国	edu：教育机构	org：非营利组织
sg：新加坡	uk：英国	info：信息服务机构	ini：国际性组织或机构

例如：www.dlut.edu.cn，其中 cn 代表中国（China），edu 代表教育机构，dlut 代表大连理工大学，www 代表全球网（或称万维网，World Wide Wed），整个域名合起来就代表中国教育机构网上的大连理工大学站点。

知识小贴士

Internet 中常用术语：

HTTP（HyperText Transfer Protocol），即超文本传输协议。

FTP（File Transfer Protocol），即文件传输协议。

URL（Uniform Resource Locator），即统一资源定位符：唯一标识页面的名字。URL 包括三部分：协议名称、页面所在机器的 DNS 名字（主机名）、标识指定页面（经常是一个位于它所在机器上的文件）的唯一的本地名字，即文件名。

HTML（HyperText Markup Language），即超文本标记语言。

2. 计算机连接互联网

Internet 是全球最大的计算机互联网，Internet 以 TCP/IP 网络协议连接全球计算机。

（1）ISP 网络服务商

ISP（Internet Service Provider，网络服务商）是为用户提供 Internet 接入和 Internet 信息服务的公司和机构。由于接入国际互联网需要租用国际信道，其成本对于一般用户而言是无法承担的。ISP 作为接入服务的中介，需投入大量资金建立中转站，租用国际信道和大量的当地电话线，购置一系列计算机设备，通过集中使用、分散压力的方式，向本地用户提供接入服务。

从某种意义上讲，ISP 是全世界数以亿计的用户通往 Internet 的必经之路。

我国目前主流的 ISP 如图 1-5-2 所示。

图 1-5-2 我国目前主流的 ISP

（2）Internet 连接方式

① 有线接入方式

a.LAN（局域网）接入

相对于拨号接入和 ADSL 接入来说，LAN 接入方式比较简单。LAN 接入是利用以太网技术，采用"光缆＋双绞线"进行综合布线。具体实施方案是，从社区机房铺设光缆至住户单元楼，楼内布线采用 5 类双绞线至用户家里，双绞线总长度一般不超过 100 米。

• 静态 IP 接入方式

静态 IP 接入步骤如下：

步骤 1　用户完成相应的硬件连接后打开"控制面板"，然后单击控制面板中"网络和 Internet"链接，跳转到"网络和 Internet"窗口，如图 1-5-3 所示。

图 1-5-3　"网络和 Internet"窗口

步骤 2　在"网络和 Internet"窗口中，单击"网络和共享中心"工作组中的"查看网络状态和任务"选项，当前窗口跳转到"网络和共享中心"窗口，如图 1-5-4 所示。

信息技术基础

图 1-5-4 "网络和共享中心"窗口

步骤 3 在"网络和共享中心"窗口中单击"以太网"选项,弹出"以太网 状态"对话框,如图 1-5-5 所示。

步骤 4 在"以太网 状态"对话框中单击"属性"按钮,弹出"以太网 属性"对话框,如图 1-5-6 所示。

图 1-5-5 "以太网 状态"对话框　　　　图 1-5-6 "以太网 属性"对话框

步骤 5 在"以太网 属性"对话框中双击"Internet 协议版本 4(TCP/IPv4)"列表项,弹出"Internet 协议版本 4(TCP/IPv4)属性"对话框,如图 1-5-7 所示。

步骤 6 在"Internet 协议版本 4(TCP/IPv4)属性"对话框中输入 ISP 提供的 IP 地址、子网掩码、默认网关以及 DNS,然后单击"确定"按钮即可完成网络连接设置。

• 动态 IP 接入方式

步骤 1 用户安装好网卡,然后用双绞线将计算机和交换机连接起来。

步骤 2 在图 1-5-7 对话框中选中"自动获得 IP 地址"单选按钮和"自动获得 DNS 服务器地址"单选按钮,单击"确定"按钮即完成局域网上网连接设置,如图 1-5-8 所示。

图 1-5-7 "Internet 协议版本 4(TCP/IPv4)属性"对话框 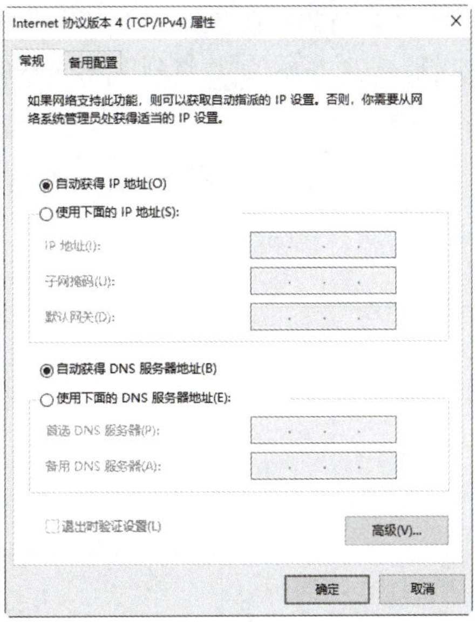　　图 1-5-8　动态 IP 接入方式设置

b.ADSL 拨号连接

ADSL 是一种能够通过普通电话线提供宽带数据业务的技术。ADSL 接入类型分为专线入网方式和虚拟拨号入网方式。专线入网方式是用户拥有固定的静态 IP 地址，24 小时在线。虚拟拨号接入方式则并非是真正的电话拨号，而是用户输入账号、密码，通过身份验证获得一个动态的 IP 地址进行连接。

• 建立虚拟拨号接入

步骤 1　参照前面所学知识，在"网络和共享中心"窗口中单击"设置新的连接或网络"，打开"设置连接或网络"窗口，如图 1-5-9 所示。

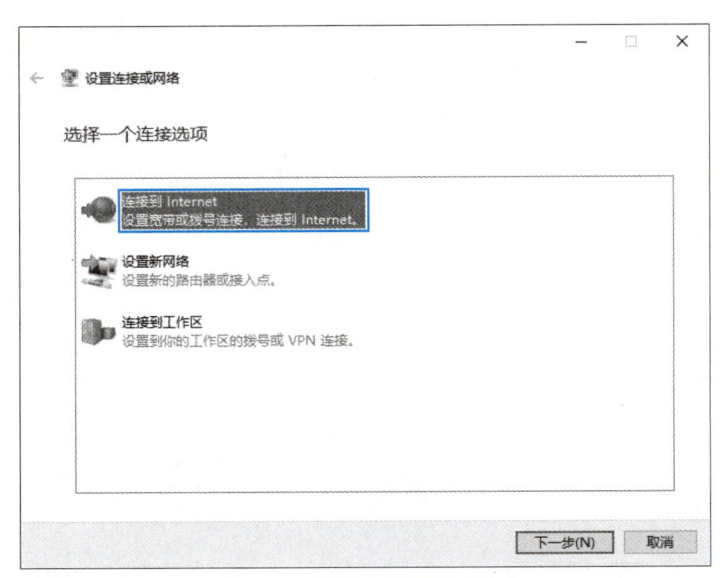

图 1-5-9　"设置连接或网络"窗口

步骤 2　在"设置连接或网络"窗口中选中"连接到 Internet",单击"下一步"按钮,打开如图 1-5-10 所示的"连接到 Internet"窗口。

图 1-5-10　"连接到 Internet"窗口

步骤 3　在"连接到 Internet"窗口单击选择"设置新连接"选项,进入如图 1-5-11 所示的网络连接方式窗口。

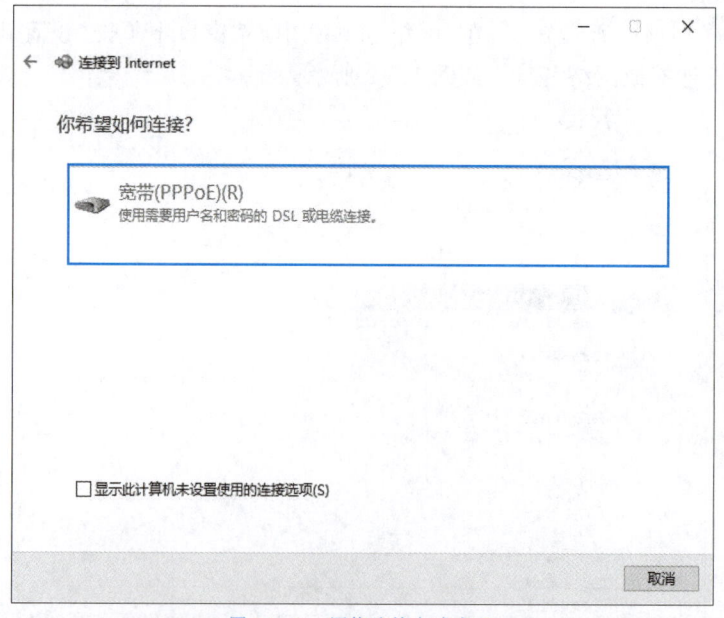

图 1-5-11　网络连接方式窗口

项目5　利用网络检索毕业论文资料

步骤 4　单击"宽带(PPPoE)",进入如图 1-5-12 所示界面,进行账户信息的设置。

图 1-5-12　账户信息界面

步骤 5　输入用户名和密码后,单击"连接"按钮,由当前界面跳转到网络连接界面,如图 1-5-13 所示。

图 1-5-13　网络连接界面

- 拨号上网

拨号上网步骤如下:

步骤 1　单击任务栏右下角的网络图标,可以打开当前连接的网络列表,在列表中选择"宽带连接",打开"拨号"窗口,如图 1-5-14 所示。

步骤 2　单击"连接"按钮,按操作输入相关信息后,计算机就会自动地拨号并连上互联网。

205

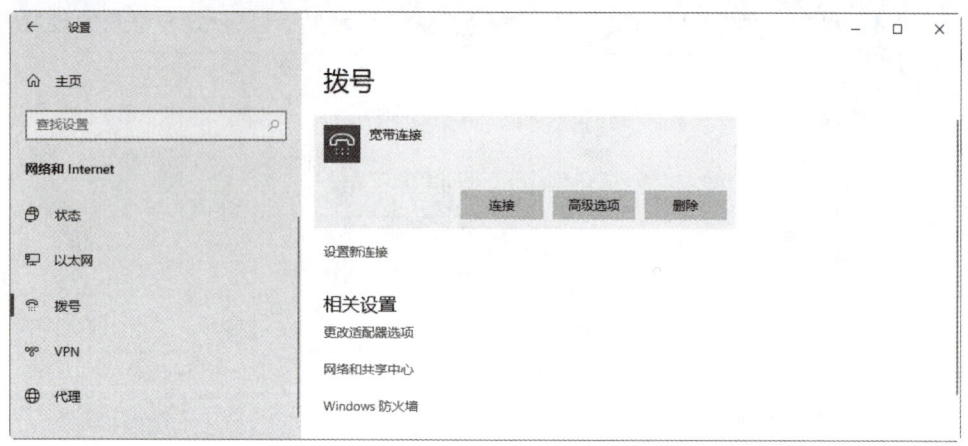

图 1-5-14 "拨号"窗口

②无线接入方式

目前,主流无线网分为移动通信网实现的无线网络,如 4G、5G 或 GPRS,以及无线局域网(Wi-Fi)两种方式。无线网 Wi-Fi 接入方式如下:

a.设置无线网 Wi-Fi 使用的工具

计算机一台、无线路由器一个。

无线路由器有很多端口,下面以 TP-LINK 4 口无线路由器为例介绍各端口功能,如图 1-5-15 所示。

WAN 端口:连接入户网线
LAN 端口:连接计算机(任选一个端口即可)
Reset 按钮:将路由器恢复到出厂默认设置

图 1-5-15 无线路由器端口

b.无线网络 Wi-Fi

步骤 1 根据前面所学知识,通过计算机网络属性设置 Internet 协议为自动获得 IP 地址和自动获得 DNS 服务器地址。

步骤 2 连接无线路由器,如图 1-5-16 所示。

图 1-5-16 连接无线路由器

项目5　利用网络检索毕业论文资料

步骤 3　打开 IE 浏览器,在地址栏中输入 192.168.1.1,转至无线路由器登录界面,然后根据提示输入用户名和密码(用户名和密码默认均为 admin),如图 1-5-17 所示。

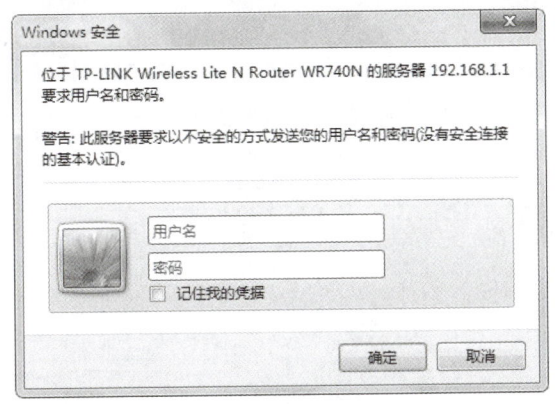

图 1-5-17　登录界面

步骤 4　单击"确定"按钮,登录成功之后弹出设置向导的界面,如图 1-5-18 所示。

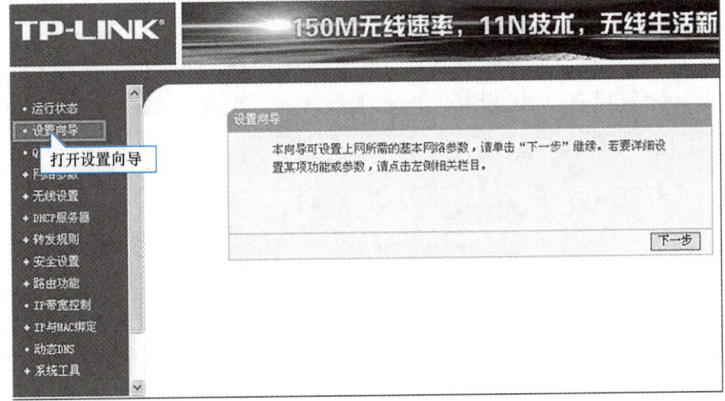

图 1-5-18　设置向导界面

步骤 5　单击"设置向导"选项,然后再单击"下一步"按钮。

步骤 6　在弹出的界面,输入"上网账号""上网口令""确认口令",输入完成后单击"下一步"按钮,如图 1-5-19 所示。

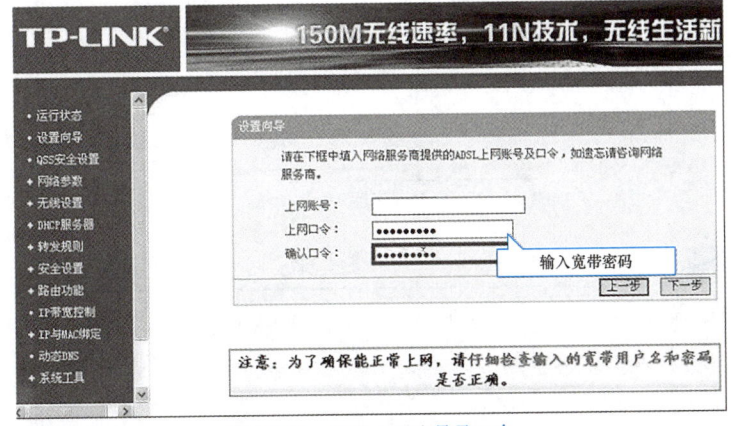

图 1-5-19　设置上网账号及口令

207

步骤 7 设置 SSID 的名称,这一项默认为路由器的型号,即在搜索时候显示的设备名称,此名称可以更改以便于搜索。其他设置选项可以使用系统默认设置,无须更改。如图 1-5-20 所示。

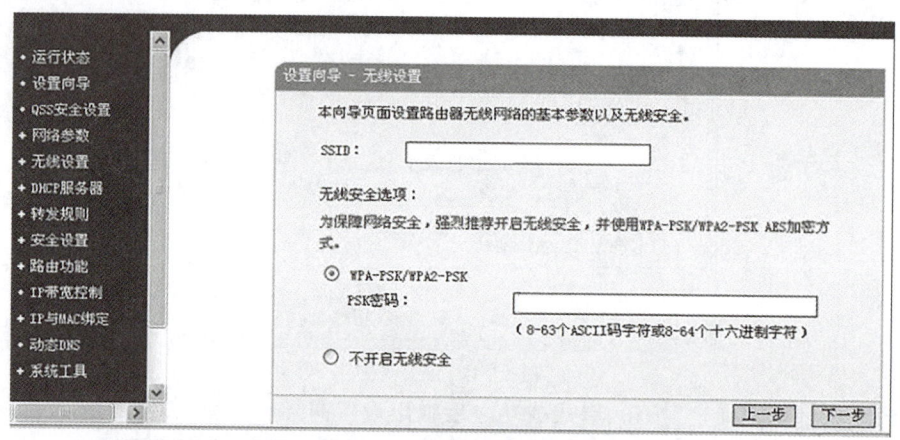

图 1-5-20 设置 SSID 的名称

步骤 8 单击"下一步"按钮完成设置,重新启动路由器即可使用无线上网。

步骤 9 开启计算机的无线设备,搜索无线网络,单击所设置的 SSID 名称,输入密码,就可以无线上网,如图 1-5-21 所示。

图 1-5-21 无线 Wi-Fi 连接

知识小贴士

192.168.1.1 属于 IP 地址的 C 类地址,属于保留 IP,专门用于路由器设置。

任务 5-2　了解毕业论文信息检索

1. 信息检索

"检索"即"查找"的意思。广义的"信息检索"即包括信息的存储过程和查找过程,狭义的信息检索仅指信息的搜索查找。

通常所说的信息检索原理即通过对大量的、分散无序的文献信息进行搜集、加工、组织、存储,建立各种各样的检索系统,并通过一定的方法和手段使存储与检索这两个过程所采用的特征标识达到一致,以便有效地获得和利用信息源。其中存储是为了检索,而检索又必须先进行存储。因此,信息检索正是以信息的存储与检索的相符性为基础的,如图 1-5-22 所示。

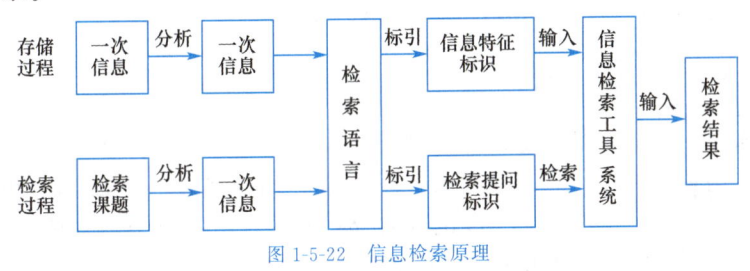

图 1-5-22　信息检索原理

2. 信息检索的方法

信息检索的方法有多种,用户可以根据检索内容的性质、研究的目的及检索工具的编排体系选择恰当的检索方法。按照检索策略可以划分为布尔逻辑检索、截词检索、限定检索。

(1) 布尔逻辑检索

布尔逻辑算符(Boolean Logical)以检索词或代码组配成检索提问式,计算机将根据提问式与系统中的记录进行匹配,当两者相符时则命中,并自动输出该文献记录。这是现代信息检索系统中最常用的一种方法。常用的布尔逻辑算符有三种,分别是逻辑与"AND"、逻辑或"OR"、逻辑非"NOT",如图 1-5-23 所示。

图 1-5-23　布尔逻辑运算

逻辑"与":用 AND 或"*"表示,是概念之间的相交关系运算。这种组配可以缩小检索范围，有利于提高查准率。

逻辑"或"：用 OR 或"＋"表示，是概念之间的相并关系运算。这种组配可以扩大检索范围，防止漏检，提高查全率。

逻辑"非"：用 NOT 或"－"表示，是从某一检索范围中排除不需要的概念。这种组配可以缩小检索范围，使检索结果更准确。

（2）截词检索

截词检索即用截断的词的一个局部进行检索，并认为凡满足这个词局部中的所有字符（串）的文献，都为命中的文献。按截断的位置来分，截词可有后截断、前截断、中截断三种类型。不同的系统所用的截词符也不同，常用的有？、$、＊等。截词检索分为有限截断（一个截词符只代表一个字符）和无限截断（一个截词符可代表多个字符）。

以下举例中用"？"来表示有限截断，用"＊"表示无限截断。

后截断，前方一致。如：computer ＊，system??（后截 0～2 个字母）

前截断，后方一致。如：＊ computer

中截断，中间一致。如：＊ comput ＊，wom？n

（3）限定检索

限定检索技术包括字段限定检索、二次检索以及范围限定检索等。

字段限定检索是指定检索词在记录中出现的字段，即检索入口的方法，也即限定检索词在数据库记录中的一个或几个字段范围内查找的一种检索方法。常见的检索字段有：存取号、题名、文摘、作者、作者单位、刊名、叙词、语种、文献类型。

二次检索又称"在结果中检索"，是指在前一次检索的结果中运用逻辑"与、或、非"进行另一概念的再限制检索，其主要作用是进一步精选文献，以达到理想的检索结果，这也是限定检索的一种。

范围限定检索是指使用某些检索符号来限定检索范围，达到优化检索的方法。

4. 参考文献的引用

参考文献列于文后，正文中也须用上角标标出引用文献的序号。参考文献用"顺序编码制"，即各篇文献按其在正文中的标注序号依次列出。参考文献条目著录：个人著者采用姓在前、名在后的著录格式。作者 3 人以下全部著录，4 人以上只著录前 3 人，之间加"，"，后加"等"或"etal"。

> **知识小贴士**
>
> 1. 参考文献类型及标识
>
> 专著：M；论文集：C；报纸文章：N；期刊文章：J；学位论文：D；报告：R；标准：S；专利：P；其他：Z；数据库：DB；计算机程序：CP；电子公告：EB。

2.参考文献编排格式如下:
(1)专著
[序号]作者.文献题名[文献类型标识].出版地:出版者.出版年,起止页码.
(2)期刊文章
[序号]主要责任者.文献题名[J].刊名,年,卷(期):起止页码.
(3)学位论文
[序号]主要责任者.文献题名[D].保存地:保存单位,年份.

5. 毕业论文文献信息检索一般步骤

毕业论文撰写前一般都要查阅与论文选题相关的文献。论文文献信息检索一般步骤为:

(1)分析论文选题,明确信息需求。找出论文所涉及的研究对象、内容、方法、理论、技术及其相关问题,形成论文研究的概念集合,从中找出主题概念。

(2)选择检索工具,了解检索系统。在全面分析检索论文选题的基础上,根据需求综合考虑信息内容所涉及的学科范围、数据库收录的文献类型、数量、时间范围以及更新周期、数据库所提供的检索途径、检索功能和服务方式等因素后,进入检索系统(数据库)的选择。

(3)选定检索方法,确定检索途经。其中检索途经主要是指检索标识(题名、主题或关键词、摘要、全文、作者、出版物等)。检索标识选择正确与否,将直接影响检索结果的查准率和查全率。

(4)实施检索策略,浏览初步结果。应用检索技术去检索需求,看检索结果记录的标题和摘要等是否为毕业论文检索需要。

(5)调整检索策略,获取所需信息。当检索结果信息量太少时,调整检索策略的方法。执行正式检索后,系统提供检索结果输出。

任务5-3 利用中文学术期刊数据库检索毕业论文资料

1. 利用万方数据库检索毕业论文资料

(1)万方数据库

万方数据库是由万方数据公司开发的,涵盖期刊、会议纪要、论文、学术成果、学术会议论文的大型网络数据库,也是和中国知网齐名的中国专业的学术数据库。万方数据库

首页如图 1-5-24 所示。

图 1-5-24 万方数据库首页

(2)检索方法

步骤 1 在 Microsoft Edge 浏览器地址栏中输入万方数据库网址,按 Enter 键转入万方数据库首页。

步骤 2 单击"导航"按钮,在弹出下拉列表中选择"全部",如图 1-5-25 所示。

图 1-5-25 资源导航选择

步骤 3　单击"检索"文本框,在弹出的列表中选择"题名",如图 1-5-26 所示。

图 1-5-26　"检索"范围选择

步骤 4　在检索文本框中输入检索题名,单击"🔍检索"按钮或按 Enter 键,检索结果如图 1-5-27 所示。

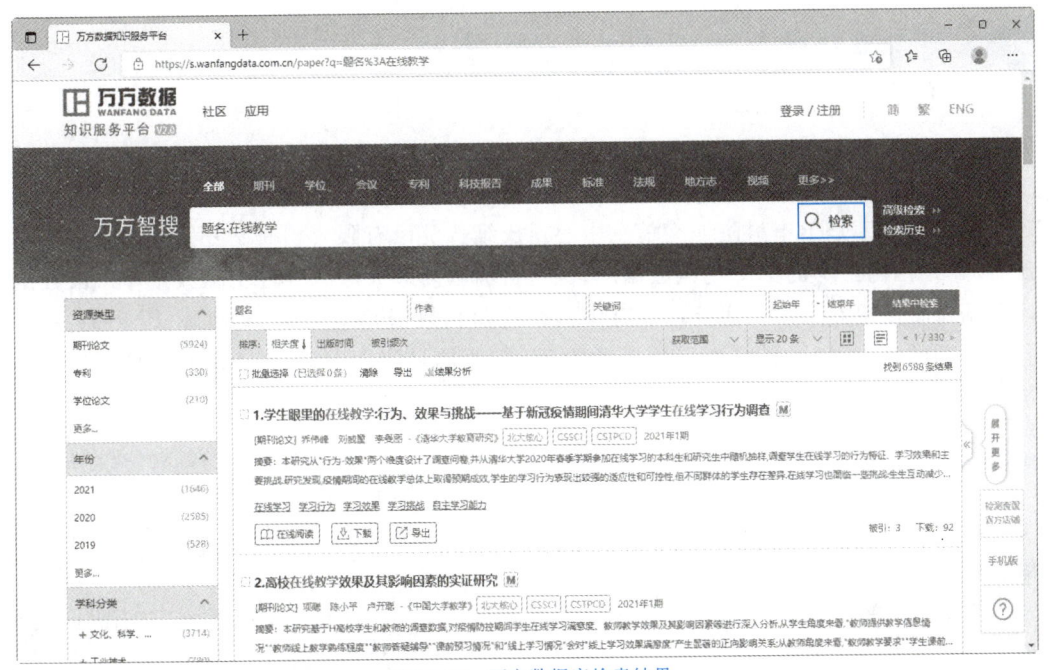

图 1-5-27　万方数据库检索结果

步骤 5 在检索结果页面中单击需要查看的题名,页面跳转到题名期刊导航界面,如要保存则单击"下载",如要在线阅读则单击"在线阅读",如图 1-5-28 所示。

图 1-5-28　检索文献阅读与下载选择界面

2. 利用维普数据库检索毕业论文资料

(1) 维普数据库

维普数据库是由中科院西南信息中心重庆维普资讯有限公司研制开发的网络信息资源,该库是国内最早的中文光盘数据库,也是目前国内最大的综合性文献数据库。该数据库数据每季度更新一次。主要产品有中文科技期刊数据库全文版、文摘版、引文版、外文科技期刊数据库、中国科技经济新闻数据库、行业信息资源系统等。维普数据库首页如图 1-5-29 所示。

(2) 检索方法

步骤 1 在 Microsoft Edge 浏览器地址栏中输入维普数据库网址,按 Enter 键转入维普数据库首页。

步骤 2 单击"文献搜索"下拉按钮,在弹出下拉列表中选择"文献搜索",如图 1-5-30 所示。

项目5　利用网络检索毕业论文资料

图1-5-29　维普数据库首页

图1-5-30　文献搜索范围选择

步骤 3 根据提示在搜索文本框中输入搜索内容后单击"开始搜索"按钮或按 Enter 键,检索结果如图 1-5-31 所示。

图 1-5-31 维普检索结果页面

步骤 4 在检索结果页面中单击需要查看的题名,页面跳转到题名期刊摘要界面,如要在线阅读则单击"在线阅读",如要保存则单击"下载全文",如图 1-5-32 所示。

图 1-5-32 检索文献阅读与下载选择界面

项目5　利用网络检索毕业论文资料

> **知识小贴士**

1. 专利检索

步骤 1　在 Microsoft Edge 浏览器地址栏中输入国家知识产权局网址,按 Enter 键转入国家知识产权局首页,如图 1-5-33 所示。

图 1-5-33　国家知识产权局首页

步骤 2　拖动国家知识产权局首页右侧滚动条至"政务服务"栏目,单击"专利"图标按钮,如图 1-5-34 所示。

图 1-5-34　国家知识产权局首页"政务服务"页面

217

步骤 3　在跳转出的"国家知识产权局 专利"页面"查询服务"栏目中单击"专利检索及分析系统",如图 1-5-35 所示。

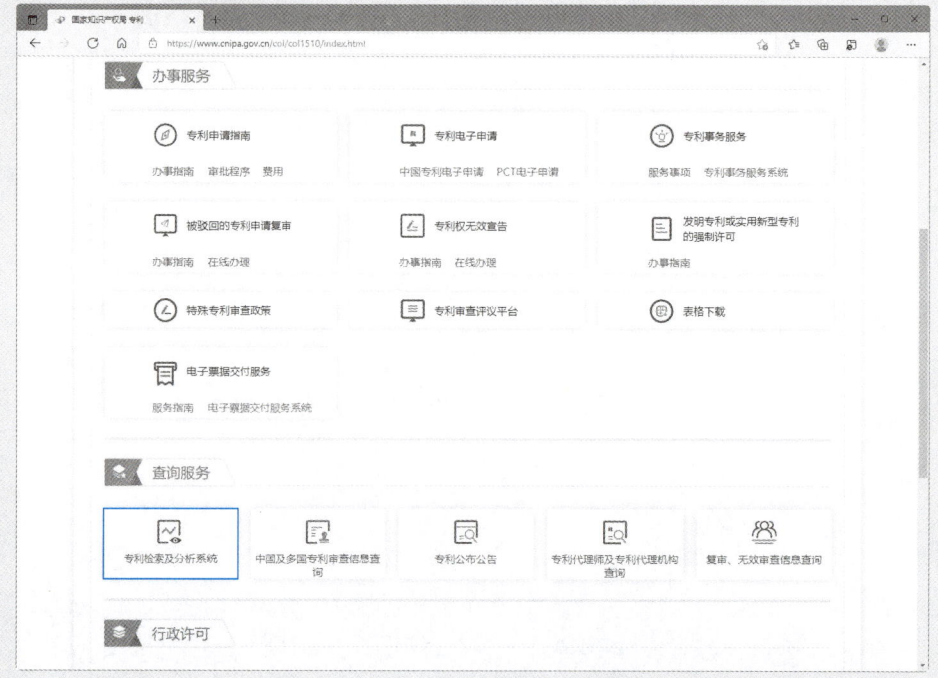

图 1-5-35　国家知识产权局专利查询页面

步骤 4　在弹出的"常规检索"页面中依次选择数据范围、识别范围,如图 1-5-36、图 1-5-37 所示。

图 1-5-36　数据范围设置

图 1-5-37　识别范围设计

步骤 5　在检索文本框中输入检索内容后单击"检索"按钮即可完成专利检索。值得注意的是该网站不支持匿名检索,需要先注册并登录。

2.了解商标检索

步骤 1　拖动国家知识产权局首页右侧滚动条至"政务服务"栏目,单击"商标"图标按钮,跳转到"国家知识产权局　商标"页面,如图 1-5-38 所示。

图 1-5-38　"国家知识产权局商标"页面

219

步骤 2 在"查询服务"栏目中单击"商标查询"按钮,弹出"商标查询"页面,在使用说明页面中单击"我接受"按钮,如图 1-5-39 所示。

图 1-5-39 商标查询页面

步骤 3 在弹出的"商标网上检索系统"页面中单击"商标综合查询"按钮,如图 1-5-40 所示。

图 1-5-40 "商标网上检索系统"页面

步骤 4 在弹出的"商标综合检索"页面中输入查询信息,单击"查询"按钮即可完成查询,如图 1-5-41 所示。

图 1-5-41 "商标综合检索"页面

任务 5-4 利用电子邮件发送毕业论文资料

电子邮件,简称 E-mail,它是一种用电子手段提供信息交换的通信方式。它的工作是通过电子邮件简单传输协议(Simple Mail Transfer Protocol,SMTP)来完成的,是 Internet 下的一种电子邮件通信协议。

电子邮件地址的格式为"用户名@服务器域名",例如:bailaoshi@126.com。其中"用户名"表示邮件信箱、注册名或信件接收者的用户标识,"@"符号后是用户使用的邮件服务器的域名。"@"可以读成"at",也就是"在"的意思。整个电子邮件地址可理解为网络中某台服务器上的某个用户的地址,并且这个地址是唯一的。

电子邮件系统结构和传递过程

下面我们以 126 的电子邮箱为例来说明如何发送毕业论文资料。

1. 申请电子邮箱

步骤 1 打开 Microsoft Edge 浏览器,在浏览器地址栏中输入网易免费邮的网址,按 Enter 键转到 126 网易免费邮网页,如图 1-5-42 所示。

图 1-5-42　网易免费邮界面

知识小贴士

对于一些需要经常访问的网页,可以在搜索到该网页后将网页链接的快捷方式(网页的标题和网址)添加至 Microsoft Edge 浏览器的收藏夹中,以后只需要在浏览器窗口的"收藏夹"中单击相关网页名就可以快速地访问该网页,这样可以避免每次访问这些网页时都要用搜索引擎搜索或输入网址。例如,将图 1-5-42 所示的网页链接快捷方式添加到收藏夹中的操作方法如下:

①在图 1-5-42 所示窗口中,单击右上方的"收藏"图标,弹出"编辑收藏夹"面板,如图 1-5-43 所示。

图 1-5-43　"编辑收藏夹"面板

②在"编辑收藏夹"面板的"名称"文本框中输入网页的标题名称,然后单击"完成"按钮。在默认情况下,"名称"文本框中会自动显示所收藏网页的标题名,如果不需要更改标题名,则直接单击"完成"按钮。

步骤 2 在图 1-5-42 所示的网页界面中单击"注册网易邮箱",打开如图 1-5-44 所示界面。

图 1-5-44 注册信息填写

步骤 3 在图 1-5-44 所示的网页界面中,根据提示在空白文本框中填写相应信息,创建邮箱新用户,然后单击"立即注册"按钮,注册成功界面如图 1-5-45 所示。

图 1-5-45 注册成功界面

2. 发送毕业论文资料

步骤 1 在网易免费邮主页中输入用户名和密码,单击"登录"按钮,进入电子邮箱,如图 1-5-46 所示。

步骤 2 在图 1-5-46 所示的网页界面中单击"写信",转换到新界面,在收件人地址栏中输入收件人的邮件地址,并填写邮件主题及编辑邮件正文内容,如图 1-5-47 所示。

信息技术基础

图 1-5-46　登录邮箱

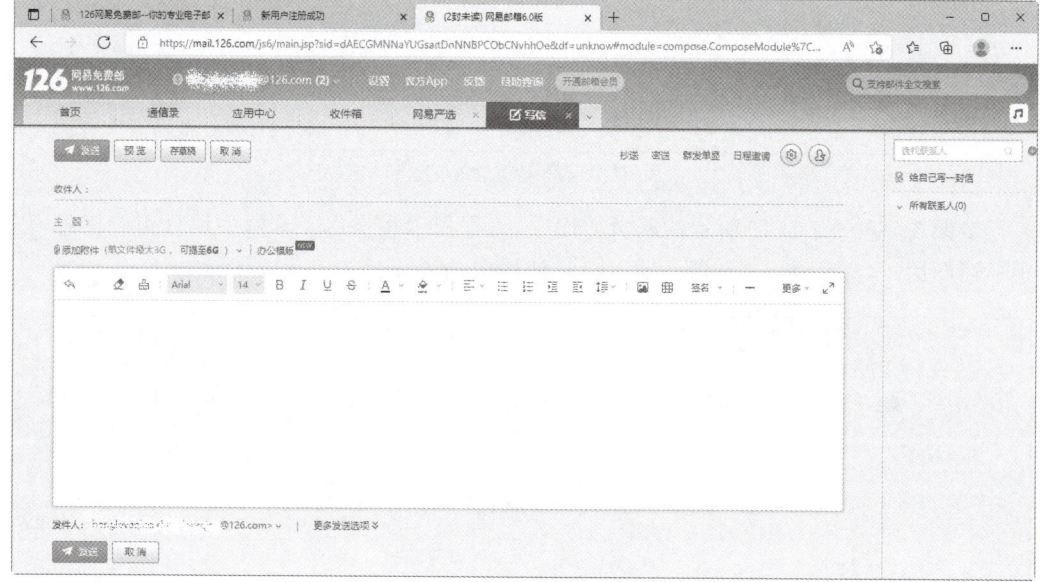

图 1-5-47　邮箱写信界面

> **知识小贴士**
>
> 如需要将邮件同时发给多个收件人，邮件地址之间用分号";"隔开。

步骤 3　在图 1-5-47 所示的网页界面中，单击"添加附件"，根据提示，把毕业论文添加到邮件中，如图 1-5-48 所示。

步骤 4　单击"发送"按钮，转入"发送成功"的提示页面，即已将电子邮件发送到对方电子邮箱中，如图 1-5-49 所示。

项目5　利用网络检索毕业论文资料

图 1-5-48　添加附件界面

图 1-5-49　邮件发送成功界面

巩固与提高

  大数据技术就是指大数据的采集、传输、处理和应用的相关技术，目的是通过对大数据的提取、交互、整合和分析，从各种类型的巨量数据中发现隐藏在数据背后的信息，挖掘数据信息的价值为用户提供个性化的内容，更精确地定位用户。

  互联网的迅速发展，带来了网上信息的爆炸性增长。要在浩如烟海的信息海洋里寻找信息，就像"大海捞针"一样困难。而在大数据环境下，多学科跨领域合作已经成为信息发展的主要方向，面向大数据的信息资源搜索引擎就要基于这一环境进行信息精准定位。

  目前，应用较为广泛的搜索引擎有：百度、Google、搜狗、新浪。

  下面以百度搜索引擎为例收集就业信息。

225

1.打开搜索引擎

(1)启动 Microsoft Edge 浏览器。双击桌面上的浏览器图标,或者单击任务栏中的浏览器图标打开 Microsoft Edge 浏览器窗口。

(2)在浏览器地址栏中输入百度的网址,然后按 Enter 键转入百度主页,如图 1-5-50 所示。

图 1-5-50　百度主页

知识小贴士

(1)浏览器的主要功能是浏览网页,版本不一样,界面也不一样,但只要在地址栏中输入网址,相应的内容就会显示在网页浏览区。

(2)如果用户经常使用"百度"搜索引擎搜索资料,可以将"百度"的主页设置成浏览器访问的默认主页。在这种情况下,双击桌面上的 Microsoft Edge 浏览器图标可以直接打开"百度"主页。设置浏览器的默认主页的方法如下:

①在浏览器窗口中单击菜单栏上的"设置及其他"|"设置"菜单命令,打开如图 1-5-51 所示的"设置"界面。

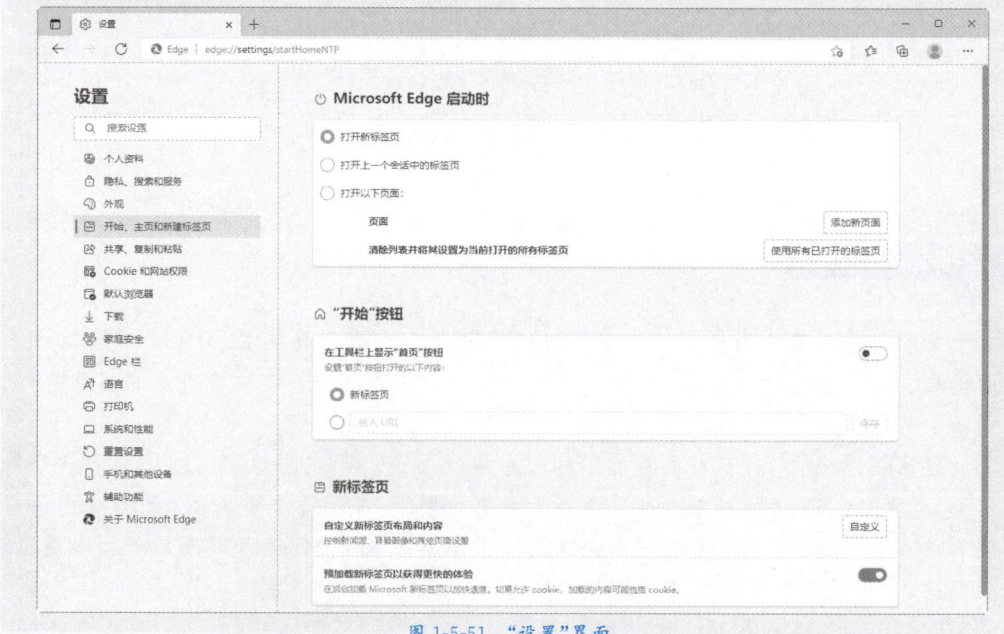

图 1-5-51　"设置"界面

②在"设置"界面中单击"开始、主页和新建标签页"选项卡，然后在"Microsoft Edge 启动时"选项组中选择"打开以下页面"，并添加百度网址即可。

2.利用搜索引擎搜索企业招聘信息

在百度搜索文本框中输入关键字"重庆软件企业招聘"，单击"百度一下"按钮或按 Enter 键，搜索结果如图 1-5-52 所示。

图 1-5-52　百度搜索"重庆软件企业招聘"信息结果

3.利用搜索引擎的大数据功能缩小选择范围

步骤 1　在图 1-5-52 所示的页面中单击"重庆软件企业招聘"百度百聘链接，弹出"百度百聘"页面，如图 1-5-53 所示。

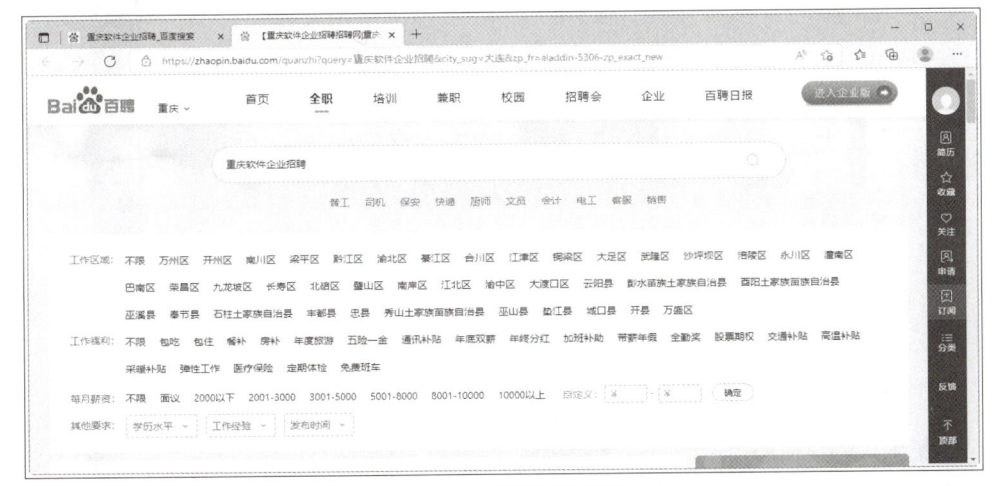

图 1-5-53　百度百聘页面

步骤 2 在百度百聘页面文本框中输入想要应聘的职位名、公司名等后单击"🔍"图标。本示例以搜索"软件工程师"为例,查看搜索结果,如图 1-5-54 所示。

图 1-5-54 搜索结果

步骤 3 在图 1-5-54 搜索结果中单击页面"申请"按钮查看招聘岗位的详细信息,如图 1-5-55 所示。

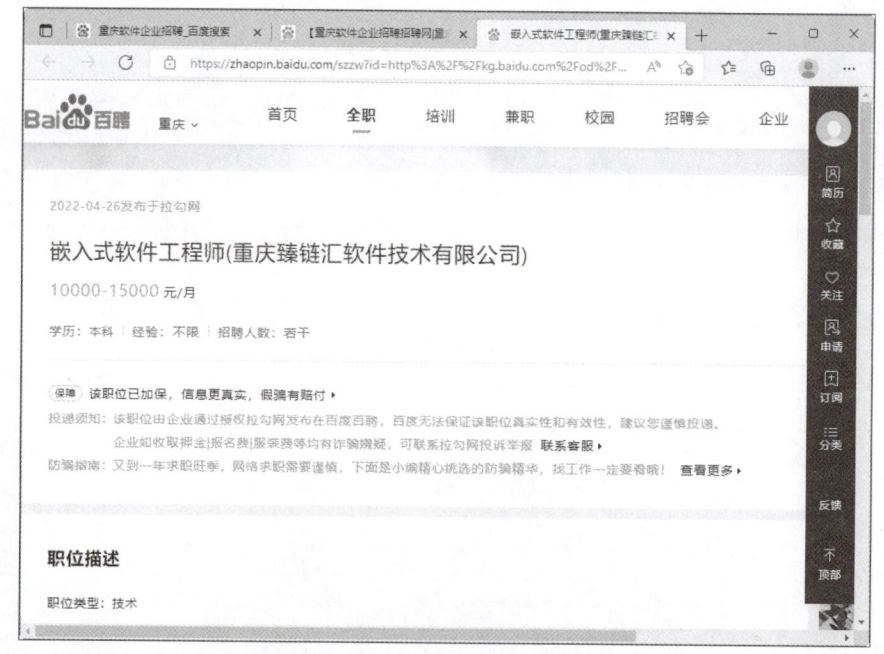

图 1-5-55 招聘岗位详细信息

4.保存招聘信息

步骤 1 单击 Microsoft Edge 浏览器右上角的"设置及其他"菜单,在弹出的下拉菜单中选择"更多工具"|"将页面另存为",如图 1-5-56 所示。

项目5 | 利用网络检索毕业论文资料

图 1-5-56 保存招聘信息

步骤 2 在弹出的"另存为"对话框中选择保存位置,在"文件名"文本框中输入被保存文档的名称,在"保存类型"中选择"网页,单个文件(＊.mhtml)",然后单击"保存"按钮,如图 1-5-57 所示。

图 1-5-57 "另存为"对话框

知识小贴士

随着下载内容的增多,计算机磁盘剩余空间就会越来越小,为最大限度地利用计算机磁盘空间,我们通常用压缩软件来处理比较松散的文件以减少计算机磁盘空间资源浪费。

压缩文件一般用 WinRAR 软件制作,将下载的文件制作成压缩文件的操作步骤如下:

步骤 1 将下载的文件保存到一个文件夹中,例如,保存在"D:\求职信息"文件夹中。

步骤 2 右击需要制作压缩文件的文件夹"求职信息",在弹出的快捷菜单中单击"添加到压缩文件"命令,系统就会启动 WinRAR 软件,并打开如图 1-5-58 所示的"压缩文件名和参数"对话框。

图 1-5-58 "压缩文件名和参数"对话框

步骤 3 如需要更改文件名,则在"压缩文件名和参数"对话框中输入所要制作的压缩文件的名称。本例中,系统默认的文件名是"求职信息.rar",其中,".rar"是压缩文件的扩展名。

步骤 4 单击"浏览"按钮,在打开的对话框中设置保存压缩文件的文件夹,然后单击"压缩文件名和参数"对话框中的"确定"按钮,WinRAR 就会按用户的设置将所选择的文件夹制作成一个压缩文件。

解压文件的操作方法如下:

步骤 1 双击待解压的压缩文件图标,系统会启动 WinRAR,并打开如图 1-5-59 所示的 WinRAR 窗口。

图 1-5-59 WinRAR 窗口

步骤 2 在 WinRAR 窗口中,单击工具栏上的"解压到"图标按钮,打开如图 1-5-60 所示的"解压路径和选项"对话框。

图 1-5-60 "解压路径和选项"对话框

步骤3 在"解压路径和选项"对话框中，选择好解压文件所存放的文件夹，然后单击"确定"按钮，WinRAR就会将压缩文件解压到所选定的文件夹中，在这个文件夹中就可以查看解压后的文件了。

习题练习

选择题

拓展模块

单元 1 信息安全

学习目标

1. 了解信息安全的基本概念，包括信息安全基本要素、网络安全等级保护等内容；
2. 了解信息安全相关技术；
3. 掌握信息安全面临的常见威胁和常用的安全防御技术。

1.1 走进网络安全

1.1.1 网络安全的定义

计算机网络安全是指网络系统的硬件、软件和系统数据受到保护，不被偶然或恶意的原因受到破坏、更改、泄露，使系统连接可靠正常地运行，网络服务不中断。也就是利用网络管理控制和技术措施，保证在一个网络环境里，数据的保密性、完整性及可使用性受到保护。

计算机网络安全包括物理安全和逻辑安全两个方面。物理安全指系统设备及相关设施受到物理保护，免于破坏、丢失等。逻辑安全包括信息的完整性、保密性和可用性。

计算机网络安全是一门涉及计算机科学、网络技术、通信技术、密码技术、信息安全技术、应用数学、数论、信息论等多种学科的综合性学科。

1.1.2 网络安全的基本要素

1. 保密性

保密性是指确保信息不泄露给非授权用户、实体或过程，或供其利用的特性。即保证信息不能被非授权访问。

2. 完整性

完整性是指数据未经授权不能进行改变的特性。即只有得到允许的用户才能修改实体或进程，并且能够判断实体或进程是否已被修改。

3. 可用性

可用性是指可被授权实体访问并按需求使用的特性。即授权用户根据需要，可随时访问所需信息，攻击者不能占用所有的资源而阻碍授权者的工作。使用访问控制机制阻止非授权用户进入网络，使静态信息可见，动态信息可操作。

4. 可控性

可控性是指对信息的传播及内容具有控制能力。即对危害国家信息（包括利用加密的非法通信活动）的监视审计，控制授权范围内的信息的流向及行为方式。使用授权机制，控制信息传播的范围、内容，必要时能恢复密钥，实现对网络资源及信息的可控性。

5. 可审查性

可审查性是指对出现安全问题时提供调查依据和手段。建立有效的安全和责任机制，可以防止攻击者、破坏者、抵赖者否认其行为。

1.1.3 网络安全的重要性

1. 网络安全影响工作效率

网络安全不仅仅是指那些影响较大、中毒较深的黑客攻击事件，事实上，我们在工作和生活中几乎每时每刻都会面临网络安全的威胁。当我们在计算机网络上处理一件工作任务时，经常跳出的广告页面同样涉及网络安全，这反映了我们的计算机网络在拦截垃圾信息时的能力较弱。长此以往，就可能发生误打开不必要的网页，被植入木马病毒，使得某些重要文件没有保存，最终影响整体的工作效率的问题。

2. 网络安全事关个人、企业隐私

网络安全对于个人和企业来说同等重要，对于个人来说，网络不仅仅是我们了解世界、拓宽视野的重要工具，同时也是很多隐私的存储地，尤其是在云盘等网络存储越来越发达的现在，很多人的视频、照片和文本都储存在网络中，一旦泄露会对个人的生活造成很大的困扰。对于企业来说，一些重要的合同文件虽然通过加密的方式存储在网络中，但不一定能够完全保证其安全性，一旦泄密，企业的商业未来和创意项目都将公之于众，将会给企业带来大量的损失。

3. 网络安全涉及国家安全

计算机网络安全是国家安全中的一个重要方面，在信息技术高速发展的今天，国与国之间的竞争不仅仅是经济、政治、文化、军事、领土等方面的简单竞争，还包括网络安全上的竞争。而且网络安全直接关系到其他国家安全方面的成效，因为在现如今，不仅仅是个人的企业在大量使用计算机网络，政府相关部门也与网络息息相关，如果网络安全防线被攻破，我国的很多关键性技术和信息都将被泄露，国家安全将受到严重威胁。所以，在一定程度上，保护计算机网络安全就是在维护国家安全。

1.1.4 网络安全威胁分析

1. 潜在的网络攻击

目前，我国各类网络系统经常遇到的网络安全威胁有安全恶意代码（包括木马、病毒、蠕虫等）、拒绝服务攻击（常见的类型有带宽占用、资源消耗、程序和路由缺陷利用以及攻击DNS等）、内部人员的滥用和蓄意破坏、社会工程学攻击（利用人的本能反应、好奇心、贪便宜等弱点进行欺骗和伤害等）、非授权访问（主要是黑客攻击、盗窃和欺诈等）等。这些威胁有的是针对安全技术缺陷，有的是针对安全管理缺失。

（1）黑客攻击

黑客是指利用网络技术中的一些缺陷和漏洞，对计算机系统进行非法入侵的人。黑客攻击的意图是阻碍合法网络用户使用相关服务或破坏正常的商务活动。黑客对网络的攻击方式是千变万化的，一般是利用"操作系统的安全漏洞""应用系统的安全漏洞""系统配置的缺陷""通信协议的安全漏洞"来实现的。到目前为止，已经发现的攻击方式超过2 000种，目前针对绝大部分黑客攻击手段已经有相应的解决方法。

（2）非授权访问

非授权访问是指未经授权实体的同意而获得了该实体对某个对象的服务或资源。非授权访问通常是通过在不安全通道上截获正在传输的信息或利用服务对象的固有弱点实现的，没有预先经过同意就使用网络或计算机资源，或擅自扩大权限和越权访问信息。

（3）计算机病毒、木马和蠕虫

对信息网络安全的一大威胁就是病毒、木马和蠕虫。计算机病毒是指编制者在计算机程序中插入的破坏计算机功能、毁坏数据、影响计算机使用并能自我复制的一组计算机指令或程序代码。木马与一般的病毒不同，它不会自我繁殖，也并不"刻意"地去感染其他文件，而是通过将自身伪装来吸引用户下载执行，向施种木马者提供打开被种者计算机的门户,使施种者可以任意毁坏、窃取被种者的文件,甚至远程操控被种者的计算机。蠕虫则是一种特殊的计算机病毒程序,它不需要将自身附着到宿主程序上,而是传播它自身功能的拷贝或它的某些部分到其他的计算机系统中。在今天的网络时代,计算机病毒、木马和蠕虫千变万化,产生了很多新的形式,对网络威胁非常大。

(4)拒绝服务(DoS 攻击)

DoS 攻击的主要手段是对系统的信息或其他资源发送大量的非法连接请求,从而导致系统产生过量负载,最终使合法用户无法使用系统的资源。

(5)内部入侵

内部入侵,也称为授权侵犯,是指被授权以某一目的使用某个系统或资源的个人,利用此权限进行其他非授权的活动。另外,一些内部攻击者往往利用偶然发现的系统指点或预谋突破网络安全系统进行攻击。由于内部攻击者更了解网络结构,因此他们的非法行为将对计算机网络系统造成更大的威胁。

1.2 网络安全评估准则

1.2.1 网络安全风险评估

网络安全风险评估就是从风险管理角度,运用科学的方法和手段,系统地分析网络和信息系统所面临的威胁及其存在的脆弱性,评估安全事件一旦发生可能造成的危害程度,指出有针对性的抵御威胁的防护对策和整改措施,为防范和化解网络安全风险,将风险控制在可接受的水平,最大限度地保障网络的安全。

网络安全风险评估是一项复杂的系统工程,贯穿于网络系统的规划、设计、实施、运行维护以及废弃各个阶段,其评估体系受多种主观和客观、确定和不确定、自身和外界等多种因素的影响。事实上,风险评估涉及诸多方面,主要包括风险分析、风险评估、安全决策和安全监测四个环节,如图 2-1-1 所示。

风险分析 → 风险评估 → 安全决策 → 安全监测

图 2-1-1 安全风险评估涉及的四个环节

1.2.2 国际上的网络安全标准

1.TCSEC

1983 年,美国国防部制定了 5200.28 安全标准——可信计算机系统评估准则(Trusted Computer System Evaluation Criteria,TCSEC),由于使用了橘色书皮,也称网络安全橘皮书。TCSEC 认为要使系统免受攻击,就要将系统分成对应不同的安全等级,故将网络安全性等级从低到高分成7个小等级4大类别。安全等级对不同类型的物理安全、用户身份验证、操作系统软件的可信任性和用户应用程序进行了安全描述,限制了可信任连接的主机系统的系统类型等。

D级(最小安全保护级):是最低的安全等级,该等级说明整个系统都是不可信任的,就像一个门大开的房子,任何人都可以自由出入,是完全不可信的。对于硬件来说,整个系统没有任何的保护措施,操作系统容易受到损害,没有系统访问限制和数据访问限制,任何人不需要任何账号就可以进入系统,可以对数据文件进行任何操作。

C1级(自选安全保护级):应用在UNIX系统上的安全等级。这个等级对硬件具有一定程度的保护,硬件不再很容易受到损害,但是受到损害的可能性仍然存在。用户必须使用正确的用户名和口令才能登录系统,并以此决定用户对程序和信息拥有什么样的访问权限。

C1级保护的不足之处在于用户直接访问操作系统的根用户。C1级不能控制进入系统的用户的访问级别,所以用户可以将系统中的数据任意移走,控制系统配置,获取比系统管理员允许的更高权限,如改变和控制用户名。

C2级(访问控制保护级):除具有C1级的特性外,还包含创建访问控制环境的安全特性,该环境具有基于许可权限或者基于身份验证级别的进一步限制用户执行某些命令或访问某些文件的能力。另外,这种安全级别要求系统对发生的事情进行审计,并写入系统日志中,这样就可以记录跟踪到所有和安全有关的事件。不过审计的缺点是需要额外的处理器时间和磁盘资源。

B1级(被标签的安全性保护级):支持多级安全(如秘密、机密和绝密)的第一个级别,这个级别说明一个处于强制性访问控制之下的对象,系统不允许文件的拥有者改变其许可权限。

B1级安全措施的计算机系统随着操作系统而定。政府机构和防御承包商是B1级计算机系统的主要拥有者。

B2级(结构化保护级):要求计算机系统中所有对象都加标签,而且给设备(如磁盘、磁带或终端设备)分配单个或多个安全级别,这是提出较高安全级别的对象与另一个较低安全级别的对象相通信的第一个级别。

B3级(安全域级):使用安装硬件的办法加强域的安全。如内存管理硬件用于保护安全域免遭无授权访问或其他安全域对象的修改。该级别也要求用户通过一条可信途径连接到系统上。

A级(验证保护级):是当前橘皮书中安全性最高的等级,包括一个严格的设计、控制和验证过程。A级附加一个安全系统监控的设计要求,合格的安全个体必须分析并通过这一设计。所构成系统的不同来源必须有安全保证,安全措施必须在销售过程中实施。

2.ITSEC

欧洲的安全评估标准(Information Technology Security Evaluation Criteria,ITSEC)是英国、法国、德国和荷兰制定的IT安全评估准则,是在TCSEC的基础上,于1989年联合提出的,俗称白皮书。与TCSEC不同,它不把保密措施与计算机功能直接联系,而是只叙述技术安全的要求,把保密作为安全增强功能。认为完整性、可用性与保密性处于同等重要的位置。ITSEC把安全概念分为功能和评估两部分,定义了E0级到E6级共7个安全别,鉴于每个系统,又定义了10种功能——F1到F10,其中前5种与TCSEC中C1到B3基本相似,F6到F10级分别对应数据和程序的完整性、系统的可用性、数据通信的完整性、数据通信的保密性以及机密性等内容。

1.2.3 国内的网络安全标准

我国于1999年发布了《计算机信息系统安全保护等级划分准则》,这是我国信息安全方面的评估标准,编号为GB 17859—1999,为安全产品的研制提供了技术支持,也为安全系统的设计和管理提供了技术指导,是实行计算机信息系统安全等级保护制度建设的重要基础。

《计算机信息系统安全保护等级划分准则》在系统科学地分析计算机处理系统的安全问题的基础上,结合我国信息系统建设的实际情况,将计算机信息系统的安全等级划分为5个级别。

第一级:用户自主保护级

本级的计算机防护系统能够把用户和数据隔开,使用户具备自主的安全防护能力。用户可以根据需求采用系统提供的访问控制措施来保护自己的数据,避免其他用户对数据的非法读写与破坏。

第二级:系统审计保护级

本级除了具备第一级所有的安全保护功能外,还要求创建和维护访问的审计跟踪记录,使所有用户对自己行为的合法性负责。本级使计算机防护系统访问控制更加精细,允许对单个文件设置访问控制。

第三级:安全标记保护级

本级除具备第二级所有安全保护功能外,还要求以访问对象标记的安全级别限制访问者的权限,实现对访问对象的强制访问。该级别提供了安全策略模型、数据标记以及严格访问控制的非形式化描述。系统中的每个对象都有一个敏感性标签,每个用户都有一个许可级别。许可级别定义了用户可处理的敏感性标签,系统中每个文件都按内容分类并标有敏感性标签。任何对用户许可级别和成员分类的更改都受到严格控制。

第四级:结构化保护级

本级除具备第三级所有安全保护功能外,还将安全保护机制分为关键部分和非关键部分,对关键部分可直接控制访问者对访问对象的存取,从而加强系统的抗渗透能力。系统的设计和实现要经过彻底的测试和审查;必须对所有目标和实体实施访问控制策略,要有专职人员负责实施;要进行隐蔽信道分析,系统必须维护一个保护域,保护系统的完整性,防止外部干扰。

第五级:访问验证保护级

本级除具备前一级别所有的安全保护功能外,还特别增设了访问验证功能,负责仲裁访问对象的所有访问,也就是访问监控器。访问监控器本身是抗篡改的,且足够小,能够分析和测试。为了满足访问控制器的需求,计算机防护系统在其构造时,排除那些对实施安全策略来说并非必要的部件;在设计和实现时,从系统工程角度将其复杂性降到最低。

单元 2 项目管理

学习目标

1. 理解项目管理的基本概念，了解项目范围管理；
2. 了解项目管理相关工具的功能及使用流程；
3. 了解项目管理中各项资源的约束条件；
4. 了解项目质量监控和项目风险控制。

2.1 项目管理概述

2.1.1 项目管理的定义及其知识范围

项目是为了提供一个独特的产品而暂时承担的任务。项目的特征是临时性和唯一性。简单地说，项目目标就是实施项目所要达到的期望结果。项目的产出可能是有形的也可能是无形的。成功的项目有三个要素：项目按时完成、项目质量符合预期要求以及项目成本控制在范围内。这三个要素很难做到完美兼顾。项目开始时，成本、质量和时间三要素维持的是一个等边三角形，而随着项目的推进，每一个要素的变化都会影响其他两个要素，导致三角形夹角的变化。项目经理的职责就是掌控这个三角形使其维持在一个合理的角度。

项目管理的目标一般包括如期完成项目以保证用户的需求得到确认和实现，在控制项目成本的基础上保证项目质量，妥善处理用户的需求变动。为实现上述目标，企业在项目管理中应该采用成本效益匹配、技术先进、充分交流与合作等原则。

2.1.2 项目管理过程

项目管理可以分为识别需求、提出解决方案、执行项目和结束项目四个阶段。项目管理过程可以整合为启动、计划、执行、监控、收尾五个过程,如图 2-2-1 所示。启动过程中需要明确人员和组织结构,阐述需求,制定项目章程并初步确定项目范围;计划过程中需要进行成本预算、人力资源估算,并制订采购计划、风险计划等项目管理计划;执行过程中需要指导和管理项目的实施;监控过程中需要监控项目执行,实施整体变更控制;收尾过程中需要进行项目总结、文档归类等工作。

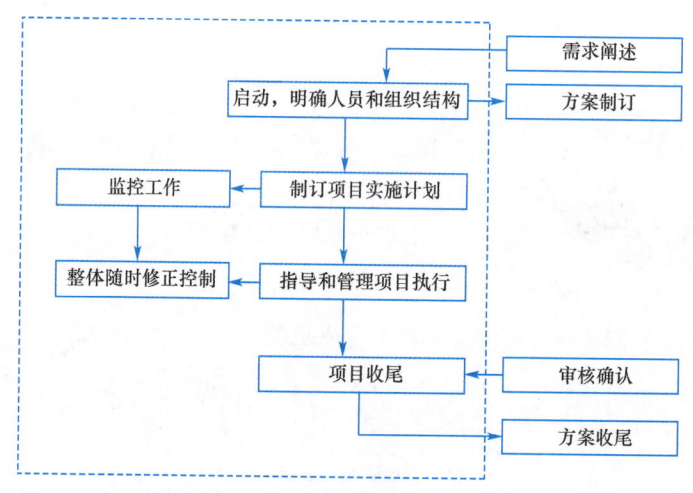

图 2-2-1 项目管理过程

2.1.3 项目启动

项目启动过程中需要成立项目组,聘任项目经理。项目经理是负责实现项目目标的个人。

项目经理的职责:
(1)与企业管理层沟通协商,明确项目需求和所需资源等。
(2)挑选项目组成员,并得到项目组的支持。
(3)在项目实施过程中不断修正项目计划。

2.1.4 项目计划

项目计划作为项目管理的重要阶段,在项目中起承上启下的作用,计划文件经批准后作为项目的工作指南。一般应遵循以下六个原则:
1.目的性   2.系统性   3.经济性   4.动态性   5.相关性   6.职能性

2.1.5 项目执行

项目执行阶段的主要任务包含如下几个方面：
(1) 识别计划的偏离。
(2) 采取矫正措施以使实际进展与计划保持一致。
(3) 接受和评估来自项目干系人的项目变更请求。
(4) 必要时重新调整项目活动和资源水平。
(5) 得到授权者批准后，变更项目范围、调整项目目标并监控项目进展，把控项目实施进程。

2.1.6 项目监控

监控过程涉及如下几个方面：
(1) 控制变更，推荐纠正措施，或对可能出现的问题推荐预防措施。
(2) 对照项目管理计划和项目绩效测量基准，监督正在进行的项目活动。
(3) 对导致规避整体变更控制或配置管理的因素施加影响，确保只有经批准的变更才能付诸执行。

2.1.7 项目收尾

项目收尾即结束项目管理过程的所有活动。项目收尾过程需要进行项目结项和文档归档。项目经理整理项目文档及成果，准备结项评审材料。项目评审小组负责对项目进行综合评估，评估的主要内容如下：
(1) 项目计划、进度评估。
(2) 项目质量目标评估
(3) 成本管理、效益评估。
(4) 项目文档评估。
(5) 项目对公司或部门的贡献评估。
(6) 团队建设评估。

2.2 项目管理工具

项目管理工具（一般指软件）是为了使工作项目能够按照预定的成本、进度、质量顺利完成，而对人员（People）、产品（Product）、过程（Process）和项目（Project）进行分析和管理的一类软件。常见的项目管理工具有 Microsoft Project、Tower 等。

2.2.1 Microsoft Project 功能

1. 更富弹性的项目管理；
2. 更便捷地协调工作；
3. 改善团队工作效率；
4. 利用 Microsoft Project Central 实现合作跟踪；
5. 更方便地访问项目信息；
6. 增加数据实用性；
7. 灵活的分析；
8. 简单的报告；
9. 增强的用户信心；
10. 扩展项目管理，改善容量和性能。

2.2.2 Tower 功能

Tower 软件提供的产品功能具体包括协同办公、项目管理和职能模块三项。
1. 协同办公功能，又可以分为协同协作和办公工具两部分。
2. 项目管理功能，又可以分为任务管理和个人管理两部分。
3. 职能模块功能。

2.2.3 进度计划编制

下面以"工商审批系统"开发为例介绍 Microsoft Project 在项目管理过程中的主要应用。

"工商审批系统"项目开发过程由需求分析、项目设计、编码、测试、项目收尾五个主要部分组成。根据软件项目开发流程，每个部分又细分为若干个子任务。

(1)需求分析：需求计划编制、需求调研与分析、需求报告编写、需求评审。

(2)项目设计：概要设计、软件架构设计、权限模块设计、内网系统模块设计、外网系统模块设计、设计报告编写、项目设计评审。

(3)编码：系统架构编码、权限模块编码、内网系统模块编码、外网系统模块编码、系统集成、编码评审。

(4)测试：权限模块测试、内网系统模块测试、外网系统模块测试、系统集成测试、测试报告编写、测试评审。

(5)项目收尾：用户手册编写、客户培训、项目验收。

"工商审批系统"项目工作分解结构(WBS)可以用图 2-2-2 描述。

单元2　项目管理

```
                    "工商审批系统"项目WBS
    ┌───────────┬───────────┬───────────┬───────────┬───────────┐
  项目需求      项目设计      编码         测试        项目收尾
  需求计划编制   概要设计     系统架构设编码  权限模块测试   用户手册编写
  需求调研与分析 软件架构设计  权限模块编码   内网系统模块测试 客户培训
  需求报告编写   权限模块设计  内网系统模块编码 外网系统模块测试 项目验收
  需求评审      内网系统模块设计 外网系统模块编码 系统集成测试
              外网系统模块设计 系统集成       测试报告编写
              设计报告编写    编码评审       测试评审
              项目设计评审
```

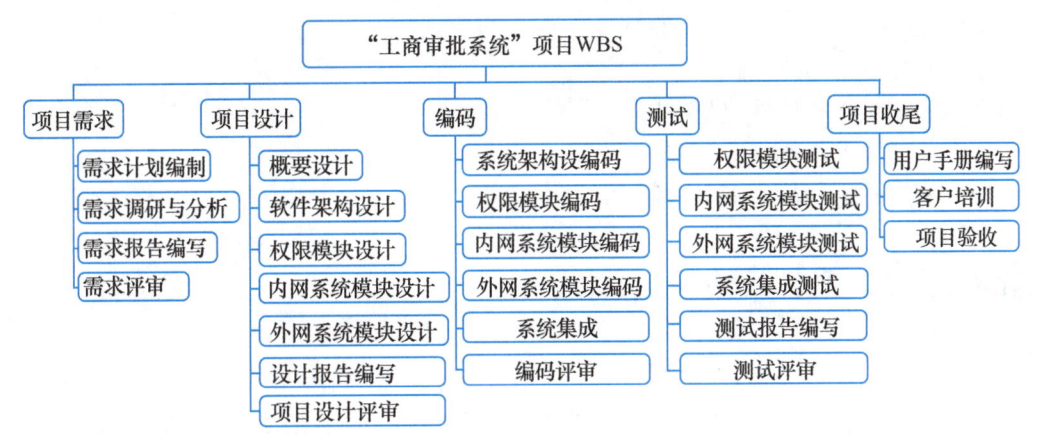

图 2-2-2　"工商审批系统"项目 WBS

2.3　项目管理的三约束

▶ ### 2.3.1　项目的范围约束

项目的范围约束就是规定项目的任务是什么。首先必须搞清楚项目的商业利润核心,明确项目发起人期望通过项目获得什么样的产品或服务。

▶ ### 2.3.2　项目的时间约束

项目的时间约束就是规定项目需要多长时间完成,项目的进度应该怎样安排,项目的活动在时间上的要求,各活动在时间安排上的先后顺序。

▶ ### 2.3.3　项目的成本约束

项目的成本约束就是规定完成项目需要花多少钱。对项目成本的计量,一般用花费多少资金来衡量,但也可以根据项目的特点,采用特定的计量单位来表示。关键是通过成本核算,能让项目关系人,了解在当前成本约束之下,所能完成的项目范围及时间要求。

2.4　监控项目

▶ ### 2.4.1　项目质量监控

项目质量控制(QC)就是项目团队的管理人员采取有效措施,监督项目的具体实施结

245

果,判断它们是否符合项目有关的质量标准,并确定消除产生不良结果原因的途径。

1. 项目质量控制的内容;
2. 项目质量控制过程的基本步骤;
3. 项目质量控制的依据;
4. 项目质量控制的工作方法。

2.4.2 项目风险控制

监控项目风险就是要跟踪风险,识别剩余风险和新出现的风险,修改风险管理计划,保证风险计划的实施,并评估消减风险的效果,从而保证风险管理能达到预期的目标。

1. 风险监控的输入

监控项目风险的输入(或依据)有风险登记册;项目管理计划;工作绩效信息;绩效报告、批准的变更请求等。

2. 风险监控的工具与技术

监控项目风险的工具与技术有风险再评估;风险审计;偏差和趋势分析;技术绩效衡量;储备金分析;状态审查会;风险预警系统等。

3. 风险监控的输出

监控项目风险的输出(或可交付物)有风险登记册(更新);变更请求;项目管理计划(更新);项目文件(更新);组织过程资产(更新)等。

(1) 风险登记册(更新)

其更新的内容包括(但不限于):

• 风险再评估、风险审计和定期检查风险的结果,例如新识别的风险事件以及对风险概率、影响、优先级、应对计划、责任人和风险登记册其他内容的更新。还可能需要删去不复存在的风险并释放相应的储备。

• 项目风险和风险应对的实际结果。这些信息有助于项目经理们横跨整个组织进行风险规划,也有助于他们对未来项目的风险进行规划。

(2) 变更请求

有时,实施应急计划或权变措施会导致变更请求。变更请求要提交给实施整体变更控制过程审批。变更请求也可包括推荐的纠正措施和推荐的预防措施。

• 推荐的纠正措施。推荐的纠正措施包括应急计划和权变措施。后者是针对以往未曾识别或被动接受的、目前正在发生的风险而采取的未经事先计划的应对措施。

• 推荐的预防措施。采用推荐的预防措施,使项目实施符合项目管理计划的要求。

(3) 项目管理计划(更新)

若经批准的变更请求对风险管理过程有影响,则应修改并重新发布项目管理计划中的相应组成部分,以反映这些经批准的变更。项目管理计划中可能需要更新的内容,与制订风险应对计划过程相同。

(4)项目文件(更新)

作为监控风险过程的结果,可能需要更新的项目文件与制订风险应对计划过程相同。

(5)组织过程资产(更新)

上述项目风险管理过程都会生成可供未来项目借鉴的各种信息。应该把这些信息加进组织过程资产中。可能需要更新的组织过程资产包括(但不限于):

- 风险管理计划的模板,包括概率影响矩阵、风险登记册;
- 风险分解结构;
- 从项目风险管理活动中得到的经验教训。

单元 3
机器人流程自动化

学习目标

1. 理解机器人流程自动化的基本概念，了解机器人流程自动化的发展历程和主流工具；
2. 了解机器人自动化的技术部署、功能及部署模式等；
3. 熟悉机器人流程自动化工具的使用过程。

3.1 认识 RPA 与 RPA 平台

▶ 3.1.1 RPA 的概念

机器人流程自动化（Robotic Process Automation，RPA），字面意思为机器人、过程、自动化。
- 机器人（R）——模仿点击、击键、导航等人类动作的软件。
- 过程（P）——为获得所需结果而采取的步骤顺序。
- 自动化（A）——在没有任何人工干预的情况下执行流程中的步骤顺序。

RPA 是以机器人作为虚拟劳动力，依据预先设定的程序与现有用户系统进行交互并完成大量重复的、基于规则的工作流程任务的自动化软件或平台。确切来说，它并不是一个真实的、肉眼可见的机器人，而是流程自动化服务。如图 2-3-1 所示。

单元3　机器人流程自动化

图 2-3-1　机器人流程自动化

用更通俗的话来解释，RPA 就是借助一些能够自动执行的脚本，这些脚本可以自己编写，也可以是某些工具生成的，这些工具有着非常有好的用户化图形界面，从而完成一系列原来需要人工完成的工作，具备一定脚本生成、编辑、执行能力的工具都可以称之为 RPA 机器人。

▶ **3.1.2　RPA 平台**

目前，随着 IT 技术的发展，产生了大量机器人流程自动化（RPA）平台，使用者可以利用这些平台完成自己的 RPA 自动化程序的编写，也可以利用平台中已经提供的模块化操作方便快捷地完成自己的需求。大多数 RPA 平台架构是由机器人设计平台、机器人、机器人控制平台三大部分组成。如图 2-3-2 所示。

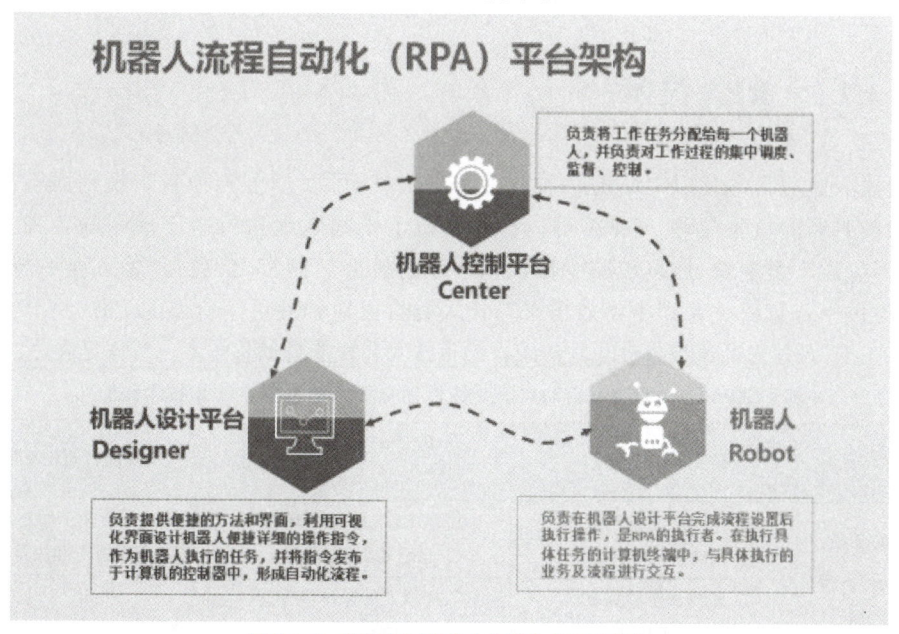

图 2-3-2　机器人流程自动化平台（RPA）架构

249

机器人设计平台，负责完成在可视化界面的流程编辑工作，是 RPA 的规划者。机器人设计平台负责提供便捷的方法和界面，利用可视化界面设计机器人便捷详细的操作指令，作为机器人执行的任务，并将指令发布于计算机的控制器中，形成自动化流程。机器人设计平台一般会内置丰富的预构建模板，集成多种编程语言来提升平台的易用性、可扩展性。

机器人，负责在机器人设计平台完成流程设置后执行操作，是 RPA 的执行者。负责在执行具体任务的计算机终端中，与具体执行的业务及流程进行交互。根据应用场景可以分为无人值守和有人值守两种，无人值守可在包括虚拟环境的多种环境下运行，有人值守需要人来控制流程开关。

机器人控制平台，负责智慧管理多个机器人的运行，保证整个软件的分工合理和风险监控，是 RPA 的领导者。机器人控制平台负责将工作任务分配给每一个机器人，并负责对工作过程进行集中调度、监督、控制，同时包括机器人集群管理、流程任务分发、定时计划等，保证整个软件的分工合理和风险监控。

3.2 认识 RPA 技术

▶ 3.2.1 RPA 的特点

RPA 的主要特点在于增强劳动力，而不是代替劳动力。

主要特点：执行重复性、标准化、规则明确的任务；全年 365 天，7×24 小时，不知疲倦；安全可靠，效率高、准确率高；高敏捷性；实现增值工作；提高员工敬业度；提高客户满意度；不受 IT 底层架构限制；流程标准化。

▶ 3.2.2 RPA 技术

机器人流程自动化（RPA）是一种软件解决方案，可以模仿各种基于规则而不需要实时创意或判断的重复流程。RPA 可以在计算机上不间断地执行基于规则的各种工作流程，它不仅比人类更快，还可以减少错误和欺诈的机会。简言之，就是"像人类一样工作""把人类进一步从机械劳动中解放出来"，让人类自由地开展更高价值的工作。

基于 RPA 技术的流程自动化与传统自动化技术和智能自动化技术比较详见表 2-3-1。

表 2-3-1　基于 RPA 技术的流程自动化与传统自动化技术和智能自动化技术比较

比较的项目	传统自动化技术	基于 RPA 技术的流程自动化技术	智能自动化技术
适用的任务	简单工作：重复性操作、固定规则、单一系统	简单工作：重复性操作、固定规则、跨系统	复杂工作：需要思考和决策的
应用领域	按操作步骤完成某个操作	模拟人的操作步骤完成某个流程	自主分析出结论

(续表)

比较的项目	传统自动化技术	基于RPA技术的流程自动化技术	智能自动化技术
应用范围	具体:将特定操作步骤或单一环节自动化	广泛:可对一切适合流程进行自动化	具体:只适用于需要生成分析结果的特定流程
技术成熟度	成熟	成熟	发展中
部署及后期成本	中等	较低	非常高
开发周期	数月	数周	数月～数年

3.3 认识RPA的发展与应用

3.3.1 RPA的发展历程

RPA并不是一个新兴概念,其发展至今,经历了多个阶段。

1.工业机器人时代

工业机器人是RPA的"前辈",所以对于机器人流程自动化(RPA)发展历程,我们先来了解一下工业机器人的发展历程。工业机器人的发展大体经过了三个阶段:

第一阶段:产生和初步发展阶段(1958—1970)

1954年,美国人乔治·德沃尔(George Devol)申请了第一个机器人专利,工业机器人的序幕也由此被正式拉开。如图2-3-3所示。约瑟夫·恩格尔伯格对此专利很感兴趣,联合德沃尔在1959年共同制造了世界上第一台工业机器人,称之为Robot,其含义是"人手把着机械手,把应当完成的任务做一遍,机器人再按照事先教给它们的程序进行重复工作"。第一台工业机器人主要用于工业生产的铸造、锻造、冲压、焊接等生产领域,特称为工业机器人。

图2-3-3 乔治·德沃尔和他发明的第一台工业机器人

首台工业机器人主要用于自动执行一些简单的任务,比如拾取、移动和放置装配线上的物品。随着新的技术不断突破,传感器和摄像头让机器人似乎可以"感觉"或"看到"接下来会发生的事情,其复杂程度和性能方面更是增长迅速。

第二阶段:技术快速进步与商业化规模运用阶段(1970—1984)

这一时期的技术相较于此前有很大进步,工业机器人(图 2-3-4)开始具有一定的感知功能和自适应能力的离线编程,可以根据作业对象的状况改变作业内容。伴随着技术的快速进步发展,这一时期的工业机器人还突出表现为商业化运用迅猛发展的特点,工业机器人的"四大家族"——库卡、ABB、安川、FANUC 公司分别在 1974 年、1976 年、1978 年和 1979 年开始了全球专利的布局。

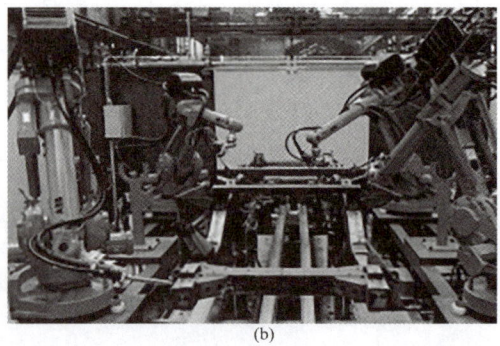

图 2-3-4 工业机器人

第三阶段:智能机器人阶段(1985 年至今)

智能机器人(图 2-3-5)带有多种传感器,可以将传感器得到的信息进行融合,有效地适应变化的环境,因而具有很强的自适应能力、学习能力和自治功能。在 2000 年以后,美国、日本等国都开始了智能军用机器人研究,并在 2002 年由美国波士顿公司和日本公司共同申请了第一件"机械狗"(Boston Dynamics Big Dog)(图 2-3-6)智能军用机器人专利。

图 2-3-5 智能机器人　　　　图 2-3-6 "机械狗"

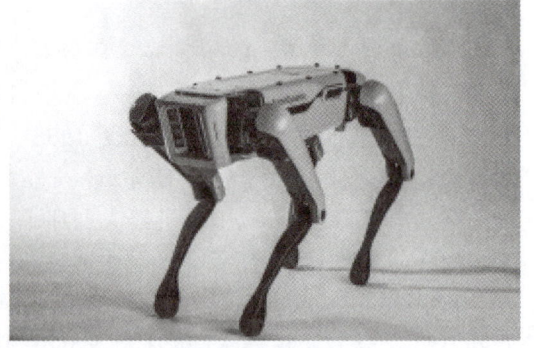

2. RPA 的诞生时代

(1)数据"搬运"需求

尽管已经有这么多工业机器人在帮助人们实现"将一个物品从一个地方自动移动到另一个地方"这一想法。但是,还有许多看不见、摸不着的"物品"等待着人们去处理,比如数据。

(2)RPA 的雏形

RPA 的雏形是早期的屏幕抓取工具和工作流程自动化管理软件,甚至是 Microsoft Office 自带的"宏"(Macro)功能,都是早期 RPA 的雏形。

(3) RPA 平台服务

RPA 已成为当今应用最为广泛、效果最为显著、成熟度较高的智能化软件。有很多企业都希望部署适合自己的 RPA，RPA 已经被越来越多的企业所认可。UiPath、Automation Anywhere、艺赛旗、阿里云 RPA、来也科技等都是国内外应用比较广泛的 RPA 自动化程序设计工具和平台服务。

3.3.2 RPA 发展趋势

1. 与 AI 技术融合延伸 RPA 能力边界

RPA 作为流程自动化软件，受标准化特定场景、部署流程比较短、决策链单一的制约，在大范围企业业务的快速落地上仍自动化程度高，解决方案定制化强，由此给 RPA 的发展造成羁绊。而与 AI 能力的结合，可以提升感知非结构化数据能力和聊天机器人联动能力，帮助 RPA 提升易用性，业务端应用向前端迁移。将 RPA 添加或集成机器学习和 AI 技术，可以提供更多类型的自动化。

未来，利用人工智能领域目前相对成熟的技术，RPA 作为一种软件机器人，既然是"人"，RPA 机器人将具有类似于人的感官功能。

2. RPA 应用将向金融以外行业拓展

RPA 应用不受行业和部门限制，但是一直以来，RPA 的发力点仍主要落在金融、财税等信息化程度高、流程标准化程度高、重复性工作多、耗费人力大的行业和场景。相对于金融行业，制造、电信、医疗、政务等亟待转型的传统行业对 RPA 产品都有一定诉求，但渗透率并不理想。政务行业虽然存在标准化程度较高的场景，且人员短缺，但由于对人效考核制度都不完善，因此对 RPA 的动力不足。近两年随着智慧政务的推进，利用 AI 和其他自动化软件提升政府部门在办公、监管、服务、决策等方面的效率成为共识。

单元 4 程序设计

学习目标

1. 理解程序设计的基本概念；
2. 了解主流程序设计语言；
3. 掌握一种主流编程工具的安装、环境配置和基本使用方法；
4. 掌握一种主流程序设计语言的基本语法、流程控制、数据类型、函数、模块、文件操作等；
5. 能完成简单程序的编写和调测任务，为相关领域应用开发提供支持。

4.1 程序设计概述

程序设计，就是根据计算机所要完成的任务，设计解决问题的数据结构和算法，然后编写相应程序代码，并测试代码正确性，直到能够得到正确的运行结果为止。良好的程序设计风格是程序具备可靠性、可读性、可维护性的基本保证。

程序设计语言是人用来编写程序的手段，是人与计算机交流的语言，程序员使用特定的语言来编写程序，达到利用计算机解决相应问题的目的。

下面介绍几种主流的程序设计语言：C语言，C++，Java，Matlab，Python。

4.2 程序设计语言

▶ 4.2.1 C 语言

C 语言是一种面向过程的、抽象化的通用程序设计语言。在目前各种类型的计算机和操作系统下,有不同版本的 C 语言编写程序,但无论哪种版本,C 语言都有如下的共同特点:丰富的结构化语句;语句表达简练,使用方便灵活,可读性好;具有较高的移植性;具有强大的处理能力;程序运行效率高,时空开销小。

▶ 4.2.2 C++

C++是 C 语言的继承,它既可以进行 C 语言的过程化程序设计,又可以进行以抽象数据类型为特点的基于对象的程序设计,还可以进行以继承和多态为特点的面向对象的程序设计。C++擅长面向对象程序设计的同时,还可以进行基于过程的程序设计。C++不仅拥有计算机高效运行的实用性特征,同时还致力于提高大规模程序的编程质量与程序设计语言的问题描述能力。

C++的主要特点如下:支持数据封装和数据隐藏;支持继承和重用;支持多态性。由于继承性,这些对象能共享许多相似的特征;由于多态性,一个对象可有独特的表现方式。继承性和多态性的组合,可以轻易地生成一系列虽然类似但独一无二的对象。

▶ 4.2.3 Java

Java 是一种面向对象的程序设计语言,不仅吸收了 C++的各种优点,还摒弃了 C++里难以理解的多继承、指针等概念,因此 Java 具有功能强大和简单易用两个特征。Java 作为静态面向对象编程语言的代表,极好地实现了面向对象理论,允许程序员以优雅的思维方式进行复杂的编程。

Java 具有简单性、面向对象、分布式、稳定性、安全性、平台独立与可移植性、多线程、动态性等特点,可以用于编写桌面应用程序、Web 应用程序、分布式系统和嵌入式系统应用程序等。同时,Java 拥有全球最大的开发者专业社群,在全球云计算和移动互联网的产业环境下,更具备了显著优势和广阔前景。

▶ 4.2.4 C♯

C♯是微软公司发布的一种由 C 和 C++衍生出来的面向对象的、运行于.NET

Framework 和 .NET Core 之上的高级程序设计语言。C♯继承了 C 语言的语法风格,同时又继承了 C++ 的面向对象特性。它使得程序员可以快速地编写各种基于 Microsoft .NET 平台的应用程序,在继承 C 和 C++ 强大功能的同时去掉了一些它们的复杂特性。C♯与 C++ 还是有许多区别的,例如,C++ 允许类的多继承,而 C♯ 只允许类的单继承,多继承则是通过接口实现等。

4.2.5　Matlab

Matlab 是一款专注于数学计算的高级编程软件。它提供了多种强大的数组操作来处理各种数据集。矩阵和数组是 Matlab 数据处理的核心,因为 Matlab 中的所有数据都是用数组表示和存储的。在处理数据的同时,Matlab 还提供了各种图形用户界面工具,以方便用户开发各种应用程序。

Matlab 软件主要面对科学计算、可视化以及交互式程序设计的高科技计算环境。它将数值分析、矩阵计算、科学数据可视化以及非线性动态系统的建模和仿真等诸多强大功能集成在一个易于使用的视窗环境中,为科学研究、工程设计以及必须进行有效数值计算的众多科学领域提供了一种全面的解决方案。

4.2.6　Python

Python 是一种面向对象的开源的解释型计算机编程语言,具有通用性、高效性、跨平台移植性和安全性等特点。

Python 提供了高效的高级数据结构,还能简单有效地面向对象编程。Python 因其语法和动态类型的特点,以及解释型语言的本质,成为多数平台上写脚本和快速开发应用的编程语言。另外其丰富的扩展库,可以轻易完成各种高级任务,开发者可以实现完整应用程序所需的各种功能,随着版本的不断更新和语言新功能的添加,Python 逐渐被用于独立的、大型项目的开发。

4.3　程序设计方法和实践

C 语言是目前国内外广泛使用的程序设计语言之一,它既有高级语言的特点,也有汇编语言的特点,具有较强的系统处理能力。因此,C 语言广泛应用于系统软件与应用软件的开发。本文以 C 语言为例进行程序设计和实践。

4.3.1　C 语言编译软件的安装和配置

学习 C 语言首先需要安装能够识别 C 语言代码的编译器,把 C 语言代码转换成

CPU 能够识别的二进制指令。这里我们选择其中一个轻量级的软件——Dev-C++。

在 Windows 操作系统中下载完成后,双击 Dev-C++安装包即可开始安装。在选择安装功能时,按自己的需求进行选择,正常情况默认不动。再选择安装位置进行安装。安装完成后会有起始设置,选择对应的语言,再选择自己喜欢的主题风格,左边会有预览进行参照。为了优化代码的完成,软件也提供了有文件的缓存,正常情况默认不动。

4.3.2　C 语言数据类型

数据类型是程序设计中一个非常重要的概念。数据类型规定了一个以值为其元素的数据集,即规定了该类型中数据的定义域。C 语言有五种基本数据类型:int(整型)、char(字符型)、float(单精度浮点型)、double(双精度浮点型)和无值型(void)。

在 C 语言中,数据处理的基本对象是常量和变量,它们都属于某种数据类型。在程序运行过程中,其值不能被改变的称为常量,其值可以改变的称为变量。常数的类型通常由书写格式决定,变量的类型是在定义时指定。

程序中要操作或改变值的数据总是以变量的形式存储的。定义变量的目的就是在程序执行过程中保存待处理的数据,保存中间或最终结果,不同类型的变量用来保存不同类型的数据。因变量是与内存单元相对应,当程序开始执行时,系统为变量分配内存单元,变量就有了自己的内存空间;当退出程序时,由于释放所占用的内存,变量的内容也就不复存在。

变量定义的一般形式是:

类型名　变量名表;

其中,变量名表中可以有一个变量名或由逗号间隔的多个变量名。

4.3.3　流程控制结构

C 语言程序设计由三种控制结构完成,分别为顺序结构、分支结构和循环结构。

1. 顺序结构

顺序结构是由一组顺序执行的处理块所组成,每一个处理块可包含一条或一组语句,完成一项工作。顺序结构是任何一个算法都离不开的基本主体结构。

2. 分支结构

分支结构的含义是,根据对某一条件的判断结果,决定程序的走向,即选择哪一个分支中的处理块去执行,所以分支结构又称选择结构。最基本的分支结构是二分支结构。

3. 循环结构

循环结构是对某一个语句模块反复执行的控制结构,这里的语句模块称为循环体。

循环体执行多少次是由控制循环的条件所决定的。最基本的循环结构是"当循环"。

4.3.4 函数

一个项目经过组织和分析,将一个大问题分为相互联系又彼此独立的若干个子问题,这些独立的子问题能够使项目的开发和维护更加容易。这样的子问题在程序设计中被称为模块,整个系统就是由若干个不同的模块有机地搭建起来的。这样的模块在 C 语言中主要是通过函数实现的,模块的组织则是通过函数之间的调用完成的。

1.定义:即使用程序设计语言给出其动态计算过程的逻辑。函数定义的一般形式如下:

```
函数类型 函数名(形式参数列表)
{
    函数内容
}
```

函数定义的第一行叫作函数头,由函数类型、函数名、形式参数列表组成。函数类型指函数结果返回的类型,一般与 return 语句中表达式的类型一致。形式参数列表给出函数计算所要用到的相关已知条件,各个形式参数之间用逗号隔开,前面必须写明类型,参数的个数可以是一个也可以是多个,或者没有形式参数。

2.声明:即函数的类型和参数的情况,以保证程序编译时能判断该函数调用的是否正确。如果自定义函数放在主函数的后面,那么在函数调用前,需要先进行函数声明。函数声明的一般形式如下:

```
函数类型 函数名(形式参数列表);
```

3.调用:在定义或声明一个函数后,就可以在程序的其他函数中调用这个函数。调用系统库中的函数只需要在程序最前面用#include 命令包含相应的头文件即可,调用自定义函数则需要在程序中有对应函数定义。函数调用的一般形式如下:

```
函数名(实际参数列表);
```

4.3.5 结构化程序设计

结构化程序设计强调程序设计的风格和程序结构的规范化,提倡清晰的结构,其基本思路是将一个复杂问题的求解过程划分为若干阶段,每个阶段要处理的问题都容易被理解和处理。包括按自顶向下的方法对问题进行分析、模块化设计和结构化编码三个步骤。

自顶向下分析问题的方法,就是把大的复杂的问题分解成小问题后再解决。面对一个复杂的问题,首先进行上层的分析,按组织或功能将问题分解成子问题,如果子问题仍然十分复杂,再做进一步分解,直到处理对象相对简单、容易解决为止。当所有的子问题都得到了解决,整个问题也就解决了。在这个过程中,每一次分解都是对上一层问题进行的细化和逐步求精,最终形成一种类似树形的层次结构,来描述分析的结果。

经过问题分析,设计好层次结构图后,就进入模块化设计阶段了。在这个阶段需要将模块组织成良好的层次系统,上层模块调用其下层模块以实现程序的完整功能,从而完成程序的某个子功能。模块化设计使程序结构清晰,易于设计和理解。当程序出错时,只需改动相关的模块及其连接。在 C 语言中,模块一般通过函数来实现,一个模块对应一个函数。

结构化编码通常需要遵循以下主要原则:经模块化设计后,每一个模块都可以独立编码;对变量、函数、常量等命名时,要见名知义,有助于对变量含义或函数功能的理解;在程序中增加必要的注释,增加程序的可读性;要有良好的程序视觉组织,利用缩进格式,呈现出程序语句的阶梯方式,使程序逻辑结构层次分明;程序要清晰易懂,语句构造要简单直接;程序有良好的交互性,并尽量采用统一整齐的格式。

4.3.6 文件操作

1. 文件的概念

文件,也称为文档,是一组相关信息的集合,程序本身也是作为文件存放的。C 语言中的文件不仅是通常的磁盘文件,而是一种数据组织方式,是 C 语言处理的对象。

2. 文件的类型

在 C 语言中,按数据存储的编码形式,数据文件可分为文本文件和二进制文件两种。文本文件是以字符 ASCII 码值进行存储与编码的文件。二进制文件是存储二进制数据的文件。

3. 文件的处理

(1) 定义

文件定义分为两种类型:自定义类型和指针类型。

自定义类型:将 C 语言中已有的类型(包括已定义过的自定义类型)重新命名,用新的名称代替已有数据类型。自定义类型的一般形式为:

typedef <已有类型名> <新类型名>;

其中,typedef 是关键字,已有类型名包括 C 语言中规定的类型和已定义过的自定义类型,新类型名可由一个和多个重新定义的类型名组成。

指针类型:C 语言引进 FILE 文件结构,其成员指针指向文件的缓冲区,通过移动指针实现对文件的操作。除此以外,在文件操作中还需用到文件的名字、状态、位置等信息。

C 语言中定义文件类型指针的格式为:

FILE *fp;

其中,FILE 是文件类型定义符,fp 是文件类型的指针变量。

(2) 打开

打开文件功能用于建立系统与要操作的某个文件之间的关联,指定这个文件名并请求系统分配相应的文件缓冲区内存单元。打开文件由标准函数 fopen() 实现,形式为:

fopen("文件名","文件打开方式");

括号内包括两个参数:"文件名"和"文件打开方式"都是字符串。"文件名"指出要对哪个具体文件进行操作,一般要指定文件的路径。文件打开方式用来确定对所打开的文件将进行什么操作。如"r"是打开文本文件进行只读操作。

(3)读写

向文件中写数据有三种方法:

①格式化方式的文件读写函数 fscanf()和 fprintf()

fscanf()用于从文件中按照给定的控制格式读取数据,fprintf()用于按照给定的控制格式向文件中写入数据。函数调用的格式为:

fscanf(文件指针,格式字符串,输入表);

fprintf(文件指针,格式字符串,输出表);

②字符/字符串方式的文件读写函数 fgetc()/fgets()和 fputc()/fputs()

用 fgetc()函数实现从 fp 所指示的文件读入一个字符到 ch,fputc()函数把一个字符 ch 写到 fp 所指示的磁盘文件上。调用格式分别为:

fgets(sg,n,fp);

fputs(sp,fp);

③数据块方式的文件读写函数 fread()和 fwrite()

函数 fread()用于从二进制文件中读入一个数据块到变量。函数 fwrite()用于向二进制文件中写入一个数据块。这两个函数的调用格式为:

fread(void * buf, int size, int count, FILE * fp);

fwrite(void * buf, int size, int count, FILE * fp);

(4)关闭

在完成对文件的操作之后,应该养成及时关闭的习惯。关闭文件使用 fclose()函数实现。fclose()函数的原型是:

int fclose(FILE * fp);

其中,参数 fp 是一个与打开的文件相关的 FILE 指针。当关闭文件成功时 fclose()返回 0,如果失败则返回 -1。

单元 5 大数据技术

学习目标

1. 理解大数据的基本概念、结构类型和特征；
2. 了解大数据的时代背景、应用场景和发展趋势；
3. 熟悉大数据在获取、存储和管理方面的技术架构，熟悉大数据系统架构基础知识；
4. 掌握大数据工具与传统数据库工具在应用场景上的区别；
5. 了解大数据分析与建模流程；
6. 熟悉大数据处理的基本流程；
7. 了解典型的大数据可视化工具。

5.1 大数据概述

5.1.1 大数据的定义

大数据是指无法在一定时间范围内用常规软件工具进行捕捉、管理和处理的数据集合，是需要新处理模式才能具有更强的决策力、洞察发现力和流程优化能力的海量、高增长率和多样化的信息资产。大数据的规模从数据度量的角度来说，一般在 TB 或 PB 级别以上。

5.1.2 大数据的来源及结构

大数据的来源主要包括两个方面：一是互联网，主要包括电子商务、社交网络；二是物联网，主要包括传感器、二维码、RFID、移动视频识别、位置信息等。

大数据的结构类型分为结构化数据、非结构化数据和半结构化数据。结构化数据占 10％～15％，非结构化和半结构化数据占 85％～90％。如图 2-5-1 所示。

图 2-5-1　大数据结构类型

1. 结构化数据

结构化数据通常基于关系型数据库的数据，也称作行数据，是用二维表结构来逻辑表达和实现的数据，严格地遵循数据格式与长度规范，主要通过关系型数据库进行存储和管理。常见的结构化数据来源于传统的企业计划系统、医疗的医院信息系统、校园一卡通核心数据库等。

2. 半结构化数据

半结构化数据通常指介于结构化数据和非结构化的数据之间的数据。和普通纯文本相比，半结构化数据具有一定的结构性，如在做一个信息系统设计时肯定会涉及数据的存储，一般会将数据按业务分类，并设计相应的存储格式或者表，然后将对应的信息保存到相应的存储格式或者表中。例如邮件、HTML、报表、具有定义模式的 XML 数据文件、Json 数据文件等都属于半结构化数据。常见的半结构化数据有 XML 文档、Json 文档、日志文件的点击流等。

3. 非结构化数据

非结构化数据通常指非纯文本类数据，没有标准格式，无法直接解析出相应的值。此类数据不易收集和管理，且难以直接查询和分析。非结构化数据的数据结构不规则或不完整，没有预定义的数据模型，不方便用数据库二维逻辑表来表现。非结构化数据包括所有格式的办公文档、文本、图片、HTML、各类报表、图像和音频/视频信息等。非结构化数据的格式非常多样，标准也是多样性的，而且在技术上，非结构化信息比结构化信息更难标准化和理解。所以非结构化数据通常用来存储、检索、发布以及利用需要更加智能化的 IT 技术，比如海量存储、智能检索、知识挖掘、内容保护、信息的增值开发利用等。非结构化数据来源如图 2-5-2 所示。

图 2-5-2　非结构化数据来源

5.1.3 大数据核心特征

大数据的核心特征包括五个方面，见表 2-5-1。

表 2-5-1　　　　　　　　　　　大数据的特征

特征名称	特征说明
Volume（大量性）	即可从数百 TB 达到数十、数百 PB 甚至 EB 的规模
Variety（多样性）	即大数据包括各种格式和形态的数据
Velocity（时效性）	即很多大数据需要在一定的时间限度下得到及时处理，即"一秒定律"
Veracity（准确性）	即处理的结果要保证一定的准确性
Value（价值性）	即大数据包含很多深度的价值，大数据分析挖掘和利用将带来巨大的商业价值

5.2　大数据的应用场景和发展趋势

5.2.1　大数据应用场景

大数据的应用场景主要包括消费大数据、医疗大数据、交通大数据、金融大数据、公安大数据、文化传媒大数据等。

1. 消费大数据应用场景

电商平台考虑到从下单到收货之间的时间延迟可能会降低人们的购物意愿，导致他们放弃网上购物。亚马逊发明了"预测式发货"的新专利，可以通过对用户数据的分析，在他们下单购物前，提前发出包裹。根据该专利文件，虽然包裹会提前从亚马逊发出，但在用户正式下单前，这些包裹仍会暂存在快递公司的转运中心或卡车里。

2. 交通大数据应用场景

UPS（United Parcel Service，Inc.，美国联合包裹运送服务公司）最新的大数据来源是安装在公司 4.6 万多辆卡车上的远程通信传感器，这些传感器能够传输速度、方向、刹车和动力性能等方面的数据。收集到的数据流不仅能说明车辆的日常性能，还能帮助公司重新设计物流路线。大量的在线地图数据和优化算法，最终能帮助 UPS 实时地调配驾驶员的收货和配送路线。该系统为 UPS 减少了 8 500 万英里的物流里程，由此节约了 840 万加仑的汽油。

3. 公安大数据应用场景

大数据挖掘技术的底层技术最早是英国军情六处研发用来追踪恐怖分子的技术。中国大数据的概念其实源于公安部抓不法分子。大数据筛选犯罪团伙时,与锁定的罪犯乘坐同一班列车,住同一酒店的两个人可能是同伙。过去,刑侦人员要证明这一点,需要通过把不同线索拼凑起来排查疑犯,现在通过大数据技术的应用很容易做到,极大地提高了公安机关的办案效率。

大数据平台应用架构如图 2-5-3 所示。

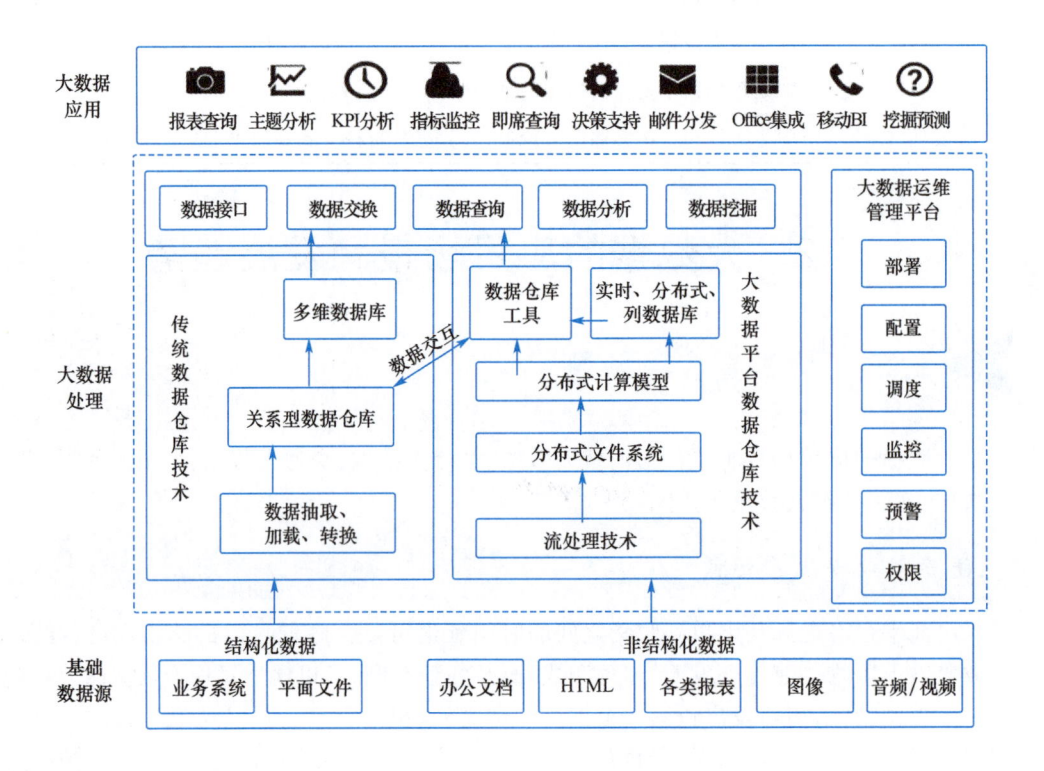

图 2-5-3 大数据平台应用架构

5.2.2 大数据发展趋势

未来大数据的发展趋势主要包括物联网、智慧城市、增强现实和虚拟现实、区块链技术、语音识别技术、人工智能等。

5.3 大数据的获取、存储、管理、处理和系统架构

5.3.1 大数据的获取

大数据的获取分为以下四种方式：网络爬取数据、免费开源数据、企业内部数据、外部购买数据。

5.3.2 大数据的存储

大数据因为规模大、类型多样、新增速度快，所以在存储和计算上，都需要技术支持，依靠传统的数据存储和处理工具，已经很难实现高效的处理了。对于结构化、半结构化和非结构化海量数据的存储和管理，轻型数据库无法满足对其存储以及复杂的数据挖掘和分析操作，通常使用分布式文件系统、No SQL 数据库、云数据库等。

5.3.3 大数据的管理

大数据时代的大数据管理最主要的目的，就是将大数据的价值进行充分的展现。

在不断提高大数据时代的大数据管理形式的过程中，可以从两个方面进行管理，一是大数据开发管理，二是内容管理。其中大数据开发管理注重于大数据管理的定义和管理解决策略，对其大数据的存在价值进行有效的开发。换句话说，其实也就是在大数据时代的大数据管理的过程中，对其管理形式的开发，对大数据的功能和价值进行充分的理解。

5.3.4 大数据处理流程

大数据处理的流程主要包括数据采集和预处理、数据存储和管理、数据分析和挖掘、数据可视化和大数据应用，如图 2-5-4 所示。

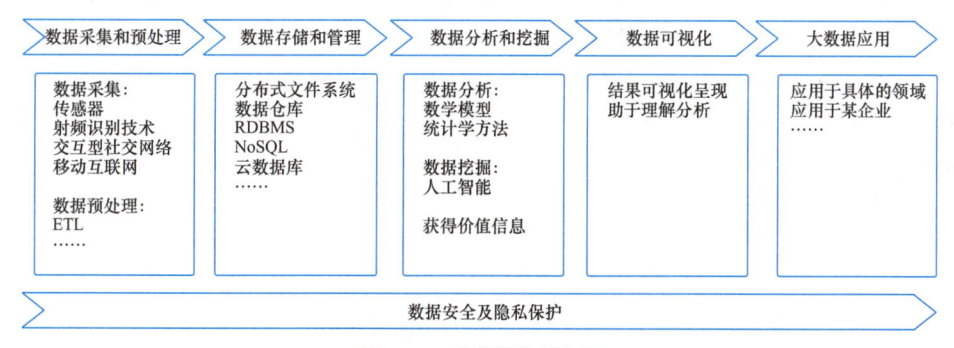

数据采集和预处理	数据存储和管理	数据分析和挖掘	数据可视化	大数据应用
数据采集： 传感器 射频识别技术 交互型社交网络 移动互联网 数据预处理： ETL ……	分布式文件系统 数据仓库 RDBMS NoSQL 云数据库 ……	数据分析： 数学模型 统计学方法 数据挖掘： 人工智能 获得价值信息	结果可视化呈现 助于理解分析	应用于具体的领域 应用于某企业 ……
数据安全及隐私保护				

图 2-5-4 大数据处理流程

5.3.5 大数据处理的系统架构

大数据技术是新兴的，能够高速捕获、分析、处理大容量多种类数据，并从中得到相应价值的技术和架构。大数据的处理需要专门的平台或框架，大数据的处理通常分为四个层次，分别为数据抽取层、数据层、计算层和引擎层。常用的大数据大数据处理平台架构如图 2-5-5 所示。

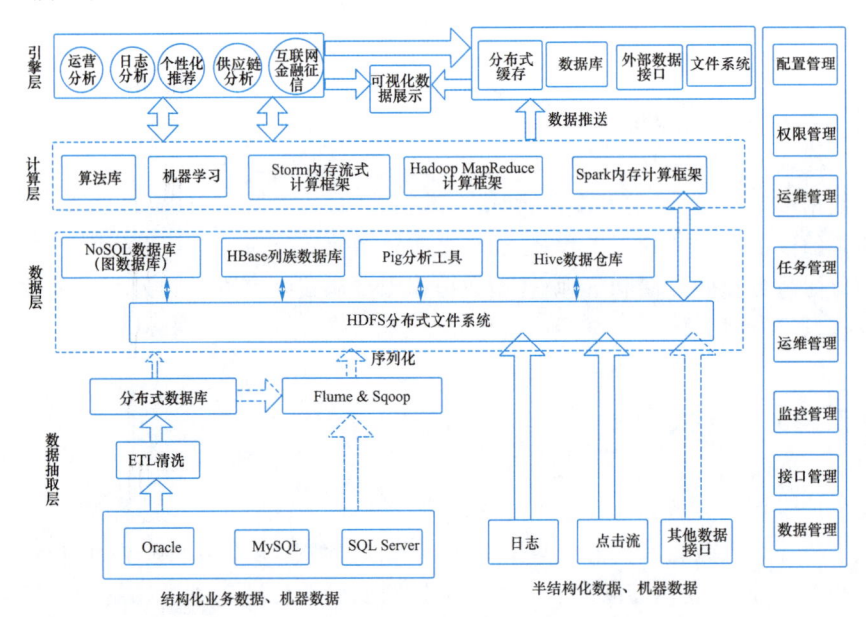

图 2-5-5 大数据系统架构

5.4 大数据工具与传统数据库工具在应用场景上的区别

大数据工具与传统数据库工具在应用场景上的区别见表 2-5-2。

表 2-5-2 大数据工具与传统数据库工具在应用场景上的区别

类别	传统数据库工具	大数据工具
数据规模	规模小，以 MB、GB 为处理单位	规模大，以 TB、PB 为处理单位
数据生成速率	每小时，每天	更加迅速
数据结构类型	单一的结构化数据	多样化
数据源	集中的数据源	分散的数据源
数据存储	关系数据库管理系统（RDBMS）	分布式文件系统（HDFS）、非关系型数据库（NoSQL）

(续表)

类别	传统数据库工具	大数据工具
模式和数据的关系	先有模式后有数据	先有数据后有模式，且模式随数据变化而不断演变
处理对象	数据仅作为被处理对象	数据作为被处理对象或辅助资源来解决其他领域问题
处理工具	一种或少数几种处理工具	不存在单一的全处理工具

5.5 大数据分析与建模

大数据分析与建模主要包括需求分析、数据获取、数据预处理、分析与建模、模型评价与优化、部署等，数据分析建模流程如图 2-5-6 所示。

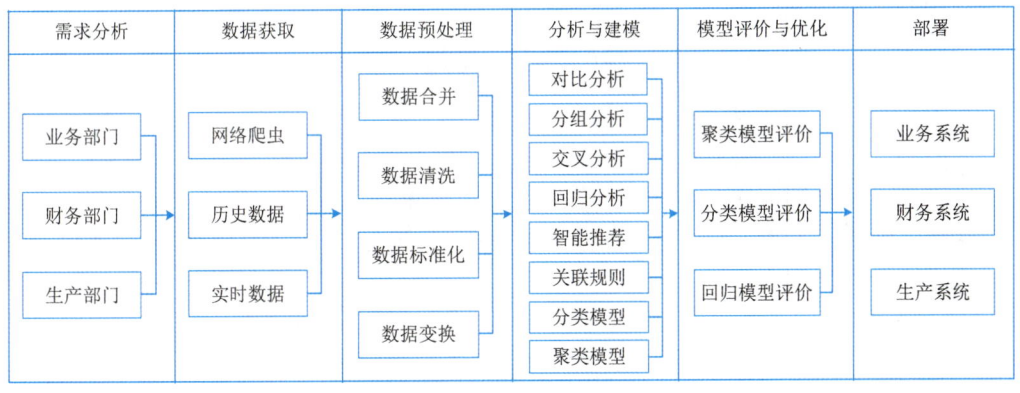

图 2-5-6 数据分析建模流程

5.6 数据可视化工具

数据可视化是指将大型数据集中的数据以图形图像形式表示，并利用数据分析和开发工具发现其中未知信息的处理过程。

数据可视化技术的基本思想是将数据库中每一个数据项作为单个图元素表示，大量的数据集构成数据图像，同时将数据的各个属性值以多维数据的形式表示，可以从不同的维度观察数据，从而对数据进行更深入的观察和分析。

数据可视化过程包括数据预处理、绘制、显示和交互。

常用的可视化工具包括入门级工具（Excel）、信息图表工具（Echarts、D3、Tableau）、时间线工具（Timetoast）和高级分析工具（Python、R）等。

单元 6

人工智能

学习目标

1. 了解人工智能的定义、研究领域和应用价值；
2. 熟悉人工智能技术应用的常用开发平台、框架和工具，了解其特点和适用范围；
3. 熟悉人工智能技术应用的基本流程和步骤；
4. 了解人工智能涉及的核心技术及部分算法，能使用人工智能相关应用解决实际问题；
5. 能辨析人工智能在社会应用中面临的伦理、道德和法律问题。

6.1 人工智能概况

6.1.1 人工智能定义

人工智能定义

人工智能（Artificial Intelligence，AI）是研究、开发用于模拟、延伸和扩展人的智能的理论、方法、技术及应用系统的一门学科，其目标是希望计算机拥有像人一样的思维过程和智能行为（如识别、认知、分析、决策等），使机器能够胜任一些通常需要人类智能才能完成的复杂工作。

人工智能是计算机科学的一个重要分支，融合了自然科学和社会科学的研究范畴，涉及计算机科学、统计学、脑神经学、心理学、语言学、逻辑学、认知科学、行为科学、生命科学、社会科学和数学，以及信息论、控制论和系统论等多学科领域。

单元6　人工智能

6.1.2　人工智能的研究领域

人工智能研究的目的是利用机器模拟、延伸和扩展人的智能,这些机器主要是电子设备。其研究领域十分广泛,主要包括如图 2-6-1 所示几个方面。

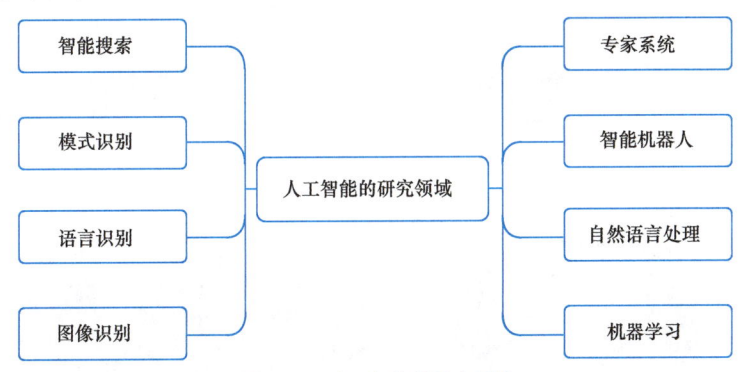

图 2-6-1　人工智能的研究领域

6.1.3　人工智能的应用价值

1.人工智能带来产业模式的变革

人工智能在各领域的普及应用,触发了新的业态和商业模式,并最终带动产业结构的深刻变化。其主要应用如图 2-6-2 所示。

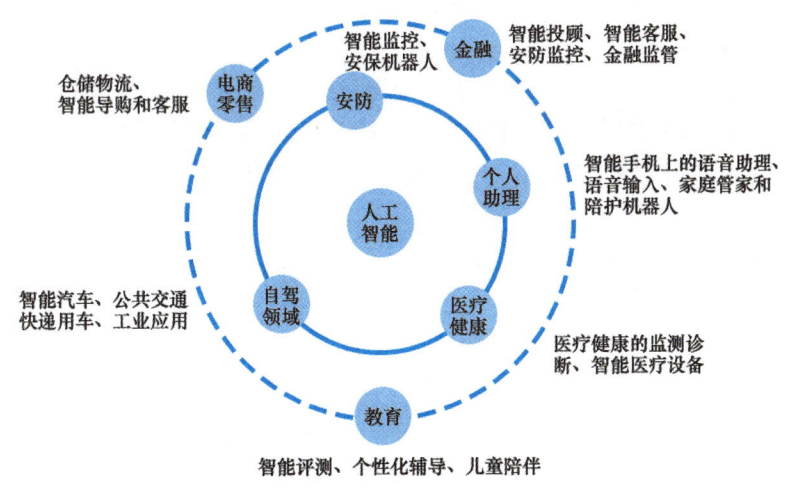

图 2-6-2　人工智能的主要应用领域

269

2. 人工智能带来智能化的生活

人工智能的到来，将带给人们更加便利、舒适的生活。比如智能家居，使人们的生活更加幸福，如图 2-6-3 所示。

智能家居

图 2-6-3　智能家居生活

6.2　人工智能的应用领域

人工智能的应用领域

人工智能技术对各领域的渗透形成"AI+"的行业应用终端、系统及配套软件，然后切入各种场景，为用户提供个性化、精准化、智能化服务，深度赋能医疗、交通、金融、零售、教育、家居、农业、制造、网络安全、人力资源、安防等领域。

人工智能应用领域没有专业限制。AI 产品与生产生活的各个领域相融合，对改善传统环节流程、提高效率、提升效能、降低成本等方面产生了巨大的推动作用，大幅提升业务体验，有效提升各领域的智能化水平，给传统领域带来变革。

6.3　人工智能技术应用的常用开发平台

百度 AI 开放平台，为开发者提供了人工智能的许多应用领域的接口，比如：语音技术的语音识别、语音合成、语音唤醒；数据智能的大数据分析、舆情分析、大数据风控、大数据营销等。

打开百度 AI 开放平台的网页。百度 AI 开放平台的网址是：https://ai.baidu.com/。图 2-6-4 是百度 AI 开放平台的首页。

图 2-6-4　百度 AI 开放平台的首页

百度 AI 开放平台，提供了许多人工智能领域的接口，图 2-6-5 是百度 AI 开放平台的开放能力。

图 2-6-5　百度 AI 开放平台的开放能力

语音技术、图像技术、文字识别、人脸识别等是比较热门的技术。其中图像技术，提供图像识别、车辆分析、图像审核、图像特效、图像增强等应用。

6.4　人工智能技术应用的常用开发框架

人工智能技术应用的常用开发框架有 TensorFlow，PaddlePaddle，Torch，Spark MLlib，Caffe，MXNe 等。

其中，TensorFlow 支持 C++，C♯，Java，Python 等语言。TensorFlow 既有 C++ 的合理使用界面，也有 Python 的易用使用界面，用户可以直接编写 Python，C++ 程序。TensorFlow 具有可移植性的特点，可以在台式机、移动设备上运行。TensorFlow 又是可用于数值计算的开源软件库。

TensorFlow 是一个端到端开源机器学习平台，借助 TensorFlow，新手和专家都可以轻松地创建机器学习模型。TensorFlow 分别为新手和专家提供了研究接口，如图 2-6-6 所示。

图 2-6-6　TensorFlow 分别针对新手和专家的研究接口

6.5　人工智能技术应用的常用开发工具

人工智能技术应用的常用开发工具，包括语言工具、编程工具、第三方库和集成开发工具等。本文主要介绍集成开发工具。常用的集成开发工具有 Python 集成开发工具、Pycharm 集成开发工具和 Anaconda 集成开发工具。

其中，Python 自带的 IDLE 是一款集成开发工具，它是一种交互式的开发工具。用户可以登录 Python 的官方网站下载并进行安装。

Python 语言让智能更智能

6.6　机器学习和深度学习

6.6.1　机器学习概述

1. 机器学习的概念

机器学习是指用计算机程序模拟人的学习能力，从实际例子中学习得到知识和经验，不断改善性能，实现自我完善的过程。它从样本数据中学习得到知识和规律，然后用于实际的推断和决策。它和普通程序的一个显著区别是需要样本数据，是一种数据驱动的方法。

机器学习致力于研究如何通过计算机手段，利用经验改善系统自身的性能，其根本任务是数据的智能分析与建模，进而从数据里挖掘出有价值的信息。

阿里云机器学习 PAI

2. 学习系统的特点

机器学习是人工智能及模式识别领域的共同研究热点，其理论和方法已被广泛应用于解决工程应用和科学领域的复杂问题。

机器学习历经七十余年的曲折发展，以深度学习为代表借鉴人脑的多分层结构、神经元连接交互信息的逐层分析处理机制，发展自适应、自学习的强大并行信息处理能力，在很多方面收获了突破性进展，不同时期不同领域的学者曾给出过不同的概念。通常的观点是将机器学习描述为机器利用获取知识、发现规律、积累经验等的方法和手段来改进或完善系统性能的过程。

6.6.2 深度学习概述

深度学习的概念由 Geoffrey Hinton 等人于 2006 年提出。这一年，加拿大多伦多大学教授、机器学习领域的专家 Geoffrey Hinton 和他的学生 Ruslan Salakhutdinov 在《科学》杂志上发表了一篇基于神经网络深度学习理念的突破性文章"Reducing the dimensionality of data with neural networks"。

深度学习是机器学习的一个类型，该类型的模型直接从图像、文本或声音中学习执行分类任务，通常使用神经网络架构来实现。"深度"一词是指网络中的层数，层数越多，网络越深。传统的神经网络只包含 2 层或 3 层，而深度网络可能有几百层。

早期的深度学习受到了神经科学的启发，它们有着非常密切的联系。深度学习具备提取抽象特征的能力，也可以看成从生物神经网络中获得了灵感。图 2-6-7 展示了深度学习和传统机器学习在流程上的差异。

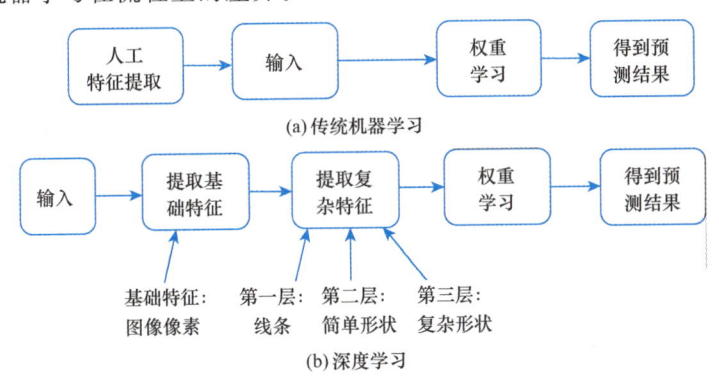

图 2-6-7 深度学习与传统机器学习在流程上的差异

单元 7

云计算

学习目标

1. 了解云计算的定义和特点；
2. 掌握云计算的关键技术。

7.1 什么是云计算

7.1.1 云计算的定义

云计算是基于互联网的相关服务的增加、使用和交付模式，通常涉及通过互联网来提供动态易扩展且经常是虚拟化的资源。云是网络、互联网的一种比喻说法。过去在图中往往用云来表示电信网，后来也用来表示抽象的互联网和底层基础设施。云计算甚至可以让你体验每秒10万亿次的运算能力，拥有这么强大的计算能力可以模拟核爆炸、预测气候变化和市场发展趋势。用户可以通过台式计算机、笔记本计算机、手机等方式接入数据中心，按自己的需求进行运算。

目前对云计算的定义，广为接受的是美国国家标准与技术研究院（NIST）给出的定义：云计算是一个模型，这个模型可以方便地按需访问一个可配置的计算资源（包括网络、服务器、存储设备、应用以及服务等）的公共集。这些资源可以被迅速提供并发布，同时具有最小化的管理成本或能降低服务提供商的干涉。

根据这个定义以及其他学者和组织对云计算的理解，云计算模型有五个关键功能，即按需自助服务、广泛的网络访问、共享的资源池、快速弹性能力和可度量的服务。

除此之外，这些定义中有一个共同点，即"云计算是一种基于网络的服务模式"。用户只需根据自己的实际需求,向云计算平台申请相应的计算、存储、网络等云资源,并根据使用情况进行付费即可。这是共享经济的一个非常典型的应用,能够使发挥计算机资源的最大价值。

7.1.2 云计算的特点

通过分析云计算的定义,我们可以发现云计算有着明显区别于传统IT技术的特征。主要有以下几点:

(1)按需付费。这是云计算模式最核心的特点,用户可以根据自身对资源的实际需求,通过网络方便快捷地向云计算平台申请计算、存储、网络等资源,平台在用户使用结束后可快速回收这些资源,用户也可以在使用过程中根据业务需求增加或者减少所申请的资源,最后,用户再根据使用的资源量和使用时间进行付费。如图2-7-1所示,云计算所提供的服务就像我们平常生活中超市售卖的商品和电厂提供的生活用电一样,作为普通的用户,我们无须关心这个商品是怎么生产出来的,也无须关心电厂是怎么发电的。当我们需要商品的时候,我们只需去超市购买,当我们需要用电的时候只需要插上电源,因此,云计算其实是资源共享理念在IT信息技术领域的应用。

图2-7-1 超市模式、电厂模式和云计算模式图

(2)无处不在的网络接入。在任何时间、任何有网络的地方,我们只需要用手机、计算机等设备就可以接入云平台的数据中心,使用我们已购买的云资源。

(3)资源共享。资源共享是指计算和存储资源集中汇集在云端,再对用户进行分配。通过多租户模式服务多个消费者。在物理上,资源以分布式的共享方式存在,但最终在逻辑上以单一整体的形式呈现给用户,最终实现在云上资源分享和可重复使用,形成资源池。

(4)弹性。用户可以根据自己的需求,增减相应的IT资源(包括CPU、存储器、带宽和软件应用等),使得IT资源的规模可以动态伸缩,满足IT资源使用规模变化的需要。

(5)可扩展性。用户可以实现应用软件的快速部署,从而方便地扩展原有业务和开展新业务。

7.2 云计算的关键技术

7.2.1 虚拟化技术

说起虚拟化,其实生活中有很多类似的例子,比如孙悟空拔毛,孙悟空在遇到危险或者与妖怪搏斗的时候经常会从身上拔出一堆猴毛,用嘴一吹变成很多个孙悟空,如图 2-7-2 所示,场面非常酷。你说这么多孙悟空是真的吗?我想真正的孙悟空只有一个,其他用毛变出来的孙悟空听从真的孙悟空指挥。那么变出来的孙悟空与真的孙悟空是什么关系呢?

虚拟化的定义

图 2-7-2　孙悟空拔毛

我们做个大胆的设想,孙悟空可以变得无穷多吗?我想这是不可能的,毕竟孙悟空的猴毛再多也是有限的,这说明什么问题?真假悟空之间有什么关系呢?很多人可能会在脑海中出现一个概念:模拟或者模仿。这与我们虚拟化有点相似,当然虚拟化的定义跟云计算一样,也没有统一的标准,以下是一些业界比较认可的定义。

定义 1:虚拟化是创造设备或者资源的虚拟版本,如服务器、存储设备、网络或者操作系统。

定义 2:虚拟化是资源的逻辑表示,它不受物理限制的约束。

孙悟空通过拔毛变成很多孙悟空,用的是一种技术,而虚拟化也是一种技术,它是模拟计算、网络、存储等真实资源的一种技术,是云计算非常重要的基础支撑。虚拟化技术包括服务器虚拟化、网络虚拟化、存储虚拟化等,因此它是一个广泛的术语,但是它的思想是一样的,下面我们通过服务器虚拟化来欣赏下它的内在结构。

传统的计算机模型采用主机—操作系统(OS)—应用程序(App)结构,其平面结构如图 2-7-3 所示,这种模型自计算机诞生以来沿用至今,包括现在的手机也采用了这种方式,这种结构简单方便,不足之处是上层 OS 和 App 依赖于硬件,比如你买了一台苹果 MAC 计算机,那么上面必须安装苹果的 OS 和 App,如果你买的是联想计算机但也想用苹果计算机的 OS 和 App?这种结构就无能为力,而且每台计算机只能有一个操作系统。

图 2-7-3　传统计算机模型平面

而虚拟化模型,通过对硬件资源进行抽象实现了多个虚拟机,改变了原有的这种结构,目前常见的虚拟化结构包括寄生和裸金属两种,如图 2-7-4 和图 2-7-5 所示。

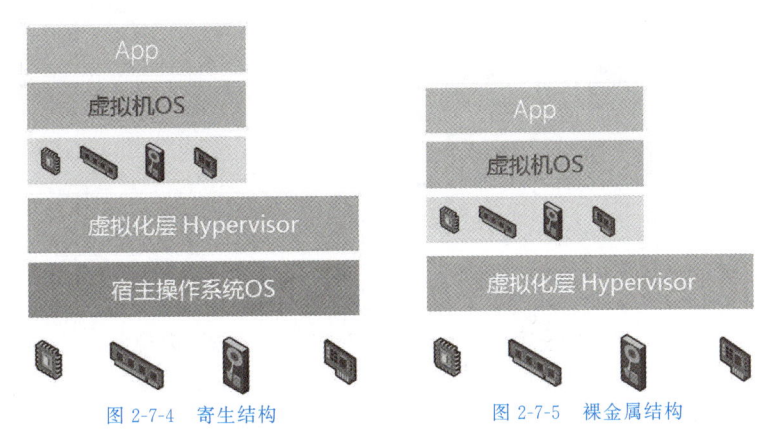

图 2-7-4　寄生结构　　　　图 2-7-5　裸金属结构

这两种虚拟化结构虽然有所不同,但是它们都有一个虚拟化层,这个其实就是虚拟化技术,它能实现真实硬件资源的虚拟化,然后分配给上面的虚拟机使用,这样就实现了 OS 和 App 与硬件的独立了,比如在联想计算机上就可以运行苹果计算机的 OS 和 App 啦。除此之外,寄生结构比裸金属结构还多了一个层:宿主操作系统。你知道多一个操作系统意味着什么吗？大家可以共同讨论下。

7.2.2 分布式存储

假设有一个为用户存储照片的 App,App 所在的服务器每天都会有成千上万张照片需要存储,万一某一天服务器损坏了怎么办？尤其是一些珍贵的照片,丢失的话会造成不可挽回的损失,而这个 App 可能一夜之间就销声匿迹。而且,如果某个时刻用户存储的照片特别多,这时上传的速度变慢,就会影响用户的体验感和使用的便捷性。那么如何解决这些问题呢？造成这种情况的一个重要原因是采用了传统的单台服务器这种集中式的存储方式,因此想到了解决方法,能不能采用分布式存储呢？这也是分布式存储技术产生的背景。

分布式存储是通过网络将多个服务器或者存储设备连接在一起整体对外提供存储服务的一种技术,这种技术能较好地解决上面遇到的问题,它是云计算中很重要的一种技术,现在越来越多的软件将用户的本地数据迁移到了云端,如我们使用的百度云盘、微信云盘、有道云笔记、网易云音乐等,类似的基于云存储的软件不胜枚举。这些具有云存储功能的软件在底层都使用了分布式存储的技术,这种技术形成的分布式存储系统具有以下几个特性:

(1)高性能,对于整个集群或单台服务器而言,分布式存储系统都要具备高性能。

(2)可扩展,理想情况下,分布式存储系统可以扩展到任意集群规模,并且随着集群规模的增长,系统整体性能也应呈比例增长。

(3)低成本,分布式存储系统应能够对外提供方便易用的接口,也需要具备完善的监控、运维等工具,方便与其他系统进行集成。

7.2.3 分布式计算

假设某台计算机有一个计算器的功能,具体如下:
(1)输入 A 和 B
(2)运算 A+B 得到 C
(3)输出 C

哇,这不是非常简单的加法运算嘛,我小学都会了!是的,你说的没错,现在这三步都是放在这台计算机上计算的,这是"集中式"计算。这个功能很简单,但是当功能的负载很高时,单台计算机可能无法承载,这时如果把这个功能中的不同步骤任务分派给不同的计算机去完成,不仅解决了负载高的问题,而且因为不是单台设备,所以增强了功能的可靠性,这就是分布式计算(Distributed Computing)的思想。

分布式计算是研究如何把一个需要巨大计算能力才能解决的问题拆分成许多小部分,把这些小部分分配给许多普通计算机进行处理,最后把这些处理结果综合起来得到一个最终的结果。分布式计算的概念是在集中式计算概念的基础上发展而来的。集中式计算是以一台大型的中心计算机(Host 或 Mainframe)作为处理数据的核心,用户通过终端设备与中心计算机相连,其中大多数的终端设备不具有处理数据的能力,仅作为输入、输出设备使用。因此,这种集中式的计算系统只能通过提升单机的计算性能来提升其计算能力,从而导致这种超级计算机的建造和维护成本增高,且明显存在很大的性能瓶颈。随着计算机网络的不断发展,如电话网络、企业网络、家庭网络以及各种类型的局域网,共同构成了 Internet 网络,计算机科学家们为了解决海量计算的问题,逐渐将研究的重点放在利用 Internet 网上大量分离且互联的计算节点上,分布式计算的概念在这个背景下诞生了。

单元 8

现代通信技术

学习目标

1. 理解通信技术、现代通信技术、移动通信技术、5G 技术等概念,掌握相关的基础知识;
2. 了解现代通信技术的发展历程及未来趋势;
3. 了解 5G 的基本特点和应用场景;
4. 了解蓝牙、Wi-Fi、ZigBee、射频识别、卫星通信、光纤通信等现代通信技术的特点和应用场景。

8.1 通信技术的历史演进

8.1.1 古代通信技术

从古到今,人们就一直在利用人类的智慧传递信息达到通信的目的。古代人们的通信方式也有很多,人们利用声音、动物、器械、人力、烽火台狼烟、驿邮、通信塔等多种通信手段,进入现代后,还有民信局、负责海外通信的侨批局等通信机构。

(1)通信方式

声音:击鼓、鸣锣(鸣金收兵)、礼炮、土电话。

动物、器械:鸽子、风筝、狗。

人力:著名的马拉松比赛源于一位为传递马拉松捷报的信史长跑 42.195 公里后牺牲。

烽火台狼烟:速度快,以进行战争急报,接近光速,是最早的光通信。

驿邮:驿邮是邮政通信最古老的形式之一。

通信塔:18世纪在巴黎和里尔间建立了若干个通信塔,用结构编码和望远镜相结合完成了快速的编码通信。通信塔通信速度为 230 km/2 min,是最早的编码通信。

(2)古代通信的内容:商业消息、私人消息、战争时报等。

(3)古代通信的特点:以人力、动物、机械为主要方式;信息传递的速率低,周期长;距离有限;信息量不大;保密性差。

8.1.2 现代通信技术

从古代的"通信",到现代的"电信",一字之差,却是一场史无前例的通信革命。我们今天常说的通信,通常是指电通信,简称"电信"。"电信"是什么? 国际电信联盟(International Telecommunication Union,ITU)关于电信的定义是:利用有线、无线的电磁系统或者光电系统,传输、发射、接收或者处理语音、文字、数据、图像以及其他形式信息的活动。在电信系统中,信息主要有电信号、光信号以及电磁信号三种形式。

移动通信是进行无线通信的现代化技术,这种技术是电子计算机与移动互联网发展的重要成果之一。移动通信技术经过第一代、第二代、第三代、第四代技术的发展,目前,已经迈入了第五代(5G 移动通信技术)的发展时代,这也是目前改变世界的几种主要技术之一。

8.2 5G 技术

8.2.1 5G 移动通信技术概述

5G 移动通信技术就是第五代移动通信技术,是 4G 移动网络的升级和延伸,目前在世界的主要地区都在大力研发 5G 移动通信技术,我国的 5G 技术目前正处于关键的研发试验阶段,已经确定为未来新一代的主要通信技术。相对于 4G 移动通信技术,5G 在性能上全面提升,具备极高的性能、低延迟以及高容量等众多优势。在试验的过程中,5G 拥有更宽的带宽,这意味着更高的速率,用户将享受到更快的网速体验。5G 移动网络能够适应一些特殊行业对网速的超高要求,还具备更好的安全性和可靠性,为多种智能制造产业提供大力支持。

8.2.2 5G 技术的应用

1. 5G 应用场景

5G 将渗透到未来社会的各个领域,以用户为中心构建全方位的信息生态系统。5G 将使信息突破时空限制,提供极佳的交互体验;5G 将拉近万物的距离,便捷地实现人与万物的智能互联。5G 将为用户提供光纤般的接入速率,"零"延时的使用体验,千亿设备的连接能力,超高流量密度、超高连接数密度和超高移动性等多场景的一致服务,业务及用户感知的智能优化，同时将为网络带来超百倍的能效提升和超百倍的比特成本降低，最终实现"信息随心至，万物触手及"的总体愿景，如图 2-8-1 所示。

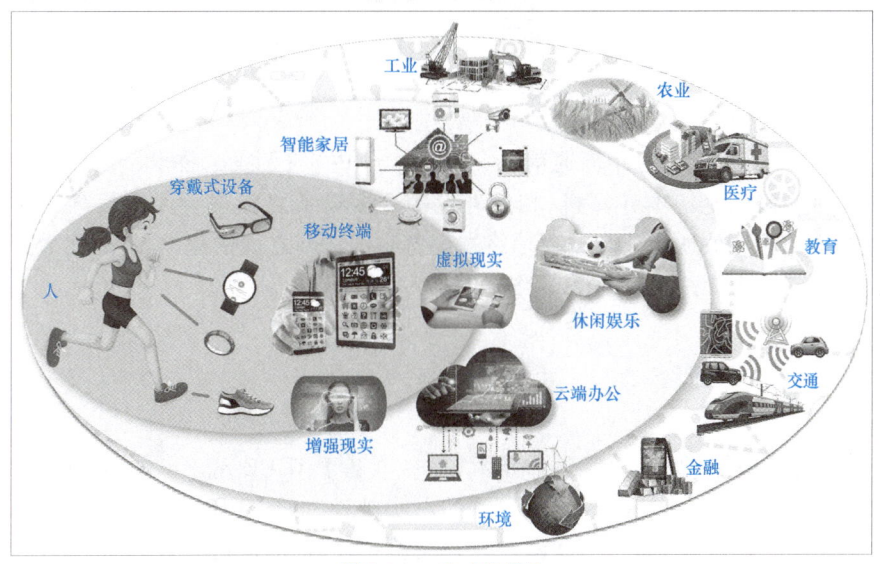

图 2-8-1　5G 应用愿景

2.5G 典型业务

5G 与物联网、大数据、人工智能等技术结合，能够在智慧政务、智慧民生、智慧产业、智慧城市等方面，催生出更多的新模式、新业态。应用到工业控制领域，可以进行自动化机械设备管控，实现可视化生产，打造无人车间。应用到交通领域，跟车联网结合，可以实现无人驾驶。5G 典型业务如图 2-8-2 所示。我们常说"4G 改变生活、5G 改变社会"，5G 与各行各业广泛结合产生很多应用，能够为社会治理、产业发展等方面提供很大的技术支持。

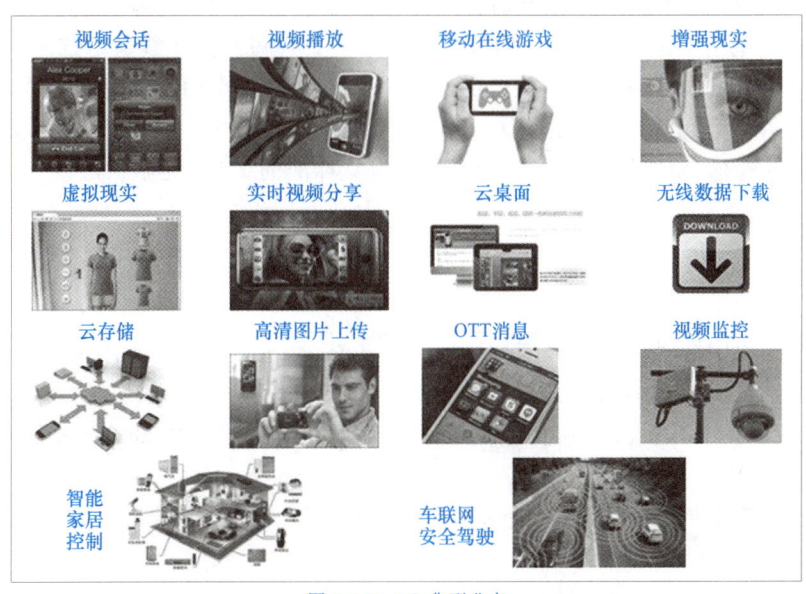

图 2-8-2　5G 典型业务

8.3 其他通信技术

8.3.1 蓝牙

蓝牙是一种支持设备短距离通信(一般在 10 m 内)的无线电技术。能在包括移动电话、PDA、无线耳机、笔记本计算机、相关外设等众多设备之间进行无线信息交换。利用"蓝牙"技术,能够有效地简化移动通信终端设备与因特网之间的通信,从而使数据传输变得更加迅速高效,为无线通信拓宽道路。

8.3.2 Wi-Fi

Wi-Fi 也是一种近距离无线通信技术,是一个基于 IEEE 802.11 标准的无线局域网(WLAN)技术。Wi-Fi 是一种帮助用户访问电子邮件、Web 和流式媒体的互联网技术,为用户提供了一种无线的宽带互联网访问方式。同时,它也是在家里、办公室或在旅途中的快速、便捷上网途径,能够访问 Wi-Fi 网络的地方又称为"热点"。

Wi-Fi 的工作频段分为 2.4 GHz 和 5 GHz。同蓝牙技术相比,它具备更高的传输速率,更远的传播距离,已经广泛应用于笔记本计算机、手机、汽车等各个领域中。

8.3.3 ZigBee

ZigBee 技术是一种近距离、低复杂度、低功耗、低数据速率、低成本的双向无线通信技术。主要适合于自动控制和远程控制领域,可以嵌入各种设备中,同时支持地理定位功能。

ZigBee 是基于 IEEE 802.15.4 协议发展起来的一种短距离无线通信技术,功耗低,被业界认为是最有可能应用在工控场合的无线方式。它是一个由可多达 65 000 个无线数传模块组成的一个无线数传网络平台,在整个网络范围内,每一个 ZigBee 网络数传模块之间可以相互通信,每个网络节点间的距离可以从标准的 75 m 无限扩展。

8.3.4 RFID

无线射频识别即射频识别技术(Radio Frequency Identification,RFID),是自动识别技术的一种,通过无线射频方式进行非接触双向数据通信,利用无线射频方式对记录媒体(电子标签或射频卡)进行读写,从而达到识别目标和数据交换的目的。RFID 被认为是 21 世纪最具发展潜力的信息技术之一。

RFID 的应用非常广泛,典型应用有动物晶片、汽车晶片防盗器、门禁管制、停车场管制、生产线自动化、物料管理等。

8.3.5 NFC

近场通信(Near Field Communication,NFC)是一种短距高频的无线电技术,由非接触式射频识别(RFID)演变而来。NFC 工作频率为 13.56 Hz,有效范围为 20 cm 以内,其传输速度有 106 Kbit/s、212 Kbit/s 或者 424 Kbit/s 三种。

NFC 是一种新兴的技术,使用了 NFC 技术的设备(例如移动电话)可以在彼此靠近的情况下进行数据交换,是由非接触式射频识别(RFID)及互连互通技术整合演变而来的,通过在单一芯片上集成感应式读卡器、感应式卡片和点对点通信的功能,利用移动终端实现移动支付、电子票务、门禁、移动身份识别、防伪等应用。

8.3.6 卫星通信技术

卫星通信技术(Satellite Communication Technology)是一种利用人造地球卫星作为中继站来转发无线电波而进行的两个或多个地球站之间的通信。自 20 世纪 90 年代以来,卫星移动通信的迅猛发展推动了天线技术的进步。卫星通信具有覆盖范围广、通信容量大、传输质量好、组网方便迅速、便于实现全球无缝链接等众多优点,被认为是建立全球个人通信必不可少的一种重要手段。

卫星通信是军事通信的重要组成部分,一些发达国家和军事集团利用卫星通信系统完成的信息传递,约占其军事通信总量的 80%。

8.3.7 光纤通信技术

光纤通信技术(Optical Fiber Communications)从光通信中脱颖而出,已成为现代通信的主要支柱之一,在现代电信网中起着举足轻重的作用。光纤通信作为一门新兴技术,近年来发展速度之快、应用面之广是通信史上罕见的,也是世界新技术革命的重要标志和未来信息社会中各种信息的主要传送工具。

当前光纤通信技术的研究和推广力度都不断地得到强化,该技术具有传输损耗低、容量大、抗电磁干扰等优势,这些优势使光纤通信技术在通信领域中得到了广泛应用。光纤通信广泛应用于公用通信,有线电视图像传输,计算机通信,航天及船舰内的通信控制,电力及铁道通信交通控制信号,以及核电站、油田、炼油厂、矿井等区域内的通信。

单元 9 物联网技术

学习目标

1. 掌握物联网的概念和特征；
2. 理解物联网的体系结构；
3. 了解物联网中的关键技术。

9.1 物联网概述

9.1.1 物联网的基本概念

物联网（Internet of Things，IoT）即"万物相连的互联网"，是在互联网基础上延伸和扩展，将各种信息传感设备与互联网结合起来形成的一个巨大网络，使互联网从人与人的连接扩展到物与人、物与物的连接。

物联网通过信息传感器、射频识别技术、全球定位系统等各种装置与技术，实时采集任何需要监控、连接、互动的物体或过程，采集其声、光、热、电、力学、化学、生物、位置等各种需要的信息，通过各类可能的网络接入，实现物与物、物与人的泛在连接，实现对物品和过程的智能化感知、识别和管理。

9.1.2 物联网的特征

从通信对象和过程来看，物联网的核心是物与物、人与物的信息交互，其至少具有三个基本特征：一是各类终端实现"全面感知"；二是电信网、互联网等融合实现"可靠传输"；三是云计算等技术对海量数据的"智能处理"。物联网的最大优势在于各类资源的"虚拟"和"共享"。

1. 全面感知

全面感知是指利用射频识别（RFID）、传感器、定位器和二维码等手段随时随地对物体进行信息采集和获取。

物联网为每一件物体植入一个"能说会道"的高科技感应器，这样没有生命的物体就变得"有感受、有知觉"。例如，洗衣机可以通过物联网感应器"知晓"衣服对水温和洗涤方式的要求；无人驾驶汽车可以感知路况信息。物联网离不开射频识别（RFID）、红外感应器、全球定位系统等信息传感设备，就像视觉、听觉和嗅觉器官对人的重要性一样，它们是物联网不可或缺的关键元器件。有了它们才可以实现近/远距离、无接触、自动化感应和数据读出、数据发送等。物联网之所以被称为传感器网络，是因为传感设备在网络中起到关键作用。

2. 可靠传输

可靠传输是指通过各种电信网络与互联网的融合，对接收到的感知信息进行实时远程传送，实现信息的交互和共享，并进行各种有效的处理。在这一过程中，通常需要用到现有的电信运行网络，包括无线网络和有线网络。由于传感器网络是一个局部的无线网，因此无线移动通信网、5G 网络是承载物联网的有力支撑。

物联网与 5G 网络相结合，将大大改变人们的生活方式。例如车联网，由于传输带宽不足和网络时延过大，3G/4G 不能满足高级别行驶安全与协同服务类业务。而 5G 在低时延、高可靠方面能力的增强，可以支持紧急刹车、逆向超车预警，在交叉路口防碰撞预警，道路限速、危险、交通灯提醒等主动安全预警，交通出行效率提升类服务。

3. 智能处理

物联网是一个智能的网络，面对采集的海量数据，必须通过智能分析和处理才能实现智能化。智能处理是指利用云计算、数据挖掘、模糊识别等各种智能计算技术，对随时接收到的跨地域、跨行业、跨部门的海量数据和信息进行分析处理，提升对物理世界、经济社会各种活动和变化的洞察力，实现智能化的决策和控制。

物联网通过感应芯片和射频识别（RFID）时时刻刻获取人和物体的最新特征、位置和状态等信息，这些信息将使网络变得更加"博闻广识"。更为重要的是，利用这些信息，人们可以开发出更高级的软件系统，使网络能变得和人一样"聪明睿智"，不仅可以眼观六路、耳听八方，还会思考、联想。例如，当我们行驶在路上时，只需要通过联网的导航仪或手机就可以实时了解路况，从而绕开拥堵路段，这背后需要人工智能的帮助。

9.2 物联网的体系结构与关键技术

9.2.1 物联网的体系结构

物联网的价值在于让物体也拥有了"智慧"，从而实现人与物、物与物的沟通，物联网的特征在于感知、互联和智能的叠加。但是由于在物联网的发展过程中,不同机构、组织、国家的物联网发展仍处于无序阶段,所以国际上对物联网的界定没有统一的说法,但在物联网体系结构方面基本上统一了认识,认为物联网主要由感知层、网络层和应用层组成,如图 2-9-1 所示。

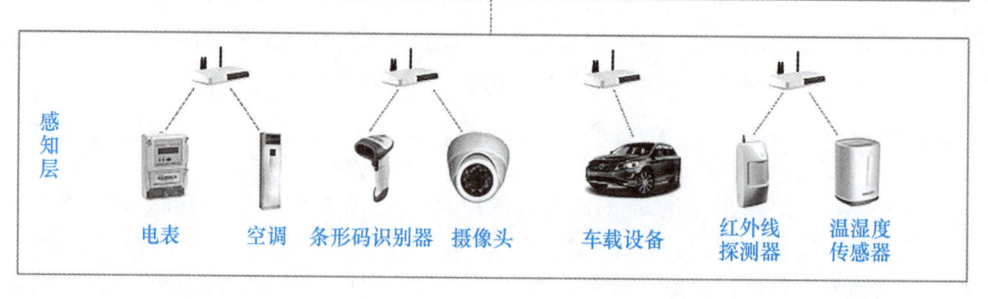

图 2-9-1　物联网的体系结构

1. 感知层:全面感知

感知层主要解决的是人类世界和物理世界的数据获取问题,包括各类物理量、标识、音频和视频数据等。物联网数据采集涉及多种技术,主要包括传感器、RFID、多媒体信息采集、实时定位等。传感器网络组网和协同信息处理技术实现传感器、RFID 等数据采集技术所获取数据的短距离传输、自组织组网及多个传感器对数据的协同信息处理过程。

感知层的关键技术包括 RFID、新兴传感技术、无线网络组网技术、现场总线控制技术(FCS)等。

2. 网络层:可靠传输

网络层不单实现互联网功能,它还能够实现更加广泛的互联功能。在理想的物联网中,网络层可以把感知层感知到的信息无障碍、高可靠、高安全地进行传输。为了实现这一宏伟目标,需要传感器网络与移动通信技术、互联网技术等的融合。经过多年的发展,移动通信技术、互联网技术都比较成熟,基本上可以满足要求。当然,随着技术的发展,这些功能将会更加完善。

网络层的关键技术包括 Internet、移动通信网、无线传感网络等。

3.应用层:智能处理

应用层主要包含支撑平台子层和应用服务子层。支撑平台子层用于支撑跨行业、跨应用、跨系统的信息协同、共享、互通的功能。应用服务子层包括智慧水利、智能家居、智能电网、智能交通、智能物流等行业应用。

应用层的关键技术包括 M2M、云计算、人工智能、数据挖掘、中间件等。

物联网各层的关系可以这样理解:感知层相当于人体的皮肤和五官,它利用 RFID、摄像头、传感器、GPS、二维码等随时随地识别和获取物体的信息;网络层相当于人体的神经中枢和大脑,它通过移动通信网络与互联网的融合,将物体的信息实时准确地传递出去;应用层相当于人的社会分工,它与行业需求相结合,对感知层得到的信息进行处理,实现智能化识别、定位、跟踪、监控和管理等实际应用。故物联网的关键技术对应其体系结构,主要包括感知与识别技术、通信与网络技术、信息处理与服务技术三类。

▶ 9.2.2 物联网感知与识别技术

感知与识别是物联网技术了解外界的触角,感知层是整个感知与识别技术的综合体。在感知层中,利用较多的是 RFID、传感器、摄像头和 GPS 等技术,感知层的目标是利用上述诸多技术形成对客观世界的全面感知。

物联网感知层解决的就是人类世界和物理世界的数据获取问题,包括各类物理量、标识、音频及视频数据。感知层处于三层体系结构的最底层,是物联网发展和应用的基础,具有物联网全面感知的核心能力。作为物联网的基本层,感知层具有十分重要的作用。

1.传感器技术

传感器给我们的生活带来了巨大的变革。在物联网中,传感器主要负责接收物品"讲话"的内容,传感器技术是从自然信源获取信息并对获取的信息进行处理、变换、识别的一门多学科交叉的现代科学与工程技术,它涉及传感器、信息处理和识别的规划设计、开发、制造、测试、应用及评价改进活动等内容。

人类可通过视觉、嗅觉、听觉及触觉等感觉来感知外界的信息,但感知信息的范围和种类非常有限,例如,人无法利用触觉来感知特别高的温度,而且也不可能辨别温度的微小变化,这就需要传感器的帮助。未来万物互联的世界,"感知"物理世界信息就需要依靠各种各样的传感器来充当"眼睛"和"耳朵"。目前,数千亿个传感器已经被植入规模庞大的联网物理对象中,让一切相关事物都焕发出活力,无论是能远程监测心跳频率和药物服用的先进健康医疗设备,还是能跟踪丢失钥匙和通过智能手机关闭烤箱的系统,抑或是协助给室内植物浇水的装置,都与传感器分不开。

2.RFID 技术

射频识别技术(Radio Frequency Identification,RFID)是一种非接触式的自动识别技术,通过射频信号自动识别目标对象并获取相关数据,识别工作无须人工干预,操作快捷方便。RFID 技术涵盖计算机科学与技术、自动化、通信技术、信息安全、人工智能等多学科和领域,在科技民生、智慧生活、资源协调、物流配送、智能安防等领域有着广阔的应用前景。

典型的 RFID 系统的核心是射频识别技术,主要结构包括电子标签、读写器和天线等。作为一个完整的 RFID 系统,除包括上述组件之外,还需要有与之配套的应用软件和计算机网络系统,才能实现完整的自动识别系统功能。

9.2.3 物联网通信与网络技术

物联网中的物品要与人无障碍地交流,必然离不开高速、可进行大批量数据传输的无线网络。通信与网络技术是物联网的中枢,对应物联网体系结构的网络层,其主要功能是信息的传输,是物联网工作的基础。离开通信技术,就谈不上联网,更不会有物联网。有了通信技术,物联网感知的大量信息就可以有效地交换与共享,也就能利用这些信息产生丰富的物联网应用。

物联网的网络层是在现有的 Internet 和移动通信网的基础上建立起来的,除具有目前已经比较成熟的远距离有线、无线通信技术和网络技术外,为实现"物物相连"的需求,物联网的网络层还将综合使用 IPv6、5G 和 Wi-Fi 等通信技术,实现有线与无线的结合、宽带与窄带的结合、感知网与通信网的结合。

物联网依托的主要网络形态包括 Internet、移动通信网和无线传感器网络。在通信技术中包含有线和无线通信技术,而最能体现物联网特征的是无线通信技术,其既包括允许用户建立远距离无线连接的全球语音和数据网络,也包括近距离的蓝牙技术、超宽带技术和 ZigBee 技术等。

1.蓝牙技术

蓝牙技术(Bluetooth)是一种无线数据和语音通信开放的全球规范,它是基于低成本的近距离无线连接,为固定和移动设备建立通信环境,它提供的是一种特殊的近距离无线技术连接(使用 2.4~2.485 GHz 的 1SM 波段的 UHF 无线电波)。

2.ZigBee 技术

ZigBee 是一种成本和功耗都很低的低速率、短距离无线接入技术,它主要针对低速率传感器网络而提出,能够满足小型化、低成本设备(如温度调节装置、照明控制器、环境监测传感器等)的无线联网要求,广泛应用于工业、农业和日常生活中。

9.2.4 物联网信息处理与服务技术

物联网的最终目的是更好地利用感知和传输来的信息,甚至有学者认为,物联网本身就是一种应用,可见应用在物联网中的地位。应用层形成了物联网的"社会分工",这类似于人类社会的分工,各行各业都需要进行各自的物联网建设,以不同的应用目的完成各自"分工"的物联网。

应用是物联网发展的驱动力和目的。应用层的主要功能是把感知和传输来的信息进行分析和处理,做出正确的控制和决策,实现智能化的管理、应用和服务。这一层解决的是信息处理和人机交互的问题。网络层传输来的数据在这一层进入各种类型的信息处理系统,并通过各种设备与人进行交互。

应用层技术为用户提供更加丰富的物联网应用。同时,各行业和家庭应用的开发将会推动物联网的普及,也给整个物联网产业链带来利润。物联网的应用可分为监控型(物流监控、污染监控)、查询型(智能检索、远程抄表)、控制型(智能交通、智能家居、路灯控制)和扫描型(手机钱包、高速公路不停车收费)等。

物联网的应用层能够为用户提供丰富的业务体验,其关键技术包括云计算、人工智能等。

1. 云计算技术

云计算是与信息技术、软件、互联网相关的一种服务,这种计算资源共享池叫作"云",云计算把许多计算资源集合起来,通过软件实现自动化管理,只需要很少的人参与,就能让资源被快速提供。也就是说,计算能力作为一种商品,可以在互联网上流通,就像水、电、煤气一样,可以方便地取用,且价格较为低廉。

2. 人工智能

人工智能(Artificial Intelligence,AI)是研究使计算机来模拟人的某些思维过程和智能行为(如学习、推理、思考、规划等)的学科,主要包括计算机实现智能的原理、制造类似于人脑智能的计算机,使计算机能实现更高层次的应用,其目标是希望计算机拥有像人一样的思维过程和智能行为(如识别、认知、分析、决策等),使机器能够胜任一些通常需要人类智能才能完成的复杂工作。

单元 10 数字媒体

学习目标

1. 理解数字媒体技术和新媒体技术；
2. 了解数字图形图像处理技术、数字音频、数字视频的基本知识；
3. 了解 HTML5 的概念和应用领域，了解 H5 应用项目的具体制作和发布流程。

10.1 数字媒体技术

10.1.1 数字媒体技术概述

数字媒体是指以二进制数，包括数字化的文字、图形、图像、声音、视频影像和动画等感觉媒体，和表示这些感觉媒体的表示媒体（编码）等，通称为逻辑媒体，以及存储、传输、显示逻辑媒体的实物媒体。

10.1.2 数字媒体新技术

1. 虚拟现实技术

虚拟现实技术（Visual Reality，VR），是一种可以创建和体验虚拟世界的计算机仿真系统，它利用高性能计算机生成一种模拟环境，是一种多源信息融合的、交互式的三维动态视景和实体行为的系统仿真。目前，虚拟现实已广泛地应用于游戏、直播、影视、医疗、旅游、教育、商业、工业、军事等各行各业中，为这些行业提供前所未有的解决方案。虚拟现实通过其沉浸性、交互性及构想性的显著特征，正不断地影响和改变着我们的生活。

2. 融媒体技术

"融媒体"是充分利用媒介载体，把广播、电视、报纸等既有共同点，又存在互补性的不同媒体，在人力、内容、宣传等方面进行全面整合，实现"资源通融、内容兼容、宣传互融、利益共融"的新型媒体。发展"融媒体"的最终目的，要有利于效益这个根本。而效益主要体现在两个方面，即社会效益和经济效益。党的十八大以来，以习近平同志为核心的党中央高度重视传统媒体和新兴媒体的融合发展，要求促进推动媒体融合向纵深发展，为媒体融合发展绘就路线图，引领新闻舆论工作新气象。

10.2 数字媒体素材处理技术

10.2.1 文本素材处理技术

在各种媒体素材中，文字信息是最基本的信息元素。文本是由一系列的"字符"（character）组成，每个字符均使用二进制编码表示。文本处理的基本步骤包括输入、编辑、排版和输出，具体流程如图 2-10-1 所示。

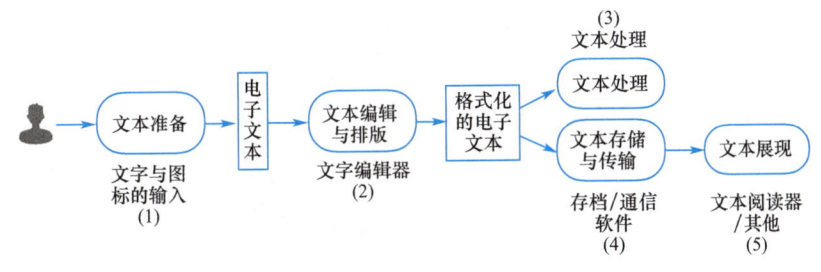

图 2-10-1 文本处理的基本步骤

文本在计算机中的输入方法有很多，除了最常用的键盘输入外，还可以用语音识别输入、扫描识别输入及数位笔书写识别输入等方法。Windows 系统下的文字种类较多，常见的有 *.txt、*.wri、*.doc、*.docx、*.wps、*.rtf、*.html、*.pdf 等。

10.2.2 数字图形图像处理技术

数字媒体中图形图像处理是非常重要的环节。数字图像是由扫描仪、摄像机等输入设备捕捉实际的画面产生的图像。图像用数字任意描述像素点、强度和颜色。当描述信息文件存储量较大时，所描述对象在缩放过程中便会损失细节或产生锯齿。在显示方面它是将对象以一定的分辨率分辨后，将每个点的色彩信息以数字化方式呈现，可直接快速在屏幕上显示。分辨率和灰度是影响显示的主要参数。计算机中的图像从处理方式上可以分为位图和矢量图。目前比较常用的图像文件存储格式有 bmp，tif，gif，jpg，psd，pdf，png，cdr，ai，dxf，eps，pcx，tga 等，大多数浏览器都支持 gif，jpg 以及 png 图像的直接显示。

10.2.3 数字音频处理技术

数字音频指的是一个用来表示音强弱的数据序列，它是由模拟声音经抽样（每隔一个间隔在模拟声音波形上取一个幅度值）量化（把声音数据写成计算机的数据格式）后得到的。数字音频的形式很多，主要有三种方式：波形音频、MIDI 音频和 CD 音频。数字音频文件的格式有很多种，其来源、功能、特点适用的领域各不相同。在计算机中，用于保存数字音频的文件格式可分成：非压缩音频文件（文件扩展名 *.wav、*.aiff）无损压缩音频文件（文件扩展名 *.ape、*.flac）和有损压缩音频文件（文件扩展名 *.mp3，*.ogg）三大类。最常用的格式是 MP3 和 wav 格式。

5G 时代，我们将进入一个智能感应、大数据、智能学习整合起来的万物互联时代，基于无线通信设备和终端设备上的数字音乐应用程序，不但使专业的数字音乐得以推动，也使计算机数字音乐变得更加移动化，平民化和普遍化。

10.2.4 数字视频处理技术

数字视频是对模拟视频信号进行数字化后的产物，它是基于数字技术记录视频信息的。模拟视频可以通过视频采集卡将模拟视频信号进行 A/D（模/数）转换，这个转换过程就是视频捕捉（或采集过程），将转换后的信号采用数字压缩技术存入计算机磁盘中就成为数字视频，常用的格式有 MPEG，AVI，RM，MOV/QT 和 RealMedia 等。

10.3 HTML5

10.3.1 HTML5 概述

HTML5 是新一代互联网的标准，是构建以及呈现互联网内容的一种语言方式。H5 是链接手机、平板计算机、台式计算机以及其他移动终端的桥梁，可以更丰富地展现页面，让视频、音频、游戏以及其他元素构成一场华丽的代码盛宴。

HTML5 最重要的三项技术就是 HTML5 核心规范、CSS3（Cascading Style Sheet，层叠样式表的最新版本）和 JavaScript（一种脚本语言，用于增强网页的动态功能）。HTML5 的一个核心理念就是保持一切新特性与原有功能保持平滑过渡，而不是否定之前的 HTML 文档。HTML5 简化了文档类型和字符集的声明,强化了编程接口,如绘图、获取地理位置、文件读取等,使页面设计更加简单;HTML5 以浏览器的原生能力代替复杂的 JS 代码,有精确定义的错误恢复机制,有以"用户大于一切"为宗旨的良好的用户体验。

10.3.2　HTML5 项目实训——冬奥会主题响应式网站

这是一个关于冬奥会的响应式网站,它不同于普通静态网页,该项目适用于多种屏幕大小,页面效果会随屏幕大小的改变而实时调整,这是一种新型网页设计理念,我们把它叫作响应式 Web 设计。网站以北京冬季奥运会为主题,介绍冬奥项目、展示精彩赛程、宣传主题活动。旨在传播奥林匹克知识,弘扬奥林匹克精神,推广冰雪运动,宣传冬奥文化,展现冬奥魅力。网站 PC 版效果如图 2-10-2 所示。将浏览器窗口缩小到移动设备大小后,页面效果如图 2-10-3 所示,汉堡式菜单栏的呈现方式也会因视口的变化而自动适应,效果如图 2-10-4 所示。

图 2-10-2　冬奥网站 PC 版 　　图 2-10-3　冬奥网站移动版 　　图 2-10-4　移动版汉堡菜单呈现效果

1.页面结构组成

这个响应式页面分为四个部分,如图 2-10-5 所示,分别是 header(导航)、banner(宣传窗口)、mission-header(中间区域)和 footer(版权信息)。具体的页面标注和结构如图 2-10-6 所示。

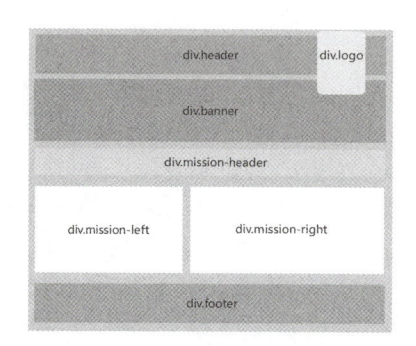

图 2-10-5　冬奥主页面框架结构 　　　　图 2-10-6　冬奥主页面框架结构

2.具体步骤

对平面效果图进行分析后，得到页面结构。我们通常都按照从整体到部分，从上到下，从左到右的顺序进行网站页面的制作。

建立站点。打开 HBuilderX，选择"新建"菜单下的"1.项目"来新建项目，如图 2-10-7、图 2-10-8 所示。搭建项目基本框架，目录结构中包含 CSS，images 等文件，将设计好的图片和 Logo 放置到 images 文件夹中，如图 2-10-9 所示。

图 2-10-7　新建项目　　　　图 2-10-8　设置新建选项

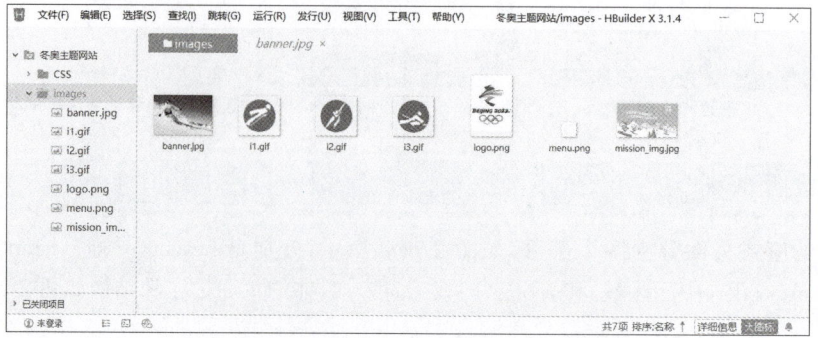

图 2-10-9　images 文件夹

创建项目入口文件：dong'ao.html 文档（入口文件通常命名为 index.html，这里以冬奥拼音字母命名）。设置视口，添加文档标题。

```
<!DOCTYPE html>
<html>
<head>
<meta name="viewport" content="width=device-width, initial-scale=1">
<meta http-equiv="Content-Type" content="text/html; charset=utf-8" />
<link href="css/response.css" rel="stylesheet" type="text/css" media="all" />
<title>响应式冬奥空间</title>
</head>
<body>
</body>
</html>
```

在 dong'ao.html 文件中，编写 HTML 结构代码。

```
<body>
    <!-- header 抬头导航部分 -->
    <div class="header"></div>
    <!-- banner 宣传窗口部分 -->
    <div class="banner"></div>
    <!-- mission 中间内容部分 -->
    <div class="mission"></div>
    <!-- footer 页脚部分 -->
    <div class="footer"></div>
</body>
```

设置项目公共样式，在 response.css 文件中编写网站公共样式。

```
*:before,
*:after{/* 规定应从父元素继承 box-sizing 属性的值 */
    box-sizing: inherit;
}
*{/* 去除所有元素默认的 margin、padding、border 值 */
    margin: 0; padding: 0; border: 0;
}
ul, li {/* 去除 ul li 元素标记的类型 */
    list-style-type: none;
}
```

实现导航菜单和 Logo 页面效果。在 dong'ao.html 文件中编写 header 结构代码，如下所示。运行到浏览器 chrome，效果如图 2-10-10 所示。

```
<!-- header -->
<div class="header">
    <div class="container">
        <nav>
```

```html
                <input type="checkbox" id="togglebox" />
                <ul>
                    <li><a class="active" href="index.html">魅力冬奥</a></li>
                    <li><a href="#">奥运知识</a></li>
                    <li><a href="#">精彩赛程</a></li>
                    <li><a href="#">聚焦媒体</a></li>
                    <li><a href="#">志愿服务</a></li>
                </ul>
                <!--汉堡菜单按钮-->
                <label class="menu" for="togglebox"><img src="images/menu.png"/>
                </label>
            </nav>
            <div class="logo">
                <a href="index.html"><img src="images/logo.png"/></a>
            </div>
            <div class="clearfix"></div>
        </div>
    </div>
    <!-- //header -->
```

图 2-10-10 header 结构效果

实现 header 区域效果，在 response.css 文件中编写样式代码。按此方法，先建立结构，再添加样式，依次实现剩余的 banner、mission-header 和 footer 部分。

最后选择"运行"→"运行到浏览器"→"chrome"查看冬奥主题网站最终效果。至此，我们的第一个响应式冬奥会主题的网站就制作完成了。

HTML5
完整代码

单元 11
虚拟现实

学习目标

1. 了解虚拟现实的概念和应用场景；
2. 了解虚拟现实的硬件设备、开发软件和语言以及 Unity 3D 引擎；
3. 了解 Unity 开发工具；
4. 了解 VR 项目的创建。

11.1 虚拟现实概述

11.1.1 虚拟现实的概念

虚拟现实即 Virtual Reality，简称 VR。虚拟现实技术，简单来说，就是指借助计算机技术模拟生成一个形象且逼真的虚拟环境，用户可以使用特定的硬件设备参与到虚拟环境中，从而产生身临其境的体验。

11.1.2 虚拟现实的应用

随着近年来 VR 技术的不断深入发展，VR 技术可以融合的行业领域在不断拓宽，应用领域由军事、航天、飞机制造等延伸到娱乐、艺术、影视、医疗、教育、体育、房地产、旅游和消费等行业。

11.2　虚拟现实开发工具

▶ 11.2.1　VR 硬件交互设备

VR 硬件交互设备主要分为 PC 主机端头显、移动端头显以及 VR 一体机。HTC Vive 是具有代表性的 PC 主机端头显之一,如图 2-11-1 所示。该设备本身技术含量较高,对所连接的主机设备要求较高,同比普通的 VR 硬件交互设备,体验效果要好很多,但该设备在使用时需要一些数据线连接主机,用户在体验一些游戏或产品时会受到数据线的束缚。

图 2-11-1　HTC Vive

移动端头显相对于 PC 主机端头显设备来说成本低很多,其价格优势更有利于移动 VR 设备的推广。三星 Gear VR 于 2015 年 11 月正式发布,该设备的性能在移动端的 VR 市场来说是领先的,如图 2-11-2 所示,较轻的质量和较低的成本也成了它重要的竞争力,可以在低成本的控制下获得高质量的体验,但该设备的缺点也是明显的,首先就是瞳距不能调节,会降低体验效果,其次 Gear VR 仅支持三星的 Android 手机,在通用性上受到了局限。

图 2-11-2　Gear VR

VR 一体机是具备独立处理器的 VR 头显,具备独立运算、输入和输出的功能。VR 一体机具有数据无线传输、计算实时处理、产品小巧等特点,VR 一体机的出现让虚拟现实诞生了统一的体验标准,从而让 VR 内容可以制作得更加极致。目前 Pico VR 一体机以其外形小巧、性价比高、开发简单等优点,受到越来越多使用者和开发者的青睐,如图 2-11-3 所示。

图 2-11-3　Pico 4ks VR 一体机

11.2.2　VR 开发软件和语言

VR 开发软件主要是虚拟现实开发平台和三维设计软件。

目前主流的虚拟现实开发平台主要有 Unity 和 UE4。Unity 支持所有的主流 HMD，具备优秀的跨平台能力，内容可以被部署到 Windows、Linux、VR、iOS、Android 以及 WebGL 等各类系统中。Unity 支持所有主流的 3D 格式，在 2D 项目开发方面功能也很强大，Unity 开发目前使用的是 C♯语言，一般用 Visual Studio 或 Visual Studio Code 编辑器。

UE4 也是一款非常优秀的 3D 引擎，它着力打造非常逼真的画面，是一个面向虚拟现实游戏开发、主机平台游戏开发和 DirectX 11 个人计算机游戏开发的完整开发平台，提供了游戏开发者需要的大量核心技术、数据生成工具和基础支持。UE4 最大的优势在于图形表现力，它目前使用的开发语言是 C++语言，采用 Blueprint 可视化编辑器。

三维设计软件主要有 3ds Max 和 Maya。3ds Max 是 Discreet 公司开发的基于 PC 端的三维动画渲染和制作软件，广泛应用于广告、影视、工业设计、建筑设计、多媒体制作、游戏、辅助教学及工程可视化等领域。

Maya 是美国 Autodesk 公司出品的世界顶级的三维动画软件，应用对象是专业的影视广告、角色动画和电影特技等，该软件功能完善、工作灵活、易学易用、制作效率极高、渲染真实感极强，是电影级别的高端制作软件。

VR 开发语言主要是 Unity 脚本 C♯和 UE4 脚本 C++。Unity 中 C♯的使用和传统的 C♯有一些不同，Unity 中所有挂载到对象上的脚本都必须继承 MonoBehavior 类。UE4 中对 C++做了一些包装，降低了 C++开发难度，但对于新手来说，选择 UE4 蓝图能快速掌握引擎在代码层面提供的功能。

11.2.3　Unity 3D 引擎

Unity 是当前业界领先的 VR 内容制作工具，是大多数 VR 创作者首选的开发工具，世界上超过 60% 的 VR 内容是用 Unity 制作完成的。Unity 具有跨平台的优势，支持市面上绝大多数的硬件平台，原生支持 Oculus Rift、Steam VR/VIVE、Gear VR、Pico VR 等。

11.3　Unity 界面

Unity 3D 拥有强大的编辑界面,开发者可以通过可视化的编辑界面创建 Unity 项目。Unity 的基本界面主要包括菜单栏、工具栏以及五大视图,五大视图分别为 Hierarchy(层次)视图、Project(项目)视图、Inspector(检视)视图、Scene(场景)视图和 Game(游戏)视图,如图 2-11-4 所示。

下载与
安装 Unity

图 2-11-4　Unity 界面

11.4　创建第一个 VR 项目

11.4.1　安装插件

不同的 VR 硬件平台会提供针对本身平台的插件给开发者使用,Pico VR 一体机提供了 PicoVR SDK 供不同平台的开发者使用。在 Unity 开发引擎环境下,使用 PicoVR SDK 可实现 VR 项目的开发,开发的 VR 项目可以在 Pico VR 一体机上运行。

进入 PicoVR SDK 官网,单击 PicoVR Unity SDK(Deprecated)项,然后单击"Download"按钮,即可下载 PicoVR SDK,如图 2-11-5 所示。

下载完成后,导入 PicoVR Unity SDK 的 UnityPackage 包,可看到如图 2-11-6 所示的目录:

Assets＞PicoMobileSDK 下的每个子目录都对应 SDK 中相应的功能:

- Pvr_BoundarySDK 里包含的是安全区的相关功能；
- Pvr_Controller 里包含的是手柄的相关功能；
- Pvr_Payment 里包含的是支付的相关功能；
- Pvr_ToBService 里包含的是系统接口的相关功能；
- Pvr_UnitySDK 里包含的是 Sensor 渲染的相关功能；
- Pvr_VolumePowerBrightness 里包含的是音量,亮度的相关功能。

在这里主要用到了 Pvr_UnitySDK 目录中的文件来设置 VR 摄像机。

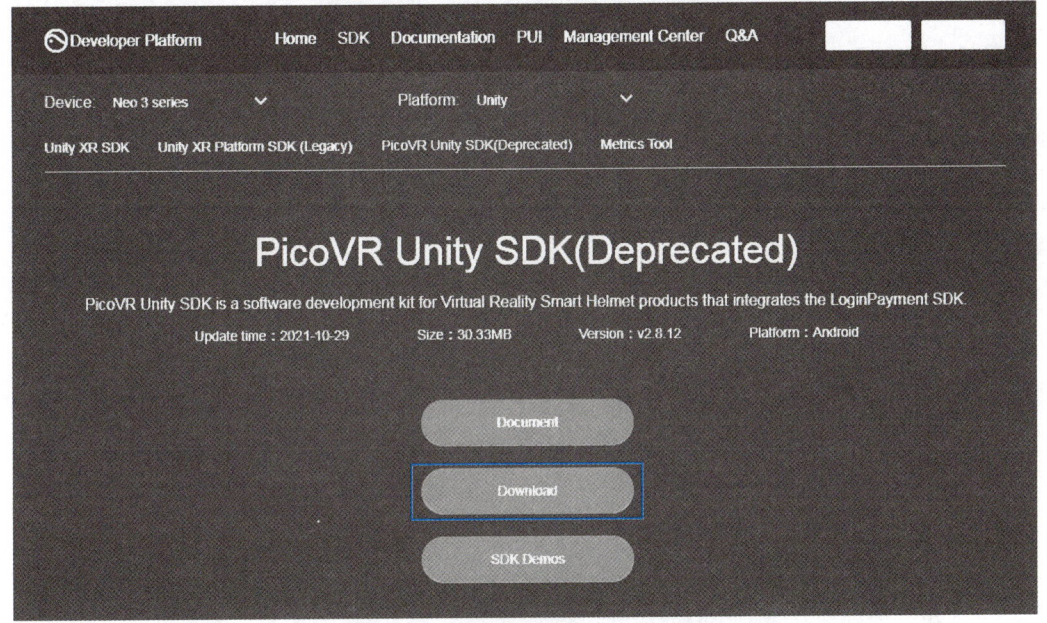

图 2-11-5　PicoVR Unity SDK 下载页面

图 2-11-6　PicoVR Unity SDK 目录结构

11.4.2　VR 环境设置

在 Project 视图中,依次展开"Assets"→"PicoMobileSDK"→"Pvr_UnitySDK"→"Prefabs",将 Pvr_UnitySDK 预制体拖入场景,在预制体对应的 Inspector 属性面板中,设置 Transform 组件的 Position 和 Rotation 均设置为(0,0,0),如图 2-11-7 所示。

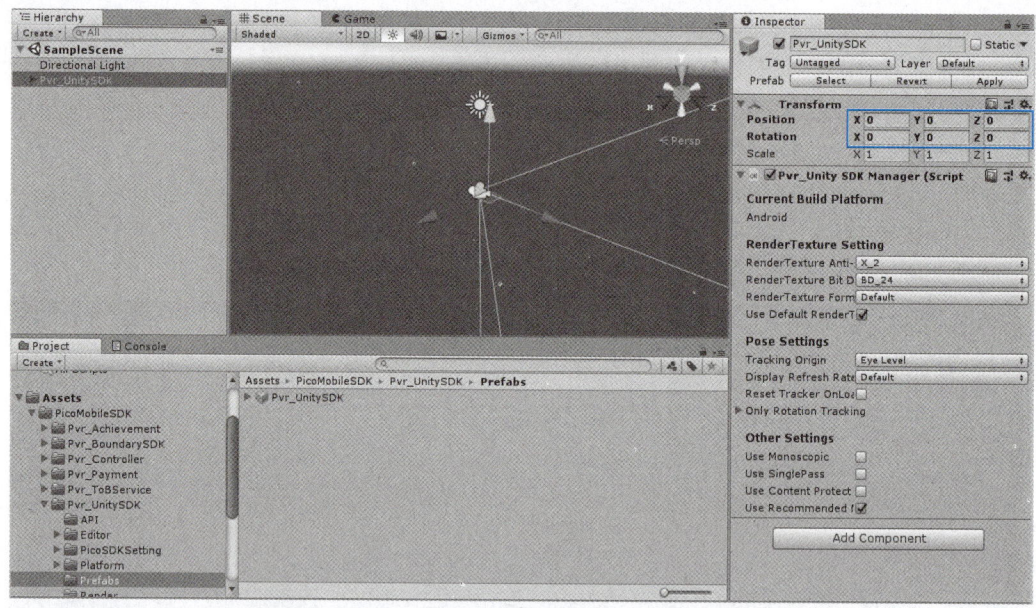

图 2-11-7 添加 Pvr_UnitySDK 预制体

这样在场景中就有了一个 VR 摄像机,我们需要把场景中原来默认的 Main Camera 删除。单击 Play(运行)按钮,在 Game 窗口中可看到如图 2-11-8 所示的运行界面。

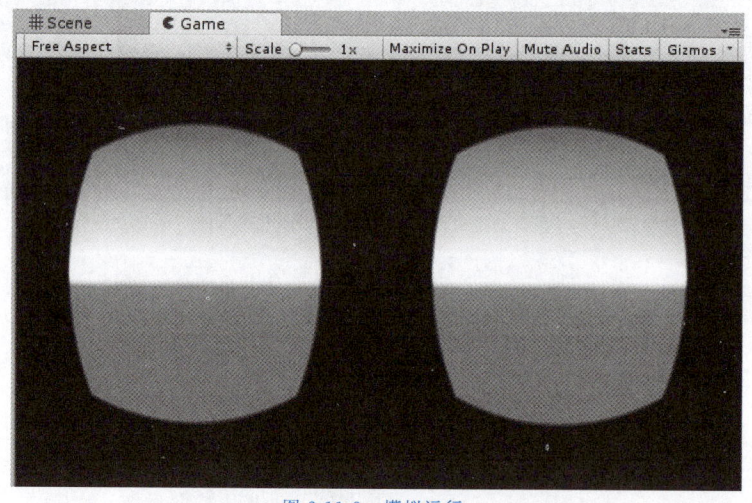

图 2-11-8 模拟运行

在 Unity 编辑器中,按住 Alt+移动鼠标,可以实现画面跟着上下左右转动;按住 Alt+单击鼠标左键,可以实现 VR 模式和 Mono 模式的切换。

单元 12

区块链

学习目标

1. 了解区块链的定义、特性、相关概念以及区块链分类；
2. 了解区块链的核心技术；
3. 了解区块链的应用价值与发展趋势。

12.1 区块链的基本概念

12.1.1 区块链的定义

区块链概念的出现，首先是在中本聪的比特币白皮书中提到的，中本聪对区块链概念的描述翻译出来比较难理解，通常我们会认为：

区块链是由节点参与的分布式数据库系统，它的特点是不可更改，不可伪造，也可以将其理解为账本。它是比特币的一个重要概念，完整比特币区块链的副本，记录了其代币（token）的每一笔交易。通过这些信息，我们可以找到每一个地址，在历史上任何一个时间节点所拥有的价值。

区块链是分布式数据存储、点对点传输、共识机制、加密算法等计算机技术的新型应用模式。区块链是比特币的一个重要概念，它本质上是一个去中心化的数据库，并且作为比特币的底层技术，它是一串使用密码学方法相关联产生的数据块，每一个数据块中包含了一批次比特币网络交易的信息，用于验证其信息的有效性（防伪）和生成下一个区块。

区块链的基本概念

2020年4月根据国家标准化管理委员会的批复,工信部提出了全国区块链和分布式记账技术标准化技术委员会组建方案。全国区块链标准技术委员会起草的《区块链与分布式账本参考架构》国家最新标准给出了区块链技术的定义：

区块链是使用密码技术链接,将共识确认过的区块按顺序追加而形成的分布式账本。

定义概括了密码技术、共识确认、区块、顺序追加、分布式账本等区块链所有的技术组成部分。

12.1.2 区块链的特性

区块链的主要特性包括去中心化、不可篡改、可追溯性、公开透明等。

1. 去中心化

整个网络没有中心化的硬件或者管理机构,任意节点之间的权利和义务都是均等的,且任一节点的损坏或者失去都不会影响整个系统的运作,因此可以认为区块链系统具有极好的健壮性。我们常见的支付宝、微信等,实际上是极度中心化的,由一家企业来依据自己的需求制定规则,而且可以随时调整。而去中心化的系统就是在整个区块链网络里运行的所有节点,都可以进行记账,都有一个记账权,所记的账得到所有节点的共识,因此是真实有效的,这就完全规避了操作中心化的一个弊端。

2. 不可篡改

整个系统将通过分布式数据存储的形式,让每个参与的节点都能获得一份完整数据库的拷贝。除非能够同时控制整个系统中超过多数的节点,否则在单个节点上对数据库的修改是无效的,也无法影响其他节点上的数据内容。参与系统中的节点越多和计算能力越强,该系统中的数据安全性越高。

3. 可追溯性

参与整个系统中的每个节点之间进行数据交换是无须互相信任的,整个系统的运作规则是公开透明的,所有的数据内容也是公开的,因此在系统指定的规则范围和时间范围内,节点之间不能也无法欺骗其他节点。被区块链所记录的任何信息都具备唯一性,因此都是可以被查询追溯的,特别适合对产品进行实时监管(比如防伪鉴别)、对税务进行实时监督等实际应用场景。

4. 公开透明

系统中的数据块是由整个系统中所有具有维护功能的节点来共同维护的,而这些具有维护功能的节点是任何人都可以参与的,所以整个系统公开透明,所有计算结果无歧义。

不仅如此,随着发展,区块链由以上四个特征引申出另外两个特征：开源、隐私保护。

甚至可以说,如果一个区块链系统不具备这些特征,那么节点之间就无法信任,基本上不能视其为基于区块链技术的应用。

12.1.3 区块链相关概念

在学习区块链的过程中,我们经常能够听到账本、区块、节点、交易、账户等概念,这些概念在区块链中所表达的意思与通常的理解有所区别。

1. 账本

账本主要用于管理账户、交易流水等数据,它记录了一个网络上所有的交易信息,支持分类记账、对账、清结算等功能。在多方合作中,多个参与方希望共同维护和共享一份及时、正确、安全的分布式账本,以消除信息不对称,提升运作效率,保证资金和业务安全,当一个交易完成时,就会通知所有参与的节点进行记账,保持账本一致。

2. 区块

区块是按时间次序构建的数据结构,区块链的第一个区块称为"创世块"(genesis block),后续生成的区块用"高度"标志,每个区块高度逐一递增,新区块都会引入前一个区块的hash信息,再用hash算法和本区块的数据生成唯一的数据指纹,从而形成环环相扣的块链状结构,称为区块链。链上数据按发生时间保存,可追溯可验证,如果修改任何一个区块里的任意一个数据,都会导致整个块链验证不通过。

3. 节点

安装了区块链系统所需软、硬件并加入到区块链网络里的计算机,可以称为一个"节点"。节点参与到区块链系统的网络通信、逻辑运算、数据验证过程,验证和保存区块、交易、状态等数据,并对客户端提供交易处理和数据查询的接口。节点的标志采用公私钥机制,生成一串唯一的节点ID,以保证它在网络上的唯一性。

4. 交易

交易可认为是一段发往区块链系统的请求数据,用于部署合约,调用合约接口,维护合约的生命周期,以及管理资产,进行价值交换等,交易的基本数据结构包括发送者、接收者、交易数据等。用户可以构建一个交易,用自己的私钥给交易签名,发送到链上,由多个节点的共识机制处理,执行相关的智能合约代码,生成交易指定的状态数据,然后将交易打包到区块里,和状态数据一起落盘存储,该交易即被确认,被确认的交易被认为具备了事务性和一致性。

5. 账户

在采用账户模型设计的区块链系统里,账户这个术语代表着用户、智能合约的唯一性存在。在采用公私钥体系的区块链系统里,用户创建一个公私钥对,经过 hash 等算法换算即得到一个唯一性的地址串,代表这个用户的账户,用户用该私钥管理这个账户里的资产。用户账户在链上不一定有对应的存储空间,而是由智能合约管理用户在链上的数据,因此这种用户账户也会被称为"外部账户"。

12.1.4 区块链的分类

在区块链体系中,因为所有交易信息被记录且不可被篡改,彼此之间的信任关系变得简单,甲和乙甚至更多方之间进行交易时,通过加密算法、解密算法获得自己的信任后,不需要将信任认证权让渡给中心化机构或大量第三方中介机构,甚至也不需要让渡给法律,大幅度降低行政管理和防止欺诈的成本。从这个角度分析,区块链技术并不一定要完全去中心化,但从参与者和中心化程度的不同,可以将区块链系统分为三类:公有链、私有链和联盟链。

(1)公有链(Public Block Chain):对所有人开放,节点可以随意加入,如比特币、以太坊。
(2)私有链(Private Block Chain):只对单独的实体进行开放,如公司内部。
(3)联盟链(Consortium Block Chain):对一个特定的组织开放。

12.2 区块链的核心技术

由区块链定义可见,分布式账本、共识算法、时间序列、智能合约是区块链最核心的技术。作为区块链的重要组成部分,这些核心技术的相关定义如下:

(1)区块(block):一种包含区块头和区块数据的数据结构,其中区块头包含前一个区块的摘要信息。
(2)区块链(blockchain):使用密码技术链接将共识确认过的区块按顺序追加形成的分布式账本。
(3)账本(ledger):按照时序方法组织的事务数据集合。
(4)分布式账本(distributed ledger):在分布式节点间共享并使用共识机制实现具备最终一致性的账本。
(5)共识(consensus):在分布式节点间达成区块数据一致性的认可。
(6)密码学算法:常用的对称式加密有 DES,3DES,AES,非对称加密算法包括 RSA,SA,ECC 等。
(7)共识算法(consensus algorithm):在分布式节点间为达成共识采用的计算方法,公有链常用算法包括 POW,POS,DPOS,而联盟链一般采用分布式一致性算法。
(8)时间序列(time series):时间序列(或称动态数列)是指将同一统计指标的数值按其发生的时间先后顺序排列而成的数列。
(9)智能合约(smart contract):存储在分布式账本中的计算机程序,其共识执行结果都记录在分布式账本中。

12.3　区块链的应用价值与趋势

12.3.1　区块链的应用价值

区块链系统是一个分布式的共享账本和数据库,保证了区块链的"诚实"与"透明",为区块链创造信任奠定基础。而区块链巨大的应用场景,基本上都基于区块链能够解决信息不对称问题,实现多个主体之间的协作信任与一致行动。区块链将极大地拓展人类信任的广度和深度,将发展为下一代合作机制和组织形式。

区块链的创新性最大的特点不在于单点技术,而在于一揽子技术的组合,在于系统化的创新,在于思维的创新。而正是由于区块链是非常底层的、系统性的创新,区块链技术和云计算、大数据、人工智能、量子计算等新兴技术一起,将成就未来最具变革性的想象空间。

那么,区块链技术的价值会表现在哪些地方?具体来看,区块链的颠覆性价值至少体现在以下六个方面:

1. 简化流程,提升效率

由于区块链技术是参与方之间通过共享共识的方式建立的公共账本,形成对网络状态的共识,因此区块链中的信息天然就是参与方认可的、唯一的、可溯源、不可篡改的信息源,因此许多重复验证的流程和操作就可以简化,甚至消除,例如银行间的对账、结算、清算等,从而大幅提升操作效率。

2. 降低交易对手的信用风险

与传统交易不同,区块链技术可以使用智能合约等方式,保证交易多方自动完成相应义务,确保交易安全,从而降低对手的信用风险。

3. 减少结算或清算时间

由于参与方的去中心化信任机制,区块链技术可以实现实时的交易结算和清算,实现金融"脱媒",从而大幅降低结算和清算成本,减少结算和清算时间,提高效率。

4. 增加资金流动性,提升资产利用效率

区块链的高效性,以及更短的交易结算和清算时间,使交易中的资金和资产需要锁定的时间减少,从而可以加速资金和资产的流动,提升价值的流动性。

5. 提升透明度和监管效率,避免欺诈行为

由于区块链技术可以更好地将所有交易和智能合约进行实时监控,并且以不可撤销、不可抵赖、不可篡改等方式留存，方便监管机构实现实时监控和监管，也方便参与方实现自动化合规处理，从而提升透明度，避免欺诈行为，更高效地实现监管。

6. 重新定义价值

价值源于人们的赋予，价值本身就是一种共识机制。区块链的核心其实不是技术而是模式的重构，它带来的是认知的革命。区块链通过可信账本建立了一种新的强信任关系，基于这种信任关系对资产进行确权，基于可信数据记录资产的流转，从而能够以可靠可追溯账本的方式完整记录资产的所有变化，价值也不再是一个固定的数字，而是一系列可靠信息的集合。

12.3.2　区块链应用发展趋势

按照区块链应用发展的范围，通常将区块链应用划分为区块链1.0、区块链2.0、区块链3.0三个发展阶段，如图2-12-1所示。

区块链1.0

区块链概念形成，并被人们逐渐了解的阶段，被称为区块链1.0，其间产生了以比特币为代表的第一批公链。

区块链2.0

随着智能合约的出现，数字货币市场迎来了公链的百花齐放，业内将这一阶段称为区块链2.0，在这期间产生了ETH、NEO、QTUM等一批公链。

区块链3.0

联盟链的出现是区块链技术在社会各个不同领域下的应用场景实现，将区块链技术拓展到金融领域之外，为各种行业提供去中心化解决方案。

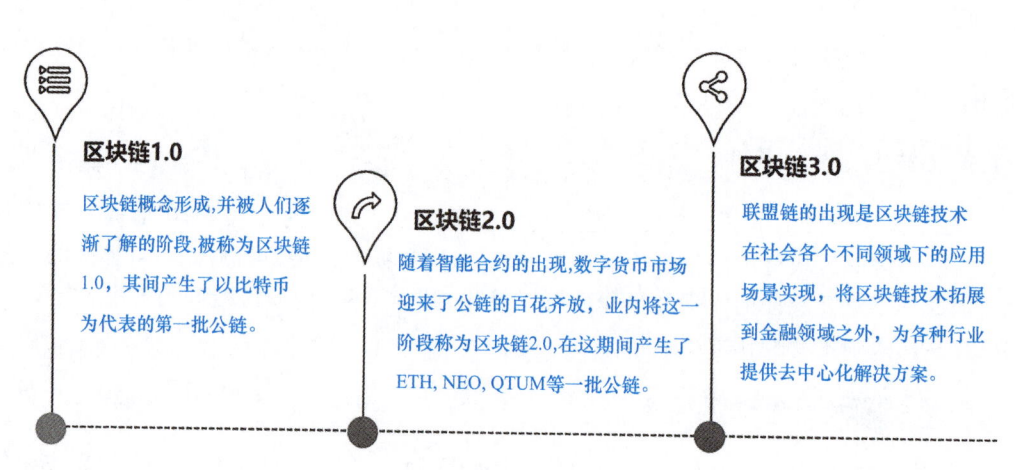

图2-12-1　区块链发展阶段

1. 区块链1.0阶段

2009年开始，早期去中心化概念形成，支撑虚拟货币应用，也就是与转账、汇款和数字化支付相关的密码学货币应用开始形成。比特币可谓是区块链1.0的典型应用。

2. 区块链2.0阶段

2013年开始，以以太坊网络的出现为标志，支撑部署智能合约应用。智能合约是经济和金融领域区块链应用的基础，以太坊是区块链2.0的典型应用，这个阶段各类公链和数字货币纷纷登场。

3.区块链3.0应用阶段

2015年开始,以超越货币和金融范围的泛行业去中心化应用为标志,在金融领域应用包括了股票、债券、期货、贷款、抵押、产权、知识产权和智能合约,同时在政府、医疗、民生、文化和艺术等领域也逐步开拓出新的方案并赋能实体经济。以 EOS, Hyperledger Fabric 为代表的共识协议得到了认可,解决了性能能耗问题,应用从金融延伸到各个领域。作为价值互联网内核,区块链能够对互联网中每一个代表价值的信息和字节都能得到产权的确认、追溯、计量和存储。这使得它将技术应用拓展到金融领域之外,为各行各业提供去中心化或者多中心分布式的解决方案。

参考文献

[1] 贾如春,李代席,袁红团,钟传静,赵晓波.计算机应用基础项目实用教程(Windows 10＋Office 2016)[M].北京:清华大学出版社,2018.

[2] 耿强.大学计算机应用基础(Windows 10＋Office 2016)[M].北京:人民邮电出版社,2020.

[3] 王素丽.计算机应用基础项目驱动式教程(Windows 10＋Office 2016)[M].成都:四川大学出版社,2020.

[4] 阳晓霞,谭卫.计算机应用基础(Windows 10＋Office 2016)[M].北京:水利水电出版社,2020.

[5] 段红,刘宏,赵开江.计算机应用基础(Windows 10＋Office 2016)[M].北京:清华大学出版社,2018.

[6] 林子雨.大数据导论[M].北京:人民邮电出版社,2020.

[7] 杨丽凤.计算思维与智能计算基础(微课版)[M].北京:人民邮电出版社,2021.

[8] 田居明.信息技术基础[M].北京:电子工业出版社,2022.

[9] 方风波,钱亮,杨利.信息技术基础[M].北京:中国铁道出版社,2021.